# Fisica del Plasma

Claudio Chiuderi
Marco Velli

# Fisica del Plasma

Fondamenti e applicazioni astrofisiche

Springer

**Claudio Chiuderi**
Dipartimento di Fisica
e Astronomia
Università di Firenze

**Marco Velli**
Dipartimento di Fisica
e Astronomia
Università di Firenze,
Jet Propulsion Laboratory
California Institute of Technology

UNITEXT- Collana di Fisica e Astronomia
ISSN versione cartacea: 2038-5714 ISSN elettronico: 2038-5765

ISBN 978-88-470-1847-1 ISBN 978-88-470-1848-8 (eBook)
DOI 10.1007/978-88-470-1848-8

Springer Milan Dordrecht Heidelberg London New York



Copertina: Simona Colombo, Milano
Impaginazione: CompoMat S.r.l., Configni (RI)
Stampa: Grafiche Porpora, Segrate (Mi)

Springer-Verlag Italia S.r.l., Via Decembrio 28, I-20137 Milano
Springer fa parte di Springer Science + Business Media (www.springer.com)

# Prefazione

La fisica del plasma è una disciplina che nel corso degli ultimi ottant'anni ha conosciuto un rapido sviluppo in tutto il mondo. Nata come studio della fisica dei gas ionizzati negli anni Venti del secolo scorso, essa ha ricevuto una prima importante applicazione allo studio della propagazione delle onde elettromagnetiche nella ionosfera terrestre. La sua importanza in astrofisica è stata presto riconosciuta in alcuni lavori pionieristici di Alfvén che hanno posto le basi di molti dei futuri sviluppi. Ma il massimo impulso è derivato, a partire dal dopoguerra, dall'applicazione della fisica del plasma ai problemi della fusione termonucleare controllata. Anche se i progressi sperimentali e tecnologici in questo settore hanno incontrato, e tuttora incontrano, numerosi ostacoli, l'avanzamento delle conoscenze teoriche ha permesso di comprendere molti dei fenomeni che hanno luogo nei plasmi o, quanto meno, di definire con maggior precisione le aree di incertezza. I plasmi costituiscono oltre il 95% della materia presente nell'Universo e questo spiega l'interesse che il loro studio riveste per l'astrofisica. Le interazioni tra le due comunità scientifiche, impegnate rispettivamente nello studio dei plasmi di laboratorio e in quello dei plasmi astrofisici, si sono notevolmente intensificate in anni recenti, con reciproco vantaggio.

Nonostante l'esistenza in Italia di validi gruppi di ricerca in entrambi i settori, i corsi di base di fisica del plasma sono assai rari nelle università italiane, ciò che spiega in parte l'assenza di testi italiani in questo campo, mentre esiste una vastissima letteratura del settore in lingua inglese (e russa). Il presente testo, che tenta di colmare in parte questa lacuna, nasce dalla nostra pluriennale esperienza nell'insegnamento della fisica del plasma e delle sue applicazioni astrofisiche nel Corso di Laurea Magistrale in Scienze Fisiche e Astrofisiche dell'Università di Firenze.

La complessità dell'argomento e la sua vastità, unite al desiderio di fornire un testo che non presupponga conoscenze oltre quelle acquisite durante il triennio del Corso di Laurea in Fisica, hanno imposto delle limitazioni al numero di argomenti trattati ed al livello di approfondimento. Ciononostante, abbiamo cercato di affrontare i vari aspetti teorici e applicativi della fisica del plasma unendo rigore e semplicità ed esponendo in dettaglio i numerosi calcoli evitando, per quanto possibile, il ricorso alla classica frase *la dimostrazione è lasciata come semplice esercizio al lettore.*

I primi otto capitoli trattano i fondamenti della fisica del plasma, avendo cura di mettere in risalto il filo logico che lega tra loro i vari approcci. La scelta delle applicazioni astrofisiche è stata guidata, oltre che dal loro interesse intrinseco, dal loro valore didattico, cioè dalla possibilità di vedere all'opera i metodi esposti nelle parti più formali. Nel Capitolo 6 vengono analizzate con un certo dettaglio alcuni tipi di instabilità che abitualmente sono trattate solo nei lavori originali. Gli ultimi due capitoli riguardano aspetti piu avanzati della fisica del plasma e sono quindi maggiormente impegnativi per lo studente. Nelle nostre intenzioni essi costituiscono un tentativo di introdurre, con la massima semplicità consentita, alcuni degli argomenti di ricerca attuali. Gli esercizi e i problemi hanno principalmente lo scopo di aiutare lo studente a verificare il grado di comprensione acquisito.

Nella stesura di questo testo abbiamo beneficiato delle opinioni e dei suggerimenti di amici e colleghi che qui ringraziamo collettivamente. Uno speciale ringraziamento va ai nostri studenti che ci hanno costretto a capire meglio quello che volevamo insegnare loro.

Firenze, maggio 2011

*Claudio Chiuderi*
*Marco Velli*

# Indice

# 1 Introduzione

I plasmi possono a buon titolo essere considerati il **quarto stato** della materia: essi infatti posseggono caratteristiche uniche rispetto agli altri stati tradizionali, solido, liquido e gassoso. Così come le transizioni solido-liquido e liquido-gas si ottengono portando il sistema in esame a temperature sempre più elevate, anche la transizione gas-plasma si ottiene scaldando il sistema. A temperature sufficientemente alte, le molecole o gli atomi del gas si scindono nelle loro componenti primarie, cioè elettroni e ioni positivi, formando un *gas ionizzato*. Nel gas sono quindi presenti cariche elettriche libere di muoversi e di generare densità di carica e di corrente, che a loro volta generano campi elettrici e magnetici. Un gas ionizzato è un esempio di **plasma** ed è anche il tipo di plasma più frequente in natura. Si calcola che oltre il 95% della materia nell'Universo si trovi nello stato di plasma: da questo punto di vista, l'ambiente terrestre rappresenta un'eccezione. La definizione di plasma richiede alcune precisazioni che saranno esaminate tra poco. Una prima definizione abbastanza generale è la seguente:

*Si dice plasma un sistema la cui dinamica è dominata dalle forze elettromagnetiche: il plasma è l'insieme delle particelle cariche e dei campi da esse generate.*

È importante sottolineare quest'ultimo aspetto: anche se talvolta può essere conveniente separare le particelle cariche dai campi, solo il loro insieme rappresenta il plasma nella sua totalità. Questa affermazione risulta più chiara se la si inquadra in uno schema quantistico. In meccanica quantistica anche i campi possono essere rappresentati da particelle e ciò permette di descrivere un plasma come in insieme di particelle discrete, che comprende appunto sia le particelle "vere" (elettroni, ioni, atomi), sia le particelle che rappresentano il campo elettromagnetico (fotoni) o le eccitazioni del sistema (plasmoni, fononi...). Lo schema quantistico permette di comprendere meglio la natura delle interazioni tra le varie componenti del plasma: da questo punto di vista l'interazione onda-onda, ad esempio, plasmone-plasmone, non differisce sostanzialmente dalle scattering elettrone-ione o elettrone-plasmone. Queste considerazioni contribuiranno a rendere più trasparente il concetto di smorzamento non collisionale, che verrà discusso in seguito. In questo testo tuttavia faremo esclusivamente uso di una descrizione classica.

Chiuderi C., Velli M.: Fisica del Plasma. Fondamenti e applicazioni astrofisiche.
DOI 10.1007/978-88-470-1848-8_1, © Springer-Verlag Italia 2012

In base alla nostra definizione, anche gli elettroni di conduzione in un metallo formano un plasma. Infatti gli ioni del reticolo cristallino formano semplicemente uno "sfondo" immobile e la dinamica del "gas" elettronico è governata per intero dalle interazioni elettromagnetiche. In questo testo tuttavia considereremo quasi esclusivamente plasmi costituiti da gas ionizzati.

A questo punto viene naturale chiedersi quale debba essere il grado di ionizzazione di un gas per poterlo considerare un plasma. Una risposta a questa domanda può venire dal calcolo elementare della conducibilità elettrica di un gas parzialmente ionizzato. Consideriamo quindi un plasma composto di elettroni, ioni positivi e atomi neutri. Supponendo che ioni e atomi siano immobili, l'equazione di moto degli elettroni (carica $-e$ e massa $m_e$)[1] in presenza di un campo elettrico costante, $\boldsymbol{E}$, si scrive:

$$m_e \frac{d\boldsymbol{v}}{dt} = -e\boldsymbol{E} - m_e \nu_c \boldsymbol{v}$$

cioè

$$\frac{d\boldsymbol{v}}{dt} + \nu_c \boldsymbol{v} = -\frac{e}{m_e}\boldsymbol{E};$$

la *frequenza di collisione* $\nu_c$ rappresenta l'effetto frenante dovuto alle collisioni degli elettroni con le altre particelle. La soluzione stazionaria della precedente equazione è:

$$\boldsymbol{v} = -\frac{e}{m_e \nu_c}\boldsymbol{E}.$$

Definendo la densità di corrente come $\boldsymbol{J} = -en_e\boldsymbol{v}$, e ricordando la relazione che definisce la conducibilità elettrica, $\sigma$, cioè $\boldsymbol{J} = \sigma\boldsymbol{E}$, otteniamo:

$$\sigma = \frac{e^2 n_e}{m_e \nu_c}, \tag{1.1}$$

dove $n_e$ è la densità numerica degli elettroni. Resta da valutare $\nu_c$. Le collisioni che ci interessano sono quelle tra elettroni e ioni e quelle tra elettroni e atomi:

$$\nu_c = \nu_c^i + \nu_c^a.$$

D'altra parte,

$$\nu_c = \frac{\bar{v}}{\lambda} = n\sigma_c\bar{v} = \alpha n; \qquad \alpha = \sigma_c\bar{v},$$

dove $\bar{v}$ è la velocità media degli elettroni (tipicamente la velocità termica), $\lambda$ il cammino libero medio, $\sigma_c$ la sezione d'urto per il processo considerato e $n$ la densità numerica dei centri di scattering. Potremo dunque scrivere:

$$\nu_c = \alpha^i n_i + \alpha^a n_a = \alpha^i n_i\left(1 + \frac{\alpha^a}{\alpha^i}\frac{n_a}{n_i}\right).$$

[1] In tutto il testo indicheremo con $e$ la carica del protone. Una carica generica sarà indicata con $e_0$.

Introducendo il grado di ionizzazione,$\chi$,

$$\chi = \frac{n_i}{n_i + n_a} = \frac{1}{1 + \frac{n_a}{n_i}},$$

si ottiene:

$$\nu_c = \alpha^i n_i (1 + \frac{\alpha^a}{\alpha^i} \frac{1-\chi}{\chi}),$$

e finalmente, tenendo conto che $n_e = Zn_i$, dove $Ze$ è la carica degli ioni,

$$\sigma = \frac{Ze^2}{m_e \alpha^i} \frac{1}{1 + \frac{\alpha^a}{\alpha^i} \frac{1-\chi}{\chi}} = \frac{\sigma_{max}}{1 + \frac{\alpha^a}{\alpha^i} \frac{1-\chi}{\chi}},$$

dove $\sigma_{max}$ è il valore massimo che la conducibilità assume in corrispondenza alla completa ionizzazione, $\chi = 1$. Per stimare l'effetto del grado di ionizzazione sulla conducibilità possiamo calcolare il valore $\chi_0$ per cui $\sigma = \sigma_{max}/2$. Ricaviamo così:

$$\frac{\alpha^a}{\alpha^i} \frac{1-\chi_0}{\chi_0} = 1.$$

Poiché

$$\frac{\alpha^a}{\alpha^i} = \frac{\sigma_c(a)}{\sigma_c(i)},$$

e poiché la sezione d'urto per lo scattering elettrone-atomo neutro è molto minore di quella per lo scattering elettrone-ione (sperimentalmente si trova che questo rapporto vale circa $10^{-2}$) se ne deduce che è sufficiente un grado di ionizzazione dell'ordine dell'$1\%$ per avere una conducibilità pari alla metà di quella di un gas completamente ionizzato. Con un grado di ionizzazione dell'$8\%$ la conducibilità è pari a $0.9\,\sigma_{max}$.

## 1.1 L'equazione di Saha

Il grado di ionizzazione dipende dai parametri fisici che caratterizzano lo stato di equilibrio termodinamico di un plasma. Per determinare $\chi$ consideriamo un insieme di particelle di energia $E_m$ alla temperatura $T$. La loro densità numerica, $n_m$, è data dalla formula di Boltzmann:

$$n_m = g_m \exp(-E_m/kT),$$

dove $g_m$ è il *fattore di degenerazione*, cioè il numero di stati che corrisponde all'energia $E_m$ e $k$ è la costante di Boltzmann. Quindi il rapporto $\mathcal{R}_{lm}$ delle densità degli stati corrispondenti rispettivamente alle energie $E_l$ e $E_m$ è:

$$\mathcal{R}_{lm} = \frac{n_l}{n_m} = \frac{g_l}{g_m} \exp[-(E_l - E_m)/kT].$$

Se identifichiamo lo stato $l$ come quello dell'atomo ionizzato e lo stato $m$ come lo stato fondamentale dell'atomo neutro, avremo

$$\frac{n_i}{n_0} = \frac{g_i}{g_0} \exp[-I/kT],$$

dove $I$ è l'energia di ionizzazione. L'espressione per i fattori di degenerazione, $g$, ci è fornita dalla meccanica quantistica, che, con buona approssimazione, dà:

$$\frac{g_i}{g_0} \simeq \left(\frac{m_e kT}{2\pi\hbar^2}\right)^{3/2} \frac{1}{n_i} \simeq 2.4 \times 10^{15} \frac{T^{3/2}}{n_i}.$$

Utilizzando la precedente espressione si ottiene la *equazione di Saha*

$$n_i/n_0 \simeq 2.4 \times 10^{15} \frac{T^{3/2}}{n_i} \exp(-I/kT). \tag{1.2}$$

Nel caso dell'idrogeno, ricordando che l'energia di ionizzazione è $13.6\,eV$, si ha

$$n_i/n_0 \simeq 2.4 \times 10^{15} \frac{T^{3/2}}{n_i} \exp(-1.58 \times 10^3/T).$$

Infine, introducendo il grado di ionizzazione:

$$\chi = \frac{n_i}{n_0 + n_i} = \frac{n_i}{n_{tot}}$$

e usando l'equazione di Saha, si ottiene:

$$\frac{1-\chi}{\chi^2} \simeq 4.14 \times 10^{-16}\, n_{tot} T^{-3/2} \exp(1.58 \times 10^3/T).$$

**Nelle formule precedenti ed in tutto il testo i valori numerici si intendono riferiti al sistema *cgs misto*,** cioè un sistema in cui tutte le quantità elettromagnetiche si misurano in unità del sistema *cgs elettromagnetico*, tranne la carica elettrica che è misurata nel sistema *cgs elettrostatico*. Questo porta all'apparizione di fattori $c$ nelle formule, ma questo inconveniente è compensato dal fatto che nel sistema misto vi sono tre sole grandezze fondamentali, lunghezze ($cm$), masse ($g$) e tempi ($s$), ciò che semplifica considerevolmente le verifiche dimensionali. Le temperature vengono misurate in gradi Kelvin ($K$).

Un grafico del grado di ionizzazione dell'idrogeno in funzione della temperatura per una densità $n_{tot} = 10^{13}\,cm^{-3}$ è riportato in Fig. 1.1. Come si vede, la ionizzazione è pressoché totale per temperature dell'ordine di $10^4\,K$, notevolmente inferiori a $T \simeq I/k \simeq 1.58 \times 10^5\,K$.

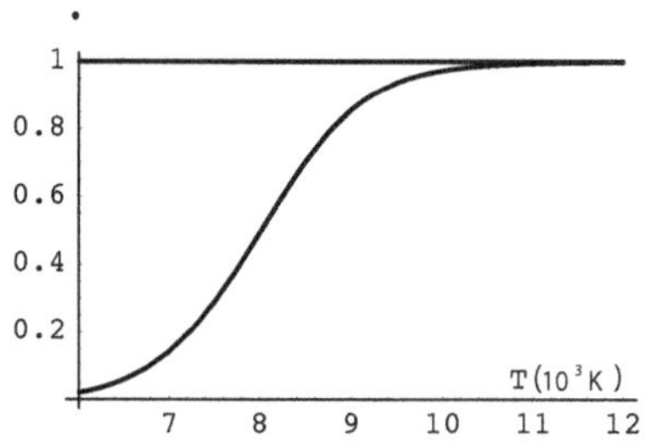


**Fig. 1.1** $\chi$ in funzione di T per $n_{tot} = 10^{13}\ cm^{-3}$

## 1.2 La lunghezza di Debye

La presenza di un grado di ionizzazione più o meno elevato non è una condizione sufficiente per considerare il gas un vero e proprio plasma. Bisogna infatti completare la nostra definizione tenendo presente una caratteristica fondamentale dei plasmi, la condizione di *quasi-neutralità*. Una carica in un plasma è, in linea di principio, in grado di interagire con tutte le altre attraverso le interazioni coulombiane, che sono interazioni a *grande raggio d'azione*. Il potenziale di una carica nel vuoto decresce infatti "lentamente", cioè come $1/r$. Tuttavia le cariche sono libere di muoversi e questo fa sì che nell'intorno di una carica positiva vi sia una rarefazione di cariche positive ed un addensamento di cariche negative, per cui la carica positiva risulta circondata da una regione a carica prevalentemente negativa. Di conseguenza, a una certa distanza la carica risulta schermata e di fatto il potenziale è nullo o quasi. Se indichiamo con $r_s$ il valore della distanza alla quale l'azione di schermo diviene importante, ne consegue che volumi di dimensioni lineari maggiori di $r_s$ saranno elettricamente neutri. Detta $Q(r)$ la carica contenuta nella sfera di raggio $r$, la condizione di quasi-neutralità può essere espressa da $Q(r_s) \simeq 0$.

Cerchiamo ora di determinare l'ordine di grandezza di $r_s$. Supponiamo di introdurre in plasma di idrogeno una carica aggiuntiva $e_0 > 0$ nel punto $\boldsymbol{r} = 0$. Questa genererà un campo elettrico dato da:

$$\boldsymbol{\nabla} \cdot \boldsymbol{E} = -\boldsymbol{\nabla}^2 \Phi = 4\pi q = 4\pi e(n_i - n_e) + 4\pi e_0 \delta(\boldsymbol{r}),$$

dove $e$ è la carica del protone e si è introdotto il potenziale elettrostatico $\Phi$, legato al campo elettrico da:

$$\boldsymbol{E} = -\boldsymbol{\nabla}\Phi.$$

In condizioni di equilibrio a temperatura T la densità degli elettroni sarà data dalla distribuzione di Boltzmann:

$$n_e = n_0 \exp[-(-e\Phi)/kT] \tag{1.3}$$

dove $n_0$ è la densità in assenza della carica aggiuntiva. Analogamente, i protoni saranno distribuiti come

$$n_i = n_0 \exp[-(e\Phi/kT)]. \tag{1.4}$$

L'equazione per $\Phi$ risulta quindi:

$$\begin{aligned}\boldsymbol{\nabla}^2\Phi &= 4\pi n_0 e\,[\exp(e\Phi/kT) - \exp(-e\Phi/kT)] \;-\; 4\pi e_0\delta(\boldsymbol{r})\\ &= 8\pi n_0 e\ \sinh(e\Phi/kT) - 4\pi e_0\delta(\boldsymbol{r})\\ &\simeq 8\pi n_0 e\,(e\Phi/kT) - 4\pi e_0\delta(\boldsymbol{r})\end{aligned} \tag{1.5}$$

dove si è supposto $e\Phi/kT << 1$, approssimazione sulla cui validità torneremo tra poco.

Esplicitando la precedente equazione in coordinate polari sferiche:

$$\begin{aligned}\frac{1}{r^2}\frac{\partial}{\partial r}(r^2\frac{\partial\Phi}{\partial r}) &= 8\pi n_0 e(e\Phi/kT) - 4\pi e_0\delta(\boldsymbol{r})\\ &= \frac{\Phi}{\lambda^2} - 4\pi e_0\delta(\boldsymbol{r})\end{aligned} \tag{1.6}$$

dove si è posto

$$\lambda = \sqrt{\frac{kT}{8\pi e^2 n_0}}.$$

La precedente equazione può anche essere scritta nella forma:

$$\frac{d^2}{dr^2}(r\Phi) = \frac{r\Phi}{\lambda^2} - 4\pi e_0 r\delta(\boldsymbol{r})$$

da cui, poiché l'ultimo termine è identicamente nullo:

$$\Phi = e_0\frac{\exp(-r/\lambda)}{r} \tag{1.7}$$

dove si è imposta la condizione che nel vuoto, $(n_0 = 0, \lambda \to \infty)$ il potenziale sia quello usuale. In fisica del plasma si definisce la *lunghezza di Debye*, $\lambda_D$, come

$$\lambda_D = \sqrt{\frac{kT}{4\pi e^2 n_0}} = \sqrt{2}\lambda \simeq 6.9\,T^{1/2}n_0^{-1/2}. \tag{1.8}$$

In Fig. 1.2 è mostrato il confronto tra l'andamento del potenziale coulombiano (curva tratteggiata) e del potenziale schermato, Eq. (1.7).

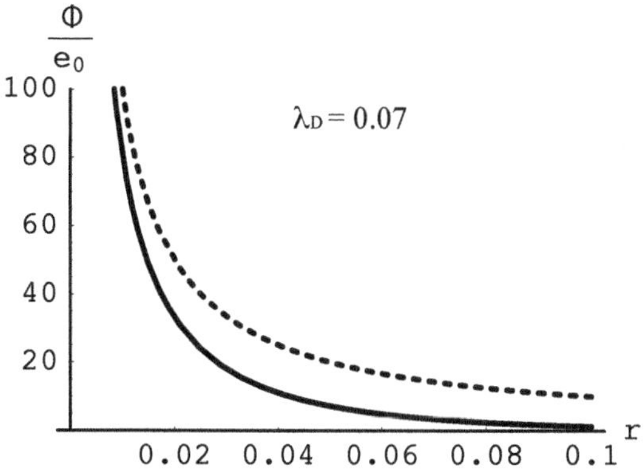


**Fig. 1.2** Confronto tra il potenziale coulombiano e il potenziale schermato

L'effetto di schermo appare evidente se si calcola la carica contenuta all'interno della sfera di raggio $r$,

$$\begin{aligned} Q(r) &= \int_V q\, dV = \int_0^r 4\pi q r^2 \mathrm{d}r = \int_0^r (-\nabla^2 \Phi)\, r^2 \mathrm{d}r \\ &= -\int_0^r (\frac{\Phi}{\lambda^2})\, r^2 \mathrm{d}r + e_0 \int_V \delta(\boldsymbol{r})\, \mathrm{d}V \\ &= -\frac{e_0}{\lambda^2} \int_0^r r \exp(-r/\lambda)\, \mathrm{d}r \; + e_0 \\ &= e_0(1 + r/\lambda)\exp(-r/\lambda). \end{aligned} \tag{1.9}$$

Come si vede dalla Fig. 1.3 la carica contenuta nella sfera di raggio $r$ è praticamente nulla per valori di $r$ pari a qualche unità di $\lambda$.

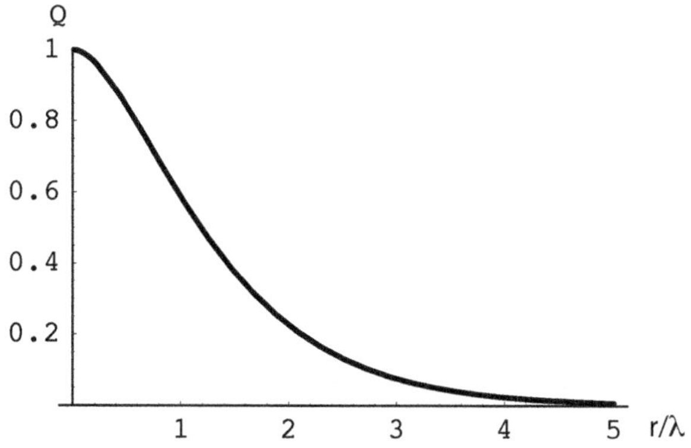


**Fig. 1.3** La carica contenuta all'interno della sfera di raggio $r$

È importante sottolineare che l'uso della meccanica statistica, cioè delle funzioni di distribuzione di Boltzmann per descrivere la densità delle particelle in regioni di dimensioni lineari dell'ordine della lunghezza di Debye, ha senso solo se $\bar{d} << \lambda_D$, dove $\bar{d}$ è la distanza media tra le particelle. Ricordando che $\bar{d} \simeq n^{-1/3}$, la precedente condizione può essere scritta nella forma:

$$n\lambda_D^3 >> 1 \tag{1.10}$$

che rappresenta l'espressione formale della condizione di quasi-neutralità.

Se ora calcoliamo il rapporto $e\Phi/kT$ per $r = \bar{d}$, tenendo conto che $\bar{d} << \lambda$, otteniamo:

$$(e\Phi/kT)_{\bar{d}} = \frac{e^2}{kT}\frac{\exp(-\bar{d}/\lambda)}{\bar{d}} \simeq \frac{e^2}{kT}\frac{1}{\bar{d}} \simeq \frac{e^2}{kT}n^{1/3} \simeq \left(\frac{\bar{d}}{\lambda}\right)^2 << 1$$

e vediamo che l'approssimazione $e\Phi/kT << 1$ usata precedentemente è pienamente giustificata per un plasma.

## 1.3 Parametri caratteristici dei plasmi

La lunghezza di Debye introdotta nel paragrafo precedente costituisce un primo esempio di stima dei parametri caratteristici di un plasma. Possiamo ora cercare di individuarne alcuni altri. Come *velocità* caratteristica si considera abitualmente la *velocità termica* delle particelle, definita come:

$$v_T = \sqrt{3kT/m}.$$

Un *tempo* caratteristico, $\tau_p$, si ottiene dalla combinazione $\lambda_D/v_T$. Una *frequenza* caratteristica, proporzionale all'inverso di $\tau_p$, è la *frequenza di plasma* è definita da:

$$\omega_p = \sqrt{\frac{4\pi e^2 n}{m}}. \tag{1.11}$$

Nell'equazione precedente compaiono sia la carica che la massa della particella considerata e quindi bisognerà distinguere la frequenza di plasma degli elettroni, $\omega_{pe}$, da quella dei protoni, $\omega_{pi}$ e così via. Nel caso degli elettroni si ha:

$$\omega_{pe} \simeq 5.64 \times 10^4 n_e^{1/2}.$$

La frequenza di plasma, da noi ottenuta da considerazioni puramente dimensionali, ha tuttavia un preciso significato fisico. Per vederlo, consideriamo il caso di un plasma in cui, in condizioni di equilibrio, sia $n_e = n_i = n_0 = cost.$ Supponiamo ora di introdurre una piccola perturbazione nella distribuzione degli elettroni, $n_e = n_0 + n'_e$ con $|n'_e| << n_0$. Supponiamo inoltre che la distribuzione degli ioni non subisca variazioni, cioè che gli ioni costituiscano semplicemente uno sfondo immobile. L'equazione di moto per gli elettroni (in una dimensione) si può quindi scrivere:

$$m_e \frac{\partial v}{\partial t} = -eE \tag{1.12}$$

con il campo elettrico dato dall'equazione:

$$\boldsymbol{\nabla} \cdot \boldsymbol{E} = 4\pi q \rightarrow \frac{\partial E}{\partial x} = -4\pi e n_e'.$$

L'equazione di continuità, tenendo conto che $n_e'$, $v$ e $E$ sono quantità piccole del primo ordine, si scrive:

$$\frac{\partial n_e'}{\partial t} + n_0 \frac{\partial v}{\partial x} = 0.$$

Derivando la (1.12) rispetto a $x$ e utilizzando le due equazioni successive, si può ricavare un'equazione per $v$ che risulta:

$$\frac{\partial^2 v}{\partial t^2} = -\frac{4\pi e^2 n_0}{m_e} v = -\omega_{pe}^2 v.$$

Gli elettroni eseguono quindi un moto armonico con frequenza $\omega_{pe}$. Questo moto ordinato è la conseguenza della nascita di un campo elettrico dovuto alla violazione locale della neutralità di carica.

Un'altra frequenza importante è la *frequenza di collisione*. Una maniera approssimata di calcolarla è la seguente. Definiamo collisione (binaria) l'interazione che avviene tra due particelle quando la loro distanza scende al disotto di una lunghezza caratteristica, $b$, per esempio quella in cui l'energia elettrostatica sia pari all'energia cinetica del moto relativo. Si osservi che questa condizione non è in contrasto con quella precedentemente utilizzata che imponeva che l'energia elettrostatica fosse molto minore dell'energia termica quando le particelle si trovano ad una distanza pari alla *distanza media* $\bar{d}$. Ciò significa semplicemente che $b << \bar{d}$. Se le particelle in questione hanno cariche $Z_1 e$ e $Z_2 e$, avremo:

$$\frac{Z_1 Z_2 e^2}{b} \simeq \frac{3}{2} kT.$$

La sezione d'urto per collisioni sarà quindi:

$$\sigma_c = \pi b^2 = \frac{4\pi Z_1^2 Z_2^2 e^4}{(3kT)^2},$$

e la frequenza di collisione:

$$\nu_c = n\sigma_c v_T = \frac{4\pi Z_1^2 Z_2^2 e^4 n}{m^{1/2}(3kT)^{3/2}}, \tag{1.13}$$

dove $m$ è la massa della *particella proiettile* e $n$ la densità delle *particelle bersaglio*.

Le precedenti formule approssimate hanno la corretta dipendenza dai parametri delle particelle che collidono: una trattazione esatta deve però tener conto che in realtà in un plasma le collisioni non vanno pensate come un singolo evento che coinvolge due sole particelle alla volta, poiché, all'interno della sfera di Debye, ogni particella interagisce con tutte le altre. Le modifiche alla precedente espressione consistono nell'introduzione di fattori numerici e, soprattutto, in quella di un termine moltiplicativo, il cosiddetto *logaritmo coulombiano*, $\ln \Lambda$. La formula corretta per la frequenze di collisione per una coppia elettrone-elettrone è:

$$\begin{aligned} \nu_{ee} &= 1.43 \frac{4\pi e^4 n_e}{m_e^{1/2}(3kT_e)^{3/2}} \ln \Lambda_{ee} \\ &\simeq 3.75 n_e T_e^{-3/2} \ln \Lambda_{ee}. \end{aligned} \tag{1.14}$$

L'analoga formula per le collisioni tra due ioni identici di carica $Ze$ è:

$$\begin{aligned} \nu_{ii} &= 1.43 \frac{4\pi Z^4 e^4 n_i}{m_i^{1/2}(kT_i)^{3/2}} \ln \Lambda_{ii} \\ &\simeq 8.76 \times 10^{-3}\, n_i T_i^{-3/2} \ln \Lambda_{ii}, \end{aligned} \tag{1.15}$$

dove il valore numerico finale si riferisce al caso di una collisione protone-protone.

Il logaritmo coulombiano è definito da:

$$\ln \Lambda = \ln(4\pi n \lambda_D^3) \simeq 8.33 - \frac{1}{2}\ln(n) + \frac{3}{2}\ln(T), \tag{1.16}$$

ed ha ovviamente una debole dipendenza dalla densità e dalla temperatura, oltre che dalla carica delle particelle coinvolte. Il valore numerico nella precedente equazione vale per un plasma di elettroni e protoni.

Poiché dalla quasi-neutralità segue che $n_e = Zn_i$, vale la seguente relazione:

$$\frac{\nu_{ee}}{\nu_{ii}} \simeq \left(\frac{m_i}{m_e}\right)^{1/2} \left(\frac{T_i}{T_e}\right)^{3/2} \frac{1}{Z^3},$$

dove si è supposto che $\Lambda_{ee} \simeq \Lambda_{ii}$.

Nel caso di collisioni tra elettroni e ioni bisogna stabilire quale delle due particelle si considera il "proiettile" e quale il "bersaglio". Nel caso che il proiettile sia l'elettrone si ha

$$\begin{aligned} \nu_{ei} &= 2 \frac{4\pi Z^2 e^4 n_i}{m_e^{1/2}(3kT_e)^{3/2}} \ln \Lambda_{ei} \\ &\simeq 5.26\, n_i T_e^{-3/2} \ln \Lambda_{ei}. \end{aligned} \tag{1.17}$$

Se viceversa il proiettile è lo ione si ottiene

$$\begin{aligned}\nu_{ie} &= 2\left(\frac{24}{9\pi}\right)^{1/2}\left(\frac{m_e}{m_i}\right)^{1/2}\left(\frac{T_i}{T_e}\right)^{1/2}\frac{4\pi Z^2 e^4 n_e}{m_i^{1/2}(3kT_i)^{3/2}}\ln\Lambda_{ie}\\ &\simeq 2.63\times 10^{-3}\left(\frac{T_i}{T_e}\right)^{1/2} n_e T_i^{-3/2},\end{aligned} \tag{1.18}$$

dove i valori numerici finali delle due precedenti equazioni si riferiscono a collisioni elettrone-protone[2] [4].

Le collisioni sono la causa della *termalizzazione*, cioè del processo che porta popolazioni inizialmente a temperature differenti al raggiungimento dell'equilibrio termodinamico. Durante una collisione si ha la possibilità di trasferimento di energia dalla particella più energetica a quella meno energetica. Nel caso di collisioni tra particelle uguali si può dimostrare che, detto $\tau$ il tempo caratteristico in cui le popolazioni raggiungono l'equilibrio termico e supponendo che le temperature delle due specie siano dello stesso ordine di grandezza, si ha

$$\tau_{ee} \simeq (\nu_{ee})^{-1} \simeq \left(\frac{m_e}{m_i}\right)^{1/2}\tau_{ii}.$$

Nel caso di una collisione elettrone-ione l'elettrone cede allo ione solo una frazione dell'ordine di $(m_e/m_i)$ della propria energia. Quindi la termalizzazione richiede un tempo più lungo,

$$\tau_{ei} \simeq \left(\frac{m_i}{m_e}\right)^{1/2}\tau_{ii} \simeq \left(\frac{m_i}{m_e}\right)\tau_{ee}.$$

Ne consegue che in un plasma di elettroni e protoni $\tau_{ei} \gg \tau_{ii} \gg \tau_{ee}$ e quindi la termalizzazione di elettroni e ioni richiede tempi assai più lunghi di quelle tra specie uguali. Gli elettroni e gli ioni in un plasma possono esistere per lunghi tempi a temperature diverse.

L'inverso di una frequenza di collisione definisce il tempo medio tra due collisioni, quantità rappresentativa della scala di tempo caratteristica del fenomeno considerato.

In quanto precede ci siamo focalizzati sui tempi caratteristici dello *scambio di energia*. Se si considerasse invece lo *scambio di impulso*, le scale di tempo sarebbero diverse. Per un approfondimento si può consultare il già citato testo di Spitzer.

Le frequenze di collisione sono quantità che caratterizzano moti *disordinati* delle particelle di un plasma, mentre la frequenza di plasma si riferisce ad un moto *ordinato*. Perché si possa parlare di un moto ordinato, è necessario che sia $\nu_{ei} \ll \omega_{pe}$. Utilizzando l'Eq. (1.13) e la definizione di $\omega_p$ si può verificare che la precedente diseguaglianza è soddisfatta. Infatti

$$\frac{\nu_{ei}}{\omega_{pe}} \ll \frac{\nu_{ee}}{\omega_{pe}} \simeq (n\lambda_D^3)^{-1} \ll 1,$$

utilizzando la (1.10).

---

[2] I valori numerici possono variare a causa dei differenti schemi di approssimazione usati. ma l'ordine di grandezza rimane lo stesso. Quelli riportati qui sono tratti da: Spitzer "Physics of Fully Ionized Gases".

In presenza di un campo magnetico, vi sono due altre grandezze caratteristiche che giocano un ruolo assai importante e che incontreremo spesso nel seguito. Esse sono: la *frequenza di ciclotrone* o *frequenza di Larmor*

$$\omega_c = \frac{|e|B}{mc}, \tag{1.19}$$

e la *velocità di Alfvén*:

$$c_a = \sqrt{\frac{B}{4\pi\rho}} = \sqrt{\frac{B}{4\pi m_i n_i}} \simeq 2.18 \times 10^{11} B\, n_i^{-1/2}. \tag{1.20}$$

Le frequenze di Larmor dipendono dunque dalla massa della particella e si avrà

$$\omega_{ce} = \frac{|e|B}{m_e c} \simeq 1.76 \times 10^7 B,$$

e

$$\omega_{cp} = \frac{m_e}{m_p}\omega_{ce} \simeq 9.58 \times 10^3 B.$$

La teoria dei plasmi che esporremo avrà sempre carattere classico (cioè non quantistico) e non relativistico. Possiamo facilmente stimare quando queste approssimazioni perdono la loro validità. Avremo necessità di considerare correzioni relativistiche quando l'energia termica $kT \gtrsim mc^2$. Nel caso degli elettroni questo avverrà per

$$T \gtrsim 6 \times 10^9 K$$

circostanza che raramente si verifica. Ciò non significa che i plasmi relativistici non esistano, ma semplicemente che le correzioni relativistiche non hanno interesse nei plasmi in *equilibrio termodinamico*. Nulla vieta tuttavia che ci siano particelle con energia molto superiore a $kT$, particelle che daranno luogo a processi *non termici*, circostanza tutt'altro che rara.

Infine, gli effetti quantistici diverranno importanti quando le distanze tipiche del plasma saranno dell'ordine o minori della *lunghezza d'onda di De Broglie*, $\lambda_q = \hbar/p$, dove $p$ è l'impulso della particella. Nel caso di moto termico avremo:

$$\lambda_q = \frac{\hbar}{(3mkT)^{1/2}},$$

e quindi si dovranno tenere in conto effetti quantistici quando:

$$\bar{d} \simeq n^{-1/3} \lesssim \lambda_q$$

cioè

$$Tn^{-2/3} \lesssim \frac{\hbar^2}{3mk} \simeq 2.95 \times 10^{-12}.$$

dove il valore numerico si riferisce agli elettroni. Gli effetti quantistici si faranno dunque sentire a basse temperature e/o alte densità.

## 1.4 Descrizione classica di un plasma

La descrizione classica di un plasma si basa comunemente su un approccio di tipo *microscopico*. Con questo si intende che si considera il plasma come un insieme di particelle immerse nello spazio *vuoto*. Le equazioni di Maxwell per i campi si scrivono quindi nella forma:

$$\begin{aligned}
\nabla \times \boldsymbol{E} &= -\frac{1}{c}\frac{\partial \boldsymbol{B}}{\partial t} \\
\nabla \times \boldsymbol{B} &= \frac{1}{c}\frac{\partial \boldsymbol{E}}{\partial t} + \frac{4\pi}{c}\boldsymbol{J} \\
\nabla \cdot \boldsymbol{E} &= 4\pi q \\
\nabla \cdot \boldsymbol{B} &= 0
\end{aligned} \tag{1.21}$$

dove $q$ e $\boldsymbol{J}$ rappresentano le densità di carica e corrente *totali*, comprendenti cioè anche le eventuali densità di carica e corrente *esterne*. Prendendo la divergenza della seconda delle (1.21) e combinandola con la derivata della terza rispetto al tempo, si ottiene *l'equazione di continuità per la carica elettrica*:

$$\nabla \cdot \boldsymbol{J} + \frac{\partial q}{\partial t} = 0.$$

Si osservi ora che le due equazioni per le divergenze nelle (1.21) sono in realtà delle condizioni iniziali. Infatti:

$$0 = \nabla \cdot (\nabla \times \boldsymbol{E}) = -\frac{1}{c}\frac{\partial}{\partial t}\nabla \cdot \boldsymbol{B}$$

e quindi è sufficiente imporre $\nabla \cdot \boldsymbol{B} = 0$ a un certo istante per garantire che tale condizione sia sempre soddisfatta. Analogamente, derivando rispetto al tempo l'equazione per $\nabla \cdot \boldsymbol{E}$ e utilizzando l'equazione di continuità per la carica, si ottiene:

$$\frac{\partial}{\partial t}(\nabla \cdot \boldsymbol{E} - 4\pi\, q) = c\,\nabla \cdot (\nabla \times \boldsymbol{B}) = 0.$$

Ciò non significa che le equazioni per le divergenze non si possano usare, ma semplicemente che non vanno inserite nel computo delle equazioni indipendenti.

D'altra parte, ciascuna particella obbedisce all'equazione di moto:

$$m_i \ddot{\boldsymbol{r}}_i = e_i \left( \boldsymbol{E} + \frac{1}{c}\dot{\boldsymbol{r}}_i \times \boldsymbol{B} \right). \tag{1.22}$$

Per la conoscenza completa del sistema sarà necessario accoppiare N di tali equazioni, con N pari al numero delle particelle, con le (1.21). Si ha quindi un totale di $3N + 6$ equazioni nelle $3N + 10$ incognite $\boldsymbol{E}$, $\boldsymbol{B}$, $\boldsymbol{j}$, $q$. Mancano ancora le relazioni tra le densità di carica e di corrente e le variabili dinamiche delle particelle.

Queste si possono scrivere nella forma:

$$
\begin{aligned}
q(\boldsymbol{r}, t) &= \sum_{i=1}^{N} e_i\, \delta[\boldsymbol{r} - \boldsymbol{r}_i(t)] \\
\boldsymbol{J}(\boldsymbol{r}, t) &= \sum_{i=1}^{N} e_i\, \boldsymbol{v}\, \delta[\boldsymbol{r} - \boldsymbol{r}_i(t)]\, \delta[\boldsymbol{v} - \boldsymbol{v}_i(t)]
\end{aligned}
\tag{1.23}
$$

dove $e_i$ è la carica della particella $i - esima$ e $\boldsymbol{r}_i(t)$, $\boldsymbol{v}_i(t)$ sono rispettivamente la traiettoria e la velocità della particella $i - esima$. Le precedenti definizioni (4 equazioni scalari) forniscono le relazioni mancanti e permettono di ottenere un sistema di $3\,N + 10$ equazioni in $3\,N + 10$ incognite.

A parte problemi di carattere pratico (la soluzione di un tale sistema è ovviamente impossibile), questo schema è completo e fornisce in linea di principio la soluzione richiesta. È chiaro tuttavia che se anche fosse possibile risolvere un tale sistema, la quantità d'informazione contenuta nella soluzione sarebbe enormemente sovrabbondante rispetto a qualsiasi possibilità di utilizzo e di verifica osservativa o sperimentale. Una descrizione ragionevole può essere ottenuta passando da una descrizione microscopica completa, come quella appena delineata, ad una descrizione statistica, che rappresenta il migliore compromesso possibile tra accuratezza e possibilità di utilizzo. Questa transizione implica tuttavia una perdita d'informazione, poiché si rinuncia alla conoscenza delle traiettorie individuali delle particelle, conoscenza che viene considerata superflua. Come vedremo, anche un approccio statistico può rivelarsi eccessivamente dettagliato e in questo caso potremo far ricorso ad un ulteriore schema, lo schema fluido, in cui ancora una volta viene perduta una parte dell'informazione, quella sulla distribuzione in velocità delle particelle microscopiche. La scelta dello schema dipende essenzialmente da un giudizio sulla rinunciabilità o meno di certe informazioni. Ad ogni passo si guadagna in semplicità, ma si perde in "potere risolutivo".

La descrizione completa, quella cioè che fa uso delle Eq. (1.21) - (1.23) può essere tuttavia utilizzata se nelle (1.23) $N = 1$ e se i campi che compaiono nelle (1.21) sono in realtà campi **esterni**, cioè quando ci si limiti a considerare il moto di una sola particella in campi assegnati. In questo caso si ha a che fare con la "Teoria delle Orbite", che di fatto appartiene solo marginalmente alla fisica del plasma, se per plasma intendiamo un sistema la cui dinamica è dominata dagli effetti collettivi. La teoria delle orbite è tuttavia utile per avere una percezione del moto delle particelle e per un successivo utilizzo in teoria cinetica.

## Esercizi e problemi

**1.1.** Dimostrare che in un urto centrale di un elettrone con uno ione l'elettrone cede allo ione un'energia dell'ordine di $m_e/m_i$.

**1.2.** Dimostrare che se in un plasma è presente un campo elettrico sufficientemente intenso si instaura un regime di accelerazione continua degli elettroni (*runaway*) e determinare il valore critico di tale campo, detto *campo di Dreicer*.

*Soluzioni*

**1.1.** Supponendo che lo ione sia inizialmente fermo e indicando con $v_e$ e $v_e'$ le velocità dell'elettrone rispettivamente prima e dopo l'urto e con $v_i'$ la velocità dello ione dopo l'urto, scriviamo le leggi di conservazione dell'impulso e dell'energia:

$$m_e v_e = m_e v_e' + m_i v_i',$$

$$\tfrac{1}{2} m_e v_e^2 = \tfrac{1}{2} m_e {v_e'}^2 + \tfrac{1}{2} m_i {v_i'}^2,$$

da cui si ricava

$$v_e' = \frac{m_e - m_i}{m_e + m_i} v_e \quad ; \quad v_i' = \frac{2\, m_i}{m_e + m_i} v_e.$$

Quindi

$$\frac{m_i {v_i'}^2}{m_e v_e^2} = 4 \frac{m_e/m_i}{1 + (m_e/m_i)^2} \simeq 4 m_e/m_i.$$

**1.2.** Per avere un regime di accelerazione continua è necessario che la forza elettrica sull'elettrone sia maggiore di quella di frenamento "viscoso" dovuto alle collisioni, cioè che $eE > m_e \nu_{ei} v$. Utilizzando l'espressione (1.17) per $\nu_{ei}$ e identificando $v$ con la velocità termica degli elettroni, si trova

$$E > E_D = \frac{8\pi Z^2 e^3\, n_i}{3kT_e} \simeq 2 \times 10^{-7} \frac{n_i}{T_e}\, Volt/m. \; (Z = 1).$$

# 2

# Teoria delle orbite

In questo capitolo saranno esaminati alcuni casi semplici di moto di una singola particella in campi elettromagnetici assegnati. Come vedremo, anche in questi casi la dinamica tende a divenire complessa e questo fa capire come sia necessario sviluppare, per quanto possibile, una visione intuitiva dei processi in gioco prima di affrontare il problema nella sua interezza.

## 2.1 Campo magnetico omogeneo e costante

Consideriamo il caso di un campo magnetico omogeneo e costante, cioè indipendente sia dalle coordinate spaziali che dal tempo, definito, rispetto ad un opportuno sistema di coordinate cartesiane, da $\boldsymbol{B} = (0, 0, B)$. L'equazione di moto di una particella in tale campo sarà data da:

$$m\frac{d\boldsymbol{v}}{dt} = m\ddot{\boldsymbol{r}} = \frac{e_0}{c}\boldsymbol{v} \times \boldsymbol{B}, \qquad (2.1)$$

dove $e_0$ è la carica della particella, che può essere positiva o negativa. Il moto lungo il campo è quindi caratterizzato da

$$\ddot{z} = 0$$

e quindi $\dot{z} = v_{\|}=$ costante. Moltiplicando scalarmente l'equazione di moto per $\dot{r}$ si ottiene

$$m\ddot{\boldsymbol{r}} \cdot \dot{\boldsymbol{r}} = 0$$

e quindi

$$\tfrac{1}{2}\, m\dot{r}^2 = W = W_{\|} + W_{\perp} = costante.$$

L'energia totale dunque si conserva, com'è logico visto che la forza di Lorentz non compie lavoro. Poiché inoltre $W_{\|} = \frac{1}{2}\, mv_{\|}^2 = costante$, anche $W_{\perp}$ resta costante durante il moto.

Chiuderi C., Velli M.: Fisica del Plasma. Fondamenti e applicazioni astrofisiche.
DOI 10.1007/978-88-470-1848-8_2, © Springer-Verlag Italia 2012

La traiettoria si ottiene integrando la (2.1) che scriviamo per componenti nella seguente forma:

$$\frac{\mathrm{d}v_x}{\mathrm{d}t} = \Omega\, v_y \tag{2.2a}$$

$$\frac{\mathrm{d}v_y}{\mathrm{d}t} = -\Omega\, v_x \tag{2.2b}$$

$$\frac{\mathrm{d}v_z}{\mathrm{d}t} = 0, \tag{2.2c}$$

dove

$$\Omega = \frac{e_0 B}{m\, c}.$$

Le soluzioni della (2.2) sono:

$$v_x = v_\perp \cos(\Omega t + \alpha) \tag{2.3a}$$

$$v_y = -v_\perp \sin(\Omega t + \alpha) \tag{2.3b}$$

$$v_z = v_\parallel . \tag{2.3c}$$

Integrando ancora una volta le (2.3) si ottengono le equazioni della traiettoria:

$$x = x_0 + \left(\frac{v_\perp}{\Omega}\right) \sin(\Omega t + \alpha) \tag{2.4a}$$

$$y = y_0 + \left(\frac{v_\perp}{\Omega}\right) \cos(\Omega t + \alpha) \tag{2.4b}$$

$$z = z_0 + v_\parallel t. \tag{2.4c}$$

La traiettoria è un'elica percorsa con senso di rotazione orario (antiorario) dalle particelle positive (negative) per un osservatore che guardi in direzione antiparallela a $\boldsymbol{B}$. Il moto proiettato sul piano $(x, y)$ è una circonferenza di raggio $R_L = v_\perp/|\Omega|$, detto *raggio di Larmor* percorsa con velocità angolare $|\Omega|$. $|\Omega|$ viene detta *frequenza di Larmor*, *frequenza di ciclotrone* o *girofrequenza*.

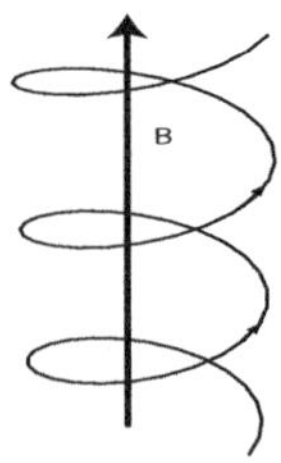


**Fig. 2.1** Traiettoria di una carica negativa in campo magnetico omogeneo

Le quantità $\omega_{ce}$ e $\omega_{ci}$ definite nel Capitolo 1 sono semplicemente i valori che $|\Omega|$ assume per un elettrone e un protone.

## 2.2 Campo magnetico e campo elettrico ortogonali

La configurazione di campo che consideriamo è la seguente:

$$\boldsymbol{E} = (0, E, 0),$$
$$\boldsymbol{B} = (0, 0, B)$$

con $E$ e $B$ indipendenti dallo spazio e dal tempo. Anche in questo caso l'Eq. (2.1) può essere risolta direttamente senza difficoltà. Infatti l'unico cambiamento rispetto al caso precedente riguarda la componente $y$ dell'equazione di moto, (2.3b) che diviene:

$$\frac{\mathrm{d}v_y}{\mathrm{d}t} = -\Omega\, v_x + \frac{e_0\, E}{m} = -\Omega(v_x - c\frac{E}{B}).$$

Se $E \ll B$ è possibile considerare un sistema di riferimento $S'$,definito dalle coordinate $x' = x - c(E/B)$, $y$, $z$, $t$, cioè un sistema che si muova nella direzione positiva delle $x$ con velocità pari a $c\,E/B$. In $S'$ la precedente equazione si scrive:

$$\frac{\mathrm{d}v'_y}{\mathrm{d}t} = -\Omega\, v'_x,$$

identica alla (2.2b), e quindi la soluzione è quella data dalla (2.4). Ritornando al sistema di riferimento originario si vede che la traiettoria in questo caso è la sovrapposizione di un moto elicoidale con una traslazione lungo l'asse $x$ con velocità costante pari a $c\,E/B$. È chiaro che per $E/B = O(1)$, si dovrà tener conto delle correzioni relativistiche all'equazione di moto. La velocità di deriva ottenuta può essere scritta in forma generale come:

$$\boldsymbol{v}_E = c\,\frac{\boldsymbol{E} \times \boldsymbol{B}}{B^2}. \tag{2.5}$$

La forza generata dal campo elettrico lungo $y$, che comporterebbe una continua accelerazione in tale direzione, è perfettamente compensata dal termine $\frac{e}{c}\,\boldsymbol{v}_E \times \boldsymbol{B}$ e come conseguenza il moto lungo resta confinato in un intervallo finito ed è periodico.

Il caso $E > B$ è più delicato. Infatti ripetendo la precedente procedura, si ottiene facilmente la seguente equazione per $v_x$:

$$v_x = c\frac{E}{B} + v_{0x}\cos(\Omega t).$$

Ma, per rimanere nell'ambito della teoria non relativistica fin qui usata, bisognerebbe che fosse $c\,E/B \ll 1$, contrariamente alla nostra ipotesi. Quindi, se $E > B$,

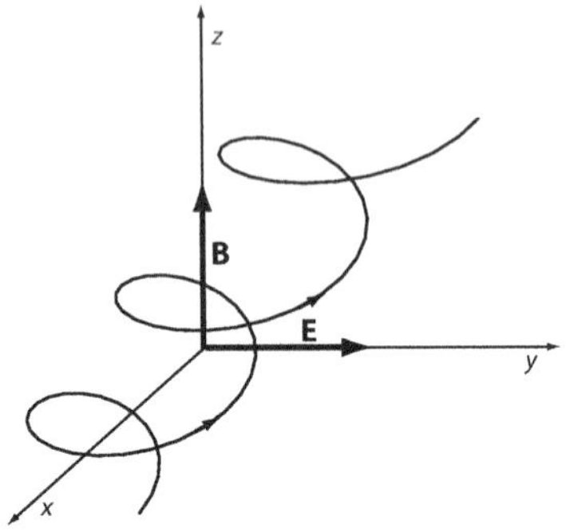


**Fig. 2.2** Moto in campi elettrici e magnetici ortogonali e costanti

bisognerà sempre usare la forma relativistica delle equazioni di moto. Per comprendere meglio la differenza tra i due casi è utile considerare le trasformazioni relativistiche per i campi elettromagnetici. Considerando una trasformazione di Lorentz lungo l'asse positivo delle $x$ con velocità $v$, si ha:

$$\begin{aligned} E'_x &= E_x & B'_x &= B_x \\ E'_y &= \gamma(E_y - \beta B_z) & B'_y &= \gamma(B_y + \beta E_z) \\ E'_z &= \gamma(E_z + \beta B_y) & B'_z &= \gamma(B_z - \beta E_y), \end{aligned}$$

dove si sono utilizzate le consuete notazioni $\beta = v/c$ e $\gamma = (1 - \beta^2)^{-1/2}$.

Nella configurazione da noi scelta avremo $E'_x = 0$, $E'_z = 0$, $E'_y = \gamma(E - \beta B)$. È chiaro dunque che, se $E < B$, scegliendo $\beta = \frac{E}{B}$, cioè una traslazione lungo $x$ con velocità pari a $v_E$, il campo elettrico sarà nullo nel sistema $S'$. In tale sistema si avrà dunque solo un campo magnetico lungo $z'$, $B'_z = \gamma(B - \beta E) = \gamma(B - E^2/B^2) = B/\gamma$ ed il moto sarà quindi del tipo elicoidale già visto. Nel sistema $S$, cioè nel nostro sistema di partenza, avremo dunque una sovrapposizione del moto elicoidale e del moto traslatorio. La possibilità di scegliere un sistema di riferimento in cui sia $E = 0$ deriva dal fatto che le quantità $\boldsymbol{E} \cdot \boldsymbol{B}$ e $E^2 - B^2$ sono invarianti relativistici. Se $E \perp B$ e $E < B$, il primo dei due invarianti è nullo ed il secondo è negativo, per cui è sempre possibile trovare un sistema in cui $E = 0$. Se viceversa $E > B$, il secondo invariante è positivo e quindi sarà possibile trovare un sistema di riferimento inerziale in cui $B = 0$. La soluzione in questo caso si potrà trovare eseguendo una trasformazione di Lorentz con $\beta = B/E$, risolvendo il problema del moto di una particella in un campo elettrico nel nuovo sistema di riferimento e applicando la trasformazione di Lorentz inversa al risultato per ottenere la traiettoria nel sistema originario.

Una caratteristica importante messa in luce dall'Eq. (2.5) è che la velocità di deriva non dipende dal segno della carica. Elettroni e protoni si muovono con la stessa velocità e quindi questo moto di deriva non dà luogo a correnti. Se le particelle sono sottoposte, oltre che all'azione del campo magnetico, anche a quella di una forza $\boldsymbol{F}$ *non elettrica, costante e ortogonale a* $\boldsymbol{B}$, si avrà ancora una deriva ortogonale sia a $\boldsymbol{F}$ che a $\boldsymbol{B}$ il cui valore è dato dalla (2.5) in cui $\boldsymbol{E}$ è sostituito da $\boldsymbol{F}/e_0$:

$$\boldsymbol{v}_F = c\,\frac{\boldsymbol{F} \times \boldsymbol{B}}{e_0 B^2}. \tag{2.6}$$

In questo caso la velocità di deriva dipende dal segno della carica e dà luogo ad una corrente elettrica.

## 2.3 Campi magnetici lentamente variabili

Qualora il campo magnetico sia debolmente disomogeneo, cioè subisca una variazione lenta con la posizione, o vari lentamente con il tempo è possibile risolvere l'equazione di moto (2.1) in maniera approssimata. Esamineremo ora alcuni casi interessanti che ci daranno modo di introdurre il concetto di *invariante adiabatico.*

### 2.3.1 Campi debolmente disomogenei

L'Eq. (2.6) ci permette di trattare il caso di campi magnetici con variazione lenta rispetto ad una variabile spaziale, effettuando un'analisi locale. Consideriamo per esempio una linea di forza del campo magnetico che abbia una certa curvatura. Localmente la particella sarà vincolata a girare intorno al campo magnetico, che potrà essere considerato costante su dimensioni dell'ordine del raggio di Larmor (campo debolmente variabile!). La particella tuttavia si sposterà anche parallelamente alla linea di forza di $B$ e, a causa della curvatura, sarà sottoposta ad una forza centrifuga $\boldsymbol{F} = \frac{m\,v_\parallel^2\,\boldsymbol{R}_c}{R_c^2}$, dove $R_c$ è il raggio di curvatura locale. La (2.6) ci dice allora che la particella è soggetta a un moto di deriva con velocità

$$\boldsymbol{v}_C = \frac{mc\,v_\parallel^2(\boldsymbol{R}_c \times \boldsymbol{B})}{e_0\,R_c^2\,B^2} = \frac{2\,c\,W_\parallel}{e_0\,R_c\,B}(\hat{\boldsymbol{R}}_c \times \hat{\boldsymbol{B}}), \tag{2.7}$$

dove $\hat{\boldsymbol{B}}$ e $\hat{\boldsymbol{R}}_c$ sono rispettivamente i versori del campo magnetico e del raggio di curvatura.Il fattore in parentesi è quindi un termine puramente geometrico che descrive la struttura locale delle linee di forza.

Questo moto traslatorio viene indicato col nome di *deriva da curvatura (curvature drift)*. Se invece si considera un campo unidirezionale, il cui valore dipende da una coordinata in direzione normale a $\boldsymbol{B}$, cioè se, per esempio, $\boldsymbol{B} = (0, 0, B(y))$, con

$B(y)$ funzione lentamente variabile su dimensioni dell'ordine del raggio di Larmor,

$$\frac{\mathrm{d}B/\mathrm{d}y}{B} R_L \ll 1,$$

potremo analizzare localmente il problema nel modo seguente.

La forza di Lorentz nell'intorno di un punto $y_0$ è data da:

$$\boldsymbol{F}(y) = \boldsymbol{F}(y_0 + \delta y) = \frac{e_0}{c} \left[B\left(-v_x \boldsymbol{e}_y + v_y \boldsymbol{e}_x\right)\right]_{y_0+\delta y},$$

dove si è preso in esame solo il moto nel piano normale a $\boldsymbol{B}$.

Ma $B(y_0 + \delta y) = B(y_0) + \delta y\, B'(y_0) = B_0 + \delta y\, B'_0$ e quindi

$$\begin{aligned} \boldsymbol{F}(y) = & \frac{e_0 B_0}{c}\left[-v_x \boldsymbol{e}_y + v_y \boldsymbol{e}_x\right] + \\ & + \frac{e_0 B_0}{c}\left[-v_x \boldsymbol{e}_y + v_y \boldsymbol{e}_x\right] \delta y\, (B'_0/B_0). \end{aligned} \tag{2.8}$$

Per valori di $\delta y$ dell'ordine di $R_L$ il fattore $\delta y\, (B'_0/B_0) \ll 1$ e quindi il primo termine descrive il moto circolare imperturbato, mentre il secondo rappresenta una correzione al primo ordine. Questo ci autorizza ad usare per $v_x, v_y, \delta y = y - y_0$ le espressioni ricavate per un campo magnetico costante, che sono funzioni periodiche dell'argomento $\Phi = \Omega t + \alpha$. Calcolando il valor medio di $\boldsymbol{F}$ su un periodo di Larmor, $P = 2\pi/|\Omega|$, valutando cioè

$$\langle \boldsymbol{F} \rangle = \frac{1}{P} \int_0^P \boldsymbol{F}\, dt$$

ci si rende facilmente conto che l'unico termine a media non nulla è il termine proporzionale a $v_x \delta y B'_0$ a secondo membro della (2.8). Il risultato finale è:

$$\langle \boldsymbol{F} \rangle = -\frac{|e_0|}{c} v_\perp R_L \frac{1}{P} \int_0^P cos^2(\Phi)\, dt\, B'_0 \boldsymbol{e}_y = -\frac{|e_0| v_\perp}{2c} R_L B'_0\, \boldsymbol{e}_y = -\tfrac{1}{2}\, m v_\perp^2\, \frac{B'_0}{B_0} \boldsymbol{e}_y.$$

Si vede quindi che in ogni punto è presente una forza costante e ortogonale a $\boldsymbol{B}_0$ che, secondo la (2.6), dà luogo ad una velocità di deriva ortogonale sia a $\boldsymbol{B}_0$ che a $\langle \boldsymbol{F} \rangle$. Introducendo la precedente espressione nella (2.6) si ottiene:

$$\boldsymbol{v}_G = -\frac{c\, W_\perp\, B'_0}{e_0 B_0^2}\, \boldsymbol{e}_x,$$

che si può scrivere in generale:

$$\boldsymbol{v}_G = \frac{c\, W_\perp (\boldsymbol{B}_0 \times \nabla)|\boldsymbol{B}_0|}{e_0 |\boldsymbol{B}_0|^3}. \tag{2.9}$$

Questo moto traslatorio viene indicato col nome di *deriva da gradiente (gradient drift)*.

### 2.3.2 Invarianza adiabatica del momento magnetico

Consideriamo una configurazione magnetica a simmetria cilindrica in cui il campo sia diretto predominantemente nella direzione assiale e vari poco su distanze dell'ordine del raggio di Larmor.

In un sistema di coordinate cilindriche $r, \theta, z$ si abbia cioè

$$\boldsymbol{B} = (B_r(r,z), 0, B_z(r,z)) \quad ; \quad B_z \gg B_r \quad \rightarrow \quad B = (B_r^2 + B_z^2)^{1/2} \simeq B_z.$$

In coordinate cilindriche la condizione $\boldsymbol{\nabla} \cdot \boldsymbol{B} = 0$ si scrive:

$$\frac{1}{r}\frac{\partial}{\partial r}(r\,B_r) + \frac{\partial B_z}{\partial z} = 0.$$

Integrando la precedente relazione si ottiene:

$$\int_0^r \frac{\partial}{\partial r}(r\,B_r)\mathrm{d}r = -\int_0^r r\frac{\partial B_z}{\partial z}\mathrm{d}r \simeq -\langle\frac{\partial B}{\partial z}\rangle\frac{r^2}{2},$$

dove si è tenuto conto del fatto che r è dell'ordine del raggio di Larmor e che il campo e il suo gradiente variano poco su tali distanze. Avremo dunque:

$$B_r \simeq -\frac{r}{2}\frac{\partial B}{\partial z},$$

dove per semplificare la notazione abbiamo tralasciato di indicare i simboli $\langle\rangle$. L'equazione per il moto parallelo a $B$ nella nostra configurazione è:

$$m\frac{\mathrm{d}v_\parallel}{\mathrm{d}t} = \frac{e_0}{c}(\boldsymbol{v}\times\boldsymbol{B})_z = -\frac{e_0}{c}v_\theta\,B_r.$$

Tenendo conto del diverso senso di girazione di particelle con opposto segno della carica si ha

$$v_\theta = -\frac{e_0}{|e_0|}\,v_\perp,$$

e quindi

$$m\frac{\mathrm{d}v_\parallel}{\mathrm{d}t} = -\frac{e_0}{c}\Big(-\frac{e_0}{|e_0|}\,v_\perp\Big)\Big(-\frac{r}{2}\frac{\partial B}{\partial z}\Big) \simeq -\Big(\frac{|e_0|}{c}R_L|\Omega|\frac{R_L}{2}\Big)\frac{\partial B}{\partial z} = -\Big(\frac{|e_0|}{c}\frac{\pi R_L^2}{P}\Big)\frac{\partial B}{\partial z},$$

dove si è introdotto il periodo $P = 2\pi/|\Omega|$. Il moto periodico della carica $e_0$ può essere assimilato ad una spira percorsa da una corrente di intensità $I = |e_0|/P$. Secondo la legge di Ampère, questa spira è equivalente a un dipolo magnetico, il cui *momento magnetico*, $\mu$, è dato da:

$$\mu = \frac{I\,S}{c} = \frac{|e_0|}{c}\frac{\pi R_L^2}{P} = \frac{1}{2B}mv_\perp^2 = \frac{W_\perp}{B}. \tag{2.10}$$

In conclusione l'equazione per il moto parallelo a $\boldsymbol{B}$ risulta:

$$m\frac{\mathrm{d}v_\parallel}{\mathrm{d}t} = -\mu\frac{\partial B}{\partial z},$$

da cui:

$$\frac{\mathrm{d}W_\parallel}{\mathrm{d}t} = mv_\parallel\frac{\mathrm{d}v_\parallel}{\mathrm{d}t} = -\mu v_\parallel\frac{\partial B}{\partial z} = -\mu\frac{\mathrm{d}B}{\mathrm{d}t},$$

dove si è tenuto conto della relazione

$$\frac{\mathrm{d}}{\mathrm{d}t} = \frac{\partial}{\partial t} + \boldsymbol{v}\cdot\boldsymbol{\nabla}.$$

Poiché l'energia totale si conserva durante il moto si avrà:

$$\frac{\mathrm{d}W_\perp}{\mathrm{d}t} = -\frac{\mathrm{d}W_\parallel}{\mathrm{d}t} = \mu\frac{\mathrm{d}B}{\mathrm{d}t},$$

relazione che può essere verificata direttamente utilizzando l'equazione per il moto perpendicolare a $\boldsymbol{B}$. A questo punto, possiamo calcolare la derivata temporale del momento magnetico, $\mu$, come

$$\frac{\mathrm{d}\mu}{\mathrm{d}t} = \frac{\mathrm{d}}{\mathrm{d}t}(W_\perp/B) = \frac{1}{B}\frac{\mathrm{d}W_\perp}{\mathrm{d}t} - \frac{1}{B^2}W_\perp\frac{\mathrm{d}B}{\mathrm{d}t} = \frac{\mu}{B}\frac{\mathrm{d}B}{\mathrm{d}t} - \frac{1}{B^2}(\mu\, B)\frac{\mathrm{d}B}{\mathrm{d}t} = 0.$$

Il momento magnetico dunque obbedisce ad una legge di conservazione, ma solo se il campo magnetico in cui si muove la particella ha una debole variazione spaziale. Per questo motivo si dice che il momento magnetico è un *invariante adiabatico*. In un sistema che sia solidale con la particella il campo magnetico appare variabile nel tempo, a causa del moto della particella stessa. Ci possiamo quindi aspettare che il momento magnetico sia invariante anche per il moto in un campo magnetico lentamente variabile nel tempo, come ora dimostreremo.

Consideriamo dunque campi magnetici che dipendano dal tempo, ma che siano "lentamente variabili", tali cioè da poter essere considerati approssimativamente costanti su scale di tempo dell'ordine del periodo di Larmor, $2\pi/|\Omega|$. Per semplicità consideriamo un campo unidirezionale, che in coordinate cilindriche abbia solo la componente assiale: $\boldsymbol{B} = (0, 0, B(t))$. Un campo magnetico assiale variabile nel tempo induce un campo elettrico azimutale $\boldsymbol{E}$ che deve essere introdotto nell'equazione di moto per la particella. Moltiplicando scalarmente l'equazione di moto per $\boldsymbol{v}_\perp$ otteniamo:

$$m\,\frac{d\boldsymbol{v}_\perp}{dt}\cdot\boldsymbol{v}_\perp = e_0\boldsymbol{E}\cdot\boldsymbol{v}_\perp,$$

cioè

$$\frac{d}{dt}(\tfrac{1}{2}m\,v_\perp^2) = e_0\boldsymbol{E}\cdot\boldsymbol{v}_\perp.$$

Integrando la precedente espressione rispetto al tempo tra 0 e $P = 2\pi/|\Omega|$, otteniamo a primo membro la variazione dell'energia perpendicolare in un periodo di

Larmor, cioè $\Delta W_\perp$:

$$\Delta W_\perp = e_0 \int_0^P \boldsymbol{E} \cdot \boldsymbol{v}_\perp \, dt = e_0 \oint \boldsymbol{E} \cdot \boldsymbol{dr}_\perp = e_0 \int_S (\nabla \times \boldsymbol{E}) \cdot d\boldsymbol{S},$$

dove $d\boldsymbol{r}_\perp = \boldsymbol{v}_\perp dt$ e $d\boldsymbol{S}$ è un elemento orientato della superficie che si appoggia sull'orbita della particella. Utilizzando le equazioni di Maxwell, la precedente equazione si può scrivere:

$$\Delta W_\perp = -e_0/c \int_S \frac{\partial \boldsymbol{B}}{\partial t} \cdot \boldsymbol{dS} \simeq \pi R_L^2 |e_0/c| \dot{B},$$

dove il termine $< \partial \boldsymbol{B}/\partial t >= \dot{B}$ è stato portato fuori dal segno d'integrale a causa dell'ipotesi di variazione lenta del campo e si è tenuto conto del diverso senso di percorrenza dell'orbita per particelle di carica opposta.
Utilizzando l'espressione per $R_L$ otteniamo infine:

$$\Delta W_\perp = W_\perp \frac{2\pi}{|\Omega|} \frac{\dot{B}}{B} .$$

D'altra parte, $(2\pi/|\Omega|)\dot{B}$ è la variazione di $B$ in un periodo di Larmor, cioè $\Delta B$, e quindi possiamo scrivere:

$$\Delta W_\perp = W_\perp \frac{\Delta B}{B} ,$$

o, ricordando la (2.10),

$$\Delta (W_\perp / B) = \Delta(\mu) = 0. \tag{2.11}$$

Anche in questo caso, Il momento magnetico è un invariante adiabatico, come già anticipato.

### 2.3.3 Specchi e bottiglie magnetiche

Il concetto dell'invarianza adiabatica del momento magnetico trova una sua applicazione nello studio dei cosiddetti specchi magnetici. Consideriamo un campo magnetico, per esempio con simmetria assiale, che si intensifichi nella direzione positiva dell'asse $z$, come mostrato in Fig. 2.3.

Poiché $B$ aumenta all'aumentare di $z$, l'invarianza di $\mu$ implica che anche $W_\perp$ deve aumentare. D'altra parte la conservazione dell'energia implica che $W = W_\parallel + W_\perp = costante$ e quindi all'aumento di $W_\perp$ deve corrispondere una diminuzione di $W_\parallel$. Può accadere che per un valore di $B = B_R$ sufficientemente grande $W_\parallel$ si annulli. In tal caso la particella, che non può più avanzare nella direzione positiva di $z$, viene riflessa. Una configurazione in cui questo accade viene chiamata *specchio magnetico*.

Introducendo l'*angolo di lancio (pitch angle)* $\vartheta$, definito come l'angolo formato dal vettore $\boldsymbol{v}$ con l'asse $z$, cioè con la componente dominante del campo $B$, si avrà

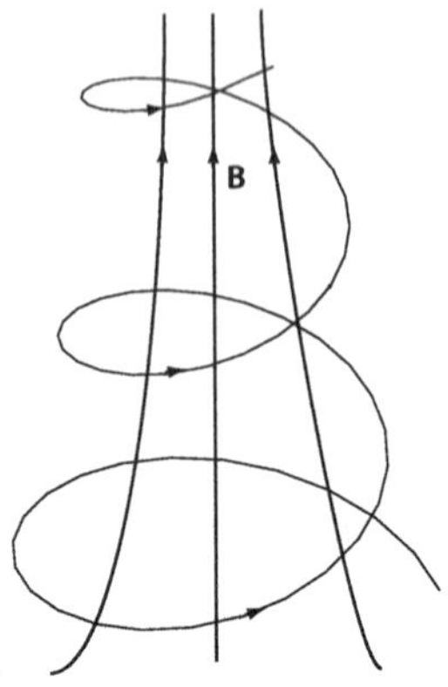


**Fig. 2.3** traiettoria in campo magnetico variabile

$v_\perp = v \sin\vartheta$ e la condizione di invarianza di $\mu$ potrà essere scritta nella forma:

$$\frac{1}{2}mv^2 \frac{\sin^2\vartheta}{B} = costante \quad \text{cioè} \quad \frac{\sin^2\vartheta}{B} = costante$$

poiché l'energia totale $\frac{1}{2}mv^2$ si conserva. Valutando la costante nel punto di riflessione, si ha:

$$\sin^2\vartheta = \frac{B}{B_R}. \tag{2.12}$$

Se il campo presenta un massimo, $B_{max}$, è chiaro che dovrà essere $B_R < B_{max}$. Infatti se la particella riesce ad arrivare a $B_{max}$ con $v_\parallel \neq 0$ continuerà a muoversi nella stessa direzione, poiché dopo $B_{max}$ il campo diminuisce e quindi $W_\parallel$ aumenta a scapito di $W_\perp$. Dalla (2.12) segue che la condizione di riflessione si può scrivere come

$$\sin^2\vartheta = \frac{B}{B_R} \geqslant \frac{B}{B_{max}}.$$

Le particelle che hanno un angolo di lancio tale che $\sin^2\vartheta < \frac{B}{B_{max}}$ non verranno riflesse.

Se consideriamo ora una configurazione magnetica, come quella in Fig. 2.4, ottenuta accoppiando due specchi magnetici, potremo confinare nella regione tra gli specchi le particelle con angoli di lancio sufficientemente grandi.

Indicando con $B_0$ il valore del campo nel punto di minimo, saranno confinate le particelle con

$$\sin^2\vartheta_0 \geqslant \frac{B_0}{B_{max}} = 1/R,$$

dove si è posto $R = B_{max}/B_0$. $R$ vien chiamato *rapporto speculare (mirror ratio)*. Le altre particelle, cioè quelle contenute nel cono con apertura $\vartheta_0$, detto *cono di*

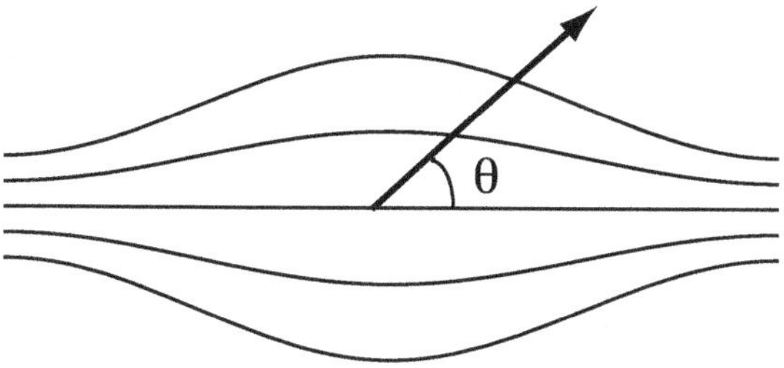


**Fig. 2.4** La bottiglia magnetica

*perdita (loss cone)* non vengono confinate. La probabilità $\mathcal{P}$ di perdere una particella dipende dal rapporto tra l'angolo solido sotteso dal cono e $2\pi$, cioè

$$\mathcal{P} = \frac{1}{2\pi} \int_{\Omega_0} \sin\vartheta \, d\vartheta \, d\varphi = \int_0^{\vartheta_0} \sin\vartheta \, d\vartheta = 1 - \sqrt{1 - 1/R} \simeq 1/2R \quad \text{per} \quad R \gg 1.$$

Il processo di perdita non si arresta perché le collisioni provvedono continuamente a riempire di particelle il cono di perdita. La configurazione a *bottiglia magnetica* non è quindi particolarmente efficiente per il confinamento ed è stata quindi abbandonata.

Una configurazione di tipo bottiglia magnetica, ma con campo magnetico lentamente variabile nel tempo, possiede un altro invariante adiabatico, il cosiddetto *invariante adiabatico longitudinale*. Si definisce la quantità $J$ come

$$J = \int_{s_1}^{s_2} v_\parallel \, ds,$$

dove $s_1$ e $s_2$ sono i due punti di riflessione del moto parallelo e si suppone che, per effetto della dipendenza temporale di $B$, essi si muovano su tempi scala lunghi rispetto al tempo di transito della particella tra $s_1$ e $s_2$. Si può dimostrare (vedi Boyd & Sanderson [1], pag. 28) che anche $J$ è un invariante adiabatico.

Un'interessante applicazione di questo invariante riguarda l'accelerazione dei raggi cosmici. Il problema può essere schematizzato come segue. Un insieme di particelle si trova in un ambiente in cui sono presenti delle nubi magnetizzate in movimento che possono essere assimilate a degli specchi magnetici in movimento. Nello spazio tra le nubi il campo magnetico è molto inferiore a quello nelle nubi. Le particelle con un angolo di lancio sufficientemente grande vengono confinate tra le nubi. Sia $s_0$ la separazione tra le nubi a un certo tempo e $s_0'$ quella ad un tempo successivo. L'invarianza di $J$ implica che

$$v_\parallel \, s_0 \simeq v_\parallel' \, s_0' \quad \text{cioè} \quad v_\parallel' \simeq v_\parallel \frac{s_0}{s_0'},$$

dove $v_\parallel$ e $v'_\parallel$ sono le velocità medie al tempo $t$ e $t'$ rispettivamente. L'energia $W'_\parallel$ risulta dunque $W'_\parallel = W_\parallel\,(s_0/s'_0)^2$ e quindi aumenta per un moto in avvicinamento delle nubi e diminuisce per un moto in allontanamento. Poiché $W_\perp = \mu\, B = costante$ ($\mu$ è costante perché invariante adiabatico e B non cambia sostanzialmente durante il moto), si ha che anche l'energia totale $W = W_\parallel + W_\perp$ aumenta per un moto in avvicinamento e viceversa. Poiché il moto delle nubi può considerarsi casuale, sembrerebbe che il guadagno medio di energia debba essere nullo. Tuttavia questo non è vero perché in un certo intervallo di tempo vi sono più urti "di testa" che urti "di coda" e quindi si ha un guadagno netto di energia. Questo meccanismo di accelerazione dei raggi cosmici vien detto *meccanismo di accelerazione di Fermi del secondo ordine* (venne infatti proposto da Fermi nel 1949). Esso non è tuttavia molto efficiente a causa della perdita delle particelle che si trovano nel cono di perdita. Oggi si ritiene che il meccanismo più efficiente sia il cosiddetto *meccanismo di accelerazione di Fermi del primo ordine* che sfrutta l'accelerazione di particelle sui fronti delle onde d'urto.

## Esercizi e problemi

**2.1.** Si consideri un campo magnetico con una leggera curvatura: $\boldsymbol{B} \equiv (0, B_y(z), B_z)$, con $B_z$ costante e con $B_y$ e $\mathrm{d}B_y/\mathrm{d}z$ quantità piccole. Dimostrare che esiste un moto di deriva lungo $x$ con velocità

$$v_c = -\frac{m v_\parallel^2 c}{e_0 B_z^2}(\mathrm{d}B_y/\mathrm{d}z).$$

Dimostrare che questa espressione coincide con la (2.7).

**2.2.** Si consideri il moto di un protone e di un elettrone nel campo gravitazionale terrestre vicino alla superficie della terra in presenza di di un campo magnetico orizzontale ed uniforme $B_0 \simeq 0.3$ G. Si calcoli la velocità e la direzione di deriva relativa sapendo che il campo magnetico sè diretto da sud verso nord.

Supponendo che la densità degli elettroni $n_e$ sia uguale a quella dei protoni $n_p$ si calcoli la corrente $\boldsymbol{J}$ risultante da questo moto di deriva. Infine, si mostri che

$$\frac{\boldsymbol{J}}{c} \times \boldsymbol{B} + (n_e m_e + n_p m_p)\boldsymbol{g} = 0,$$

dove $\boldsymbol{g}$ è l'accelerazione di gravità alla superficie della terra.

Questo esempio dimostra come, in presenza di gravità, un campo magnetico orizzontale induce in un plasma una corrente che tiene il plasma stesso sospeso nel campo gravitazionale.

**2.3.** Il campo magnetico terrestre si può con buona approssimazione considerare un campo di dipolo, la cui intensità nel piano equatoriale magnetico è data da $B =$

$B_0(R_E/R)^3$ dove $B_0 = 0.3$ G, $R_E$ è il raggio della terra ed $R$ la distanza dal centro della terra.

Si mostri che come conseguenza della deriva da gradiente nel campo magnetico di dipolo, Eq. (2.9), una particella con angolo di lancio (o *pitch angle*) $\theta = 90^o$ compie un'orbita circolare intorno alla terra e se ne ricavi l'espressione in funzione della sua energia $E$ e della sua carica $e_0$.

Si calcoli poi il periodo per un elettrone ed un protone con energia di un keV a una distanza di $R = 2R_E$. Si confronti questa velocità di deriva con quella dovuta al campo gravitazionale e con la velocità dell'orbita circolare gravitazionale allo stesso raggio.

*Soluzioni*

**2.1.** Posto $\Omega = e_0 B_z/mc$ e $\Omega_y = e_0 B_y/mc$, le equazioni del moto sono:

$$\ddot{x} = \Omega \dot{y} - \Omega_y \dot{z},$$

$$\ddot{y} = -\Omega \dot{x},$$

$$\ddot{z} = \Omega_y \dot{x}.$$

Derivando rispetto al tempo e trascurando termini contenenti quadrati delle quantità piccole, si ottiene:

$$\dddot{x} + \Omega^2 \dot{x} = -\Omega'_y v_\parallel^2,$$

$$\dddot{y} + \Omega^2 \dot{y} = \Omega \Omega_y v_\parallel.$$

La soluzione particolare (non oscillante) della prima equazione

$$\dot{x} = -\frac{\Omega'_y}{\Omega^2} = -\frac{m v_\parallel^2 c}{e_0 B_z^2}(\mathrm{d}B_y/\mathrm{d}z),$$

fornisce la velocità di deriva richiesta.

Ricordando la definizione di raggio di curvatura,

$$\frac{\partial \boldsymbol{B}}{\partial s} = -\frac{\boldsymbol{R}_C}{R_C^2},$$

dove $s$ è la coordinata misurata lungo la linea di campo, e tenendo conto che nel nostro caso $\partial \boldsymbol{B}/\partial s \simeq (\mathrm{d}B_y/\mathrm{d}z)\boldsymbol{e}_y$, mentre $\boldsymbol{B} \simeq B_z \boldsymbol{e}_z$, si verifica quanto richiesto.

**2.2.** La velocità di deriva è data dall'Eq. (2.6) nella quale l'accelerazione di gravità È ortogonale al campo magnetico, per cui troviamo

$$|v_{p,e}| = \frac{c m_{p,e} g}{eB} = 1.86\,10^{-4}\,\mathrm{cm/s},\ (\text{elettrone}) \quad = 3.42\,10^{-1}\mathrm{cm/s},\ (\text{protone}).$$

La velocità è diretta verso est (ovest) per il protone (elettrone). La corrente dovuta a questa deriva È quindi diretta verso est ed ha modulo $|\boldsymbol{J}| = c n_p(m_p + m_e)g/B$.

**2.3.** L'espressione per la deriva da gradiente nel caso considerato si riduce a

$$|v_G| = \frac{cE}{e_0}\frac{1}{B^2}|dB/dr| = \frac{cE}{e_0 B_0}\frac{3R^2}{R_E^3}$$

ed è diretta verso ovest (est) per protoni (elettroni). Per una particella con la carica dell'elettrone (o protone) ed un'energia di 1 keV a una distanza di $R = 2R_E$ troviamo $|v_G| = 6.27\ 10^6$ cm/s.

# 3

# Descrizione cinetica dei plasmi

Come già indicato nell'Introduzione, quando il numero delle particelle del sistema diventa grande un buon compromesso tra completezza e praticità nella descrizione di un plasma è quello fornito da un *approccio statistico*. Una trattazione esauriente della teoria cinetica dei plasmi esula dagli scopi di questo testo. Ci limiteremo pertanto a fornire i concetti essenziali di tale teoria, anche come presupposto dei più comuni modelli fluidi, che saranno trattati nel prossimo capitolo.

## 3.1 La funzione di distribuzione

Come abbiamo visto nel capitolo precedente, la descrizione completa dello stato di una particella richiede la conoscenza istantanea della sua posizione e della sua velocità. Questo suggerisce di introdurre una spazio a sei dimensioni, detto *spazio delle fasi*, definito da tre coordinate di posizione $(x, y, z)$ e tre coordinate di velocità $(v_x, v_y, v_z)$, in cui, a un qualunque istante $t$, lo stato dinamico di una particella sarà rappresentato da un punto. Lo stato dell'intero sistema sarà dato dall'insieme dei punti rappresentativi delle particelle costituenti il sistema. La transizione ad una descrizione statistica si ottiene introducendo una funzione densità nello spazio delle fasi, che fornisce il numero medio di particelle presenti in una piccola cella di tale spazio. Questa densità, che sarà funzione delle sei coordinate che definiscono lo spazio delle fasi e del tempo, viene detta *funzione di distribuzione*, $f(\boldsymbol{r}, \boldsymbol{v}, t)$. Il numero medio di particelle che hanno coordinate comprese tra $\boldsymbol{r}$ e $\boldsymbol{r} + d\boldsymbol{r}$ e velocità comprese tra $\boldsymbol{v}$ e $\boldsymbol{v} + d\boldsymbol{v}$ sarà quindi dato da:

$$dN = f(\boldsymbol{r}, \boldsymbol{v}, t)\, d\boldsymbol{r}\, d\boldsymbol{v}. \tag{3.1}$$

Quando il numero di particelle è sufficientemente grande da permettere di considerare la funzione di distribuzione come una funzione *continua* delle sue variabili,

Chiuderi C., Velli M.: Fisica del Plasma. Fondamenti e applicazioni astrofisiche.
DOI 10.1007/978-88-470-1848-8_3, © Springer-Verlag Italia 2012

sarà possibile determinare il numero totale di particelle, $N$, come

$$N = \int_{V_6} f(\boldsymbol{r}, \boldsymbol{v}, t)\, d\boldsymbol{r}\, d\boldsymbol{v},$$

dove $V_6$ rappresenta il volume dello spazio delle fasi.

Per determinare l'equazione che descrive l'evoluzione dinamica della funzione di distribuzione poniamoci nella situazione in cui il *numero totale* di particelle, $N$, non cambi durante l'evoluzione del sistema. Così facendo, trascuriamo, per esempio, i processi di ionizzazione o di ricombinazione che tuttavia possono facilmente essere reintrodotti nella trattazione. Come sempre in fisica, quando si è in presenza di una grandezza conservata (nel nostro caso $N$) è possibile scrivere una *equazione di continuità*. Per fare un esempio noto, in meccanica non relativistica la massa è una quantità conservata. Scrivendo la massa contenuta nel volume $V$ come $M = \int_V \rho dV$, si avrà:

$$\frac{\mathrm{d}M}{\mathrm{d}t} = \int_V \frac{\partial \rho}{\partial t} dV + \int_S \rho \boldsymbol{v} \cdot \boldsymbol{n} = 0,$$

dove il primo integrale rappresenta la diminuzione della massa contenuta nel volume $V$ ed il secondo il flusso di massa attraverso la superficie $S$ che delimita $V$ ($\boldsymbol{n}$ è la normale *esterna* all'elemento $dS$). Trasformando l'integrale di superficie in un integrale di volume, la precedente relazione si scrive:

$$\int_V \left[\frac{\partial \rho}{\partial t} + \boldsymbol{\nabla} \cdot (\rho \boldsymbol{v})\right] dV = 0,$$

e, poiché $V$ è arbitrario:

$$\frac{\partial \rho}{\partial t} + \boldsymbol{\nabla} \cdot (\rho \boldsymbol{v}) = 0.$$

Si può procedere allo stesso modo per qualunque grandezza conservata, in particolare per $N$. In questo caso tuttavia bisognerà tener conto del fatto che il volume di cui parliamo è il volume dello spazio delle fasi e che la definizione dell'operatore $\boldsymbol{\nabla}$ dovrà essere modificata per tener conto della dipendenza di $f$ dalle velocità oltre che dalla posizione. Porremo quindi:

$$\boldsymbol{\nabla} \rightarrow \sum_{i=1}^{3} \frac{\partial}{\partial x_i} + \sum_{i=1}^{3} \frac{\partial}{\partial v_i} = \boldsymbol{\nabla} + \boldsymbol{\nabla}_{\boldsymbol{v}}. \tag{3.2}$$

La legge di conservazione del numero di particelle nello spazio delle fasi potrà quindi essere espressa nella forma

$$\frac{\partial f}{\partial t} + \boldsymbol{\nabla} \cdot (f \boldsymbol{v}) + \boldsymbol{\nabla}_{\boldsymbol{v}} \cdot (f \boldsymbol{a}) = 0, \tag{3.3}$$

dove $\boldsymbol{a}$ è l'accelerazione applicata alla cella elementare dello spazio delle fasi. La precedente equazione si semplifica notando che:

- nello spazio delle fasi $\boldsymbol{r}$ e $\boldsymbol{v}$ sono variabili *indipendenti*. Pertanto, $\boldsymbol{\nabla} \cdot \boldsymbol{v} = 0$ e il secondo termine della (3.3) diviene semplicemente $\boldsymbol{v} \cdot \boldsymbol{\nabla} f$;

- il termine $f\,\nabla_{\boldsymbol{v}} \cdot \boldsymbol{a} = f\,\nabla_{\boldsymbol{v}} \cdot (\boldsymbol{F}/m) = 0$. Infatti, le forze normalmente in gioco non dipendono dalla velocità, tranne la forza di Lorentz, $\boldsymbol{F} = (e_0/c)(\boldsymbol{v} \times \boldsymbol{B})$. Tuttavia anche in questo caso si ha

$$\nabla_{\boldsymbol{v}} \cdot \boldsymbol{F} = \frac{e_0}{c} \sum_i \frac{\partial(\boldsymbol{v} \times \boldsymbol{B})_i}{\partial v_i} = 0$$

perché la componente *i-esima* di $\boldsymbol{v} \times \boldsymbol{B}$ non contiene $v_i$.

Tenendo conto di quanto sopra, la (3.3) diviene:

$$\frac{\partial f}{\partial t} + \boldsymbol{v} \cdot \nabla f + \frac{\boldsymbol{F}}{m} \cdot \nabla_{\boldsymbol{v}} f = 0. \tag{3.4}$$

Fin qui abbiamo implicitamente supposto che tutte le particelle che si trovano nella stessa cella dello spazio delle fasi subiscano la stessa accelerazione. Se questo è vero per quel che riguarda gli effetti *collettivi*, cioè per le forze generate dall'insieme delle particelle del plasma, cessa di esserlo per le *collisioni*, cioè per le interazioni che coinvolgono due sole particelle. È quindi ragionevole separare, nel computo delle forze, quelle collettive da quelle collisionali. Si osservi che anche le traiettorie nello spazio delle fasi generate dai due tipi di forze sono assai diverse tra loro. Infatti, gli effetti collettivi danno luogo a forze lentamente variabili con la posizione e generano delle traiettorie regolari, mentre le collisioni provocano una variazione brusca della velocità nelle posizioni in cui esse si verificano. Scriveremo dunque

$$\boldsymbol{F} = \boldsymbol{F}_{lent.var.} + \boldsymbol{F}_{coll},$$

e separeremo il contributo collisionale portandolo a secondo membro dell'Eq. (3.4). Introducendo la notazione

$$-\frac{\boldsymbol{F}_{coll}}{m} \cdot \nabla_{\boldsymbol{v}} f = \left(\frac{\partial f}{\partial t}\right)_{coll},$$

otteniamo la forma finale dell'equazione, detta *equazione cinetica*, che descrive l'evoluzione dinamica della funzione di distribuzione:

$$\frac{\partial f}{\partial t} + \boldsymbol{v} \cdot \nabla f + \frac{\boldsymbol{F}}{m} \cdot \nabla_{\boldsymbol{v}} f = \left(\frac{\partial f}{\partial t}\right)_{coll}, \tag{3.5}$$

dove si sottintende che le forze $\boldsymbol{F}$ che compaiono al primo membro sono quelle dovute agli effetti collettivi. Tutto quanto detto finora vale sia per un gas neutro che per un plasma. Nel caso di un plasma il termine di forza si potrà scrivere nella forma

$$\boldsymbol{F} = e_0(\boldsymbol{E} + \frac{1}{c}\boldsymbol{v} \times \boldsymbol{B}) + \boldsymbol{f},$$

dove $\boldsymbol{f}$ sono altre forze di natura non elettromagnetica che agiscono sul plasma. In astrofisica il caso più comune è rappresentato dalle forze gravitazionali. La (3.5) dovrà essere accoppiata alle equazioni di Maxwell (1.21) che determinano i campi elettrici e magnetici e alle altre equazioni che determinano $\boldsymbol{f}$. Trascurando per il momento le forze non elettromagnetiche potremo scrivere:

$$\frac{\partial f}{\partial t} + \boldsymbol{v} \cdot \boldsymbol{\nabla} f + \frac{e_0}{m}(\boldsymbol{E} + \frac{1}{c}\boldsymbol{v} \times \boldsymbol{B}) \cdot \boldsymbol{\nabla}_{\boldsymbol{v}} f = \left(\frac{\partial f}{\partial t}\right)_{coll}. \tag{3.6}$$

A questo punto è necessario specificare la natura delle collisioni che determinano il secondo membro delle (3.5) e (3.6): per ogni modello di collisione avremo una diversa equazione. Se ad esempio consideriamo un plasma rarefatto dominato dagli effetti collettivi, le collisioni possano essere trascurate e potremo quindi uguagliare a zero il secondo membro della (3.5) ottenendo l'*equazione di Vlasov*:

$$\frac{\partial f}{\partial t} + \boldsymbol{v} \cdot \boldsymbol{\nabla} f + \frac{e_0}{m}(\boldsymbol{E} + \frac{1}{c}\boldsymbol{v} \times \boldsymbol{B}) \cdot \boldsymbol{\nabla}_{\boldsymbol{v}} f = 0. \tag{3.7}$$

Se adottiamo il modello di Boltzmann (collisioni binarie elastiche) otterremo l'*equazione di Boltzmann*, dove il termine collisionale è rappresentato da un integrale che coinvolge il prodotto di due funzioni di distribuzione. L'equazione di Boltzmann è particolarmente importante per i gas neutri in cui le collisioni binarie sono quelle dominanti, ma non è la più adatta a descrivere i plasmi. Infatti, come abbiamo già notato, all'interno della sfera di Debye ogni particella interagisce con molte particelle contemporaneamente e la deflessione che la particella subisce è il frutto di molte piccole deviazioni piuttosto che di una sola interazione. Il termine collisionale deve quindi essere opportunamente modificato, dando luogo alla cosiddetta *equazione di Fokker-Planck*.

## 3.2 I momenti della funzione di distribuzione

La soluzione analitica delle equazioni cinetiche è in generale impossibile, anche nel caso più semplice dell'equazione di Vlasov. Anche la soluzione numerica presente difficoltà formidabili a causa dell'elevato numero di variabili (sette nel caso generale) da cui $f$ dipende. Infatti, le poche soluzioni analitiche e quasi tutte le soluzioni numeriche si riferiscono a configurazioni che possiedono proprietà di simmetria con la conseguente diminuzione del numero di variabili indipendenti. Un'altra causa di complessità è legata al fatto che in un plasma sono presenti almeno due specie di particelle con opposto segno della carica (tipicamente elettroni e ioni positivi). Quindi in generale avremo tante equazioni cinetiche quante sono le specie di particelle presenti. Osserviamo poi che al primo membro delle equazioni cinetiche (3.6) la funzione di distribuzione appare linearmente **solo se** i campi $\boldsymbol{E}$ e $\boldsymbol{B}$ sono campi *esterni*, cioè prodotti indipendentemente dalla dinamica delle particelle del plasma. Negli altri casi, le equazioni cinetiche andranno accoppiate con le equazioni di Maxwell che legano i campi elettromagnetici alle distribuzioni di carica e di corrente che, a loro volta, dovranno essere espresse in termini del moto delle particelle cariche che costituiscono il plasma e quindi della funzione di distribuzione. I campi dipenderanno dunque dalla funzione di distribuzione e l'equazione cinetica sarà un'equazione *non lineare* in $f$.

Supponiamo tuttavia di aver risolto una o l'altra delle equazioni cinetiche ed avere quindi una forma esplicita della $f$. Abbiamo la possibilità di verificare sperimentalmente che la nostra soluzione corrisponde alla realtà fisica? La risposta è in generale negativa: la funzione di distribuzione non è un osservabile. Per determinare sperimentalmente la $f$, bisognerebbe *misurare*, all'interno di un volume dato, il numero di particelle che hanno una certa velocità e questo per tutti i valori del modulo e della direzione della velocità stessa. Misure di questo tipo sono possibili. sia pure in maniera approssimata, riducendo cioè il numero di direzioni lungo le quali si misura la velocità, solo in un plasma estremamente rarefatto, cioè in condizioni difficilmente realizzabili in laboratorio. Nello spazio tuttavia tali condizioni esistono e sonde spaziali sono riuscite a determinare la forma delle funzioni di distribuzione delle particelle che compongono il cosiddetto *vento solare*, cioè il flusso di particelle emesse dal Sole che riempie l'intero spazio interplanetario. Questo dimostra in modo convincente che lo spazio esterno può e deve essere considerato uno straordinario laboratorio cosmico, dove si svolgono esperimenti non realizzabili nei laboratori terrestri.

Se la funzione di distribuzione non può essere misurata, qual'è la sua utilità? Possiamo usarla per determinare grandezze più facilmente accessibili a una misura diretta? Per rispondere a queste domande, dobbiamo innanzi tutto chiederci se abbiamo veramente bisogno di tutta l'informazione contenuta in $f$. Ci troviamo ancora una volta nella situazione di dover decidere sulla rinunciabilità o meno di certe informazioni. Se, per esempio, noi giudicassimo che le informazioni essenziali sono quelle che si riferiscono allo spazio geometrico ordinario e non quelle all'intero spazio delle fasi, potremmo decidere di rinunciare all'informazione sulla distribuzione di velocità introducendo un processo di media sulle velocità. Consideriamo ad esempio l'integrale

$$\int f(\boldsymbol{r}, \boldsymbol{v}, t)\mathrm{d}\boldsymbol{v} \equiv \iiint f(\boldsymbol{r}, v_v, v_y, v_z; t)\mathrm{d}v_x \mathrm{d}v_y \mathrm{d}v_z. \tag{3.8}$$

Tenendo conto della definizione di $f$, Eq. (3.1), l'integrale definisce il numero medio di particelle con posizione compresa tra $\boldsymbol{r}$ e $\boldsymbol{r} + d\boldsymbol{r}$ *qualunque sia la loro velocità*, cioè la densità numerica delle particelle nello spazio ordinario, che indicheremo con $n(\boldsymbol{r}, t)$

$$n(\boldsymbol{r}, t) = \int f(\boldsymbol{r}, \boldsymbol{v}, t)\mathrm{d}\boldsymbol{v}. \tag{3.9}$$

Allo stesso modo potremo definire il valor medio di qualunque grandezza dipendente dalla velocità, $\Phi(\boldsymbol{v})$ come

$$\langle \Phi \rangle = \frac{\int \Phi(\boldsymbol{v}) f(\boldsymbol{r}, \boldsymbol{v}, t)\mathrm{d}\boldsymbol{v}}{\int f(\boldsymbol{r}, \boldsymbol{v}, t)\mathrm{d}\boldsymbol{v}} = \frac{1}{n(\boldsymbol{r}, t)} \int \Phi(\boldsymbol{v}) f(\boldsymbol{r}, \boldsymbol{v}, t)\mathrm{d}\boldsymbol{v}. \tag{3.10}$$

Nella definizione della media è necessario dividere per $n(\boldsymbol{r}, t)$ perché la $f$ non rappresenta la *probabilità* di trovare una particella in una cella spazio delle fasi, come nella normale definizione di media, ma il *numero medio* di particelle nella cella.

In altre parole, la $f$ non è normalizzata all'unità, ma a $N$. Tutti i valori medi sono evidentemente funzioni di $\boldsymbol{r}$ e $t$.

Di particolare interesse sono le funzioni $\Phi$ che sono prodotti multilineari di componenti di $\boldsymbol{v}$, cioè $\Phi = v_i v_j \cdots v_k$. Si definisce *momento di ordine n* della $f$ l'integrale della funzione di distribuzione per il prodotto di $n$ componenti delle velocità:

$$\textit{momento di ordine n} \quad = \quad \int (v_i v_j \cdots v_k)\, f(\boldsymbol{r}, \boldsymbol{v}, t) \mathrm{d}\boldsymbol{v}, \tag{3.11}$$

dove il prodotto di componenti nell'integrando contiene $n$ fattori. Ricordando la definizione di media, Eq. (3.10), è evidente che

$$\int (v_i v_j \cdots v_k)\, f(\boldsymbol{r}, \boldsymbol{v}, t) \mathrm{d}\boldsymbol{v} = n(\boldsymbol{r}, t) \langle\langle v_i v_j \cdots v_k \rangle\rangle. \tag{3.12}$$

Dalla definizione di momento vediamo che la densità numerica è un momento di ordine zero (in questo caso $\Phi = 1$). Il valor medio della velocità, $\boldsymbol{u}(\boldsymbol{r}, t)$, sarà dato da

$$\boldsymbol{u}(\boldsymbol{r}, t) = \frac{1}{n(\boldsymbol{r}, t)} \int \boldsymbol{v}\, f(\boldsymbol{r}, \boldsymbol{v}, t) \mathrm{d}\boldsymbol{v}. \tag{3.13}$$

Le componenti della velocità media sono quindi legate ai momenti di ordine uno della funzione di distribuzione. Si osservi che $\boldsymbol{u}(\boldsymbol{r}, t)$ rappresenta la velocità media delle particelle che si trovano "nel punto $\boldsymbol{r}$" e non la velocità di una singola particella, grandezza che abbiamo indicato con $\boldsymbol{v}$.

In maniera analoga si possono definire la densità di carica, $q(\boldsymbol{r}, t)$ e la densità di corrente, $\boldsymbol{j}(\boldsymbol{r}, t)$. Infatti, se $f_e$ e $f_i$ sono rispettivamente le funzioni di distribuzione degli elettroni e degli ioni positivi, che per semplicità supporremo ionizzati una sola volta, si avrà:

$$q(\boldsymbol{r}, t) = \int e(f_i - f_e) \mathrm{d}\boldsymbol{v}, \quad \text{e} \quad \boldsymbol{j}(\boldsymbol{r}, t) = \int e\, \boldsymbol{v}(f_i - f_e) \mathrm{d}\boldsymbol{v}. \tag{3.14}$$

Da questi primi esempi concludiamo che i momenti della funzione di distribuzione hanno un significato fisico ben preciso e che rappresentano grandezze suscettibili di essere confrontate con gli esperimenti. È chiaro tuttavia che, come già sottolineato, nel processo di media si perdono informazioni, quelle relative al comportamento delle particelle nello spazio delle velocità. Questo perdita non è essenziale nei casi in cui le velocità delle particelle individuali non si scostino dalla media in maniera significativa. Se tuttavia un gruppo di particelle avesse un comportamento peculiare rispetto alle altre, questa peculiarità verrebbe attenuata o addirittura perduta nel processo di media, col conseguente rischio di trascurare effetti fisici importanti. Un esempio di questa situazione sarà discusso quando verrà trattato il cosiddetto *smorzamento di Landau*.

I momenti della funzione di distribuzione obbediscono a loro volta ad un'equazione evolutiva, detta equazione generale dei momenti. Per ricavarla, moltiplichiamo l'equazione cinetica (3.5) per $\psi(\boldsymbol{v}) = v_i, v_j \cdots v_k$ e integriamo sullo spazio delle velocità. Il primo termine, ricordando la (3.12), diviene:

$$\int \psi(\boldsymbol{v})\frac{\partial f}{\partial t}\mathrm{d}\boldsymbol{v} = \frac{\partial}{\partial t}\int \psi f \mathrm{d}\boldsymbol{v} = \frac{\partial}{\partial t}(n\langle\psi\rangle),$$

poiché la $\psi$ non dipende dal tempo.

Analogamente, poiché la $\psi$ è anche indipendente da $\boldsymbol{r}$, il secondo termine diviene:

$$\int \psi \boldsymbol{v}\cdot\boldsymbol{\nabla} f \mathrm{d}\boldsymbol{v} = \boldsymbol{\nabla}\cdot\int \boldsymbol{v}\,\psi \mathrm{d}\boldsymbol{v} = \boldsymbol{\nabla}\cdot(n\langle\boldsymbol{v}\,\psi\rangle).$$

Nel terzo termine, che contiene $\boldsymbol{F}/m$, separiamo la parte di forze indipendente dalla velocità dalla forza di Lorentz scrivendo (vedi pag. 33) $\boldsymbol{F} = \boldsymbol{f} + (e_0/c)\boldsymbol{v}\times\boldsymbol{B}$. Per le prime si avrà

$$\begin{aligned}\frac{1}{m}\int \psi(\boldsymbol{v})(\boldsymbol{f}\cdot\boldsymbol{\nabla}_{\boldsymbol{v}} f)\mathrm{d}\boldsymbol{v} &= \frac{\boldsymbol{f}}{m}\cdot\int \psi\,(\boldsymbol{\nabla}_{\boldsymbol{v}} f)\mathrm{d}\boldsymbol{v}\\ &= \frac{\boldsymbol{f}}{m}\cdot\int\Big[\boldsymbol{\nabla}_{\boldsymbol{v}}(\psi\, f) - f\,(\boldsymbol{\nabla}_{\boldsymbol{v}}\psi)\Big]\mathrm{d}\boldsymbol{v} = -\frac{n}{m}\boldsymbol{f}\cdot\langle\boldsymbol{\nabla}_{\boldsymbol{v}}\psi\rangle.\end{aligned}$$

Il primo termine in parentesi quadra infatti si annulla se

$$\lim_{|\boldsymbol{v}|\to\infty}(\psi\, f) = 0.$$

Operando allo stesso modo con il termine $(e_0/c)\boldsymbol{v}\times\boldsymbol{B}$ e ricordando che la componente *i-esima* di $\boldsymbol{v}\times\boldsymbol{B}$ non contiene $v_i$ si ottiene:

$$\frac{e_0}{m\,c}\int \psi(\boldsymbol{v})\,(\boldsymbol{v}\times\boldsymbol{B})\cdot(\boldsymbol{\nabla}_{\boldsymbol{v}} f)\mathrm{d}\boldsymbol{v} = -\frac{n\,e_0}{m\,c}\langle(\boldsymbol{v}\times\boldsymbol{B})\cdot\boldsymbol{\nabla}_{\boldsymbol{v}}\psi\rangle.$$

Riunendo i precedenti risultati, si giunge a scrivere l'*equazione generale dei momenti*

$$\begin{aligned}\frac{\partial}{\partial t}(n\langle\psi\rangle) + \boldsymbol{\nabla}\cdot(n\langle\boldsymbol{v}\,\psi\rangle) - \frac{n}{m}\boldsymbol{f}\cdot\langle\boldsymbol{\nabla}_{\boldsymbol{v}}\psi\rangle - \frac{n\,e_0}{m\,c}\langle(\boldsymbol{v}\times\boldsymbol{B})\cdot\boldsymbol{\nabla}_{\boldsymbol{v}}\psi\rangle =&\\ = \int \psi(\boldsymbol{v})\left(\frac{\partial f}{\partial t}\right)_{coll}\mathrm{d}\boldsymbol{v}.&\qquad(3.15)\end{aligned}$$

Il termine collisionale a secondo membro dipende dal modello di collisione utilizzato. Ricordando che $(\partial f/\partial t)_{coll}$ rappresenta la variazione temporale di $f$ dovuta alle collisioni, si può ipotizzare che, analogamente a quanto visto per il termine $\partial f/\partial t$, che rappresenta la variazione temporale di $f$ dovuta alle forze collettive, si possa scrivere:

$$\int \psi(\boldsymbol{v})\left(\frac{\partial f}{\partial t}\right)_{coll}\mathrm{d}\boldsymbol{v} = \left(\frac{\partial}{\partial t}(n\langle\psi\rangle)\right)_{coll}.$$

Queste considerazioni stanno alla base dei modelli fluidi che saranno trattati nel prossimo capitolo.

## 3.3 L'equazione di Vlasov e il teorema di Jeans

L'equazione di Vlasov (3.7) è la più semplice delle equazioni cinetiche ed è una equazione caratteristica dei plasmi. Infatti, nel caso di un gas neutro è assai raro poter trascurare le collisioni, in quanto gli effetti collettivi non sono in generale molto importanti. Una interessante eccezione verrà discussa brevemente nel seguito. Anche la soluzione dell'equazione di Vlasov rappresenta un problema di notevole difficoltà nel caso generale. Se tuttavia i campi $\boldsymbol{E}$ e $\boldsymbol{B}$ che compaiono nella (3.7) sono campi *esterni*, e quindi l'equazione di Vlasov è un'equazione lineare in $f$, la soluzione può essere trovata. Dimostreremo infatti che, se il sistema possiede una o più costanti del moto, è possibile scrivere immediatamente una forma generale della soluzione, un risultato che va sotto il nome di teorema di Jeans.

Per farlo, introduciamo il concetto di *derivata lungo una curva* e per semplicità consideriamo il caso dello spazio geometrico ordinario. Sia allora $g = g(x, y)$ l'equazione di una superficie. Il differenziale di $g$, cioè la variazione di $g$ per variazioni *arbitrarie* di $x$ e $y$ sarà:

$$\mathrm{d}g = \frac{\partial g}{\partial x}\,\mathrm{d}x + \frac{\partial g}{\partial y}\,\mathrm{d}y.$$

Supponiamo ora che le variazioni di $x$ e $y$ non siano indipendenti, ma che il punto rappresentativo sul piano $(x, y)$ sia costretto a muoversi lungo la curva di equazione $y = y(x)$, cosicché $\mathrm{d}y = (\mathrm{d}y/\mathrm{d}x)\,\mathrm{d}x$. Si avrà allora:

$$dg = \frac{\partial g}{\partial x}\,\mathrm{d}x + \frac{\partial g}{\partial y}\frac{\mathrm{d}y}{\mathrm{d}x}\,\mathrm{d}x.$$

La quantità

$$\frac{\mathrm{d}g}{\mathrm{d}x} = \frac{\partial g}{\partial x} + \frac{\partial g}{\partial y}\frac{\mathrm{d}y}{\mathrm{d}x}, \tag{3.16}$$

viene detta derivata di $g$ rispetto ad $x$ lungo la curva $y = y(x)$.

Consideriamo ora la derivata rispetto al tempo della $f$, funzione di $(\boldsymbol{r}, \boldsymbol{v}, t)$ lungo la traiettoria del punto rappresentativo nello spazio delle fasi, traiettoria data in forma parametrica dalle funzioni

$$\boldsymbol{r} = \boldsymbol{r}(c_j, t), \quad \boldsymbol{v} = \boldsymbol{v}(c_j, t) \quad j = 1 \cdots 6, \tag{3.17}$$

dove le quantità $c_j$ sono le 6 costanti di integrazione necessarie a definire completamente la traiettoria. Invertendo il sistema (3.17) potremo scrivere

$$c_j = c_j(\boldsymbol{r}, \boldsymbol{v}, t), \quad j = 1 \cdots 6, \tag{3.18}$$

ed è chiaro che una qualunque costante del moto sarà esprimibile in termini delle $c_j$ e quindi delle variabili primarie $\boldsymbol{r}$, $\boldsymbol{v}$ per mezzo delle (3.18). Ricordando la definizione di derivata lungo una curva, potremo scrivere:

$$\frac{\mathrm{d}f}{\mathrm{d}t} = \frac{\partial f}{\partial t} + \sum_{i=1}^{3} \frac{\partial f}{\partial x_i} \frac{\mathrm{d}x_i}{\mathrm{d}t} + \sum_{i=1}^{3} \frac{\partial f}{\partial v_i} \frac{\mathrm{d}v_i}{\mathrm{d}t}.$$

Siccome $\mathrm{d}x_i/\mathrm{d}t = v_i$ e $\mathrm{d}v_i/\mathrm{d}t = F_i/m$, la precedente equazione diviene:

$$\frac{\mathrm{d}f}{\mathrm{d}t} = \frac{\partial f}{\partial t} + \boldsymbol{v} \cdot \boldsymbol{\nabla} f + \frac{\boldsymbol{F}}{m} \cdot \boldsymbol{\nabla}_{\boldsymbol{v}} f.$$

Quindi, se $f$ è una soluzione dell'equazione di Vlasov possiamo concludere che $(\mathrm{d}f/\mathrm{d}t) = 0$, cioè che *la funzione di distribuzione è costante lungo una traiettoria nello spazio delle fasi*. Verifichiamo ora che la soluzione generale dell'equazione di Vlasov può essere scritta come:

$$f(\boldsymbol{r}, \boldsymbol{v}, t) = \mathcal{F}(c_1, c_2 \cdots c_6),$$

dove $\mathcal{F}$ è una funzione arbitraria dei suoi argomenti. Si intende che le $c_j$ debbano poi essere espresse in termine delle variabili fisiche $\boldsymbol{r}$ e $\boldsymbol{v}$ tramite le (3.18) e che la funzione così ottenuta abbia le necessarie proprietà di convergenza per $\boldsymbol{v} \to \infty$. Avremo dunque:

$$\begin{aligned} \frac{\partial \mathcal{F}}{\partial t} + \boldsymbol{v} \cdot \boldsymbol{\nabla} \mathcal{F} + \frac{\boldsymbol{F}}{m} \cdot \boldsymbol{\nabla}_{\boldsymbol{v}} \mathcal{F} &= \sum_j \frac{\partial \mathcal{F}}{\partial c_j} \Big[ \frac{\partial c_j}{\partial t} + \boldsymbol{v} \cdot \boldsymbol{\nabla} c_j + \frac{\boldsymbol{F}}{m} \cdot \boldsymbol{\nabla}_{\boldsymbol{v}} c_j \Big] \\ &= \sum_j \frac{\partial \mathcal{F}}{\partial c_j} \Big[ \frac{\mathrm{d}c_j}{\mathrm{d}t} \Big]_{traiettoria} = 0, \end{aligned}$$

poiché per definizione le quantità $c_j$ sono costanti lungo la traiettoria. Ne segue il:

**Teorema di Jeans**: *qualunque funzione delle costanti del moto è una soluzione dell'equazione di Vlasov.*

Come semplice applicazione del teorema di Jeans, consideriamo il caso di una particella di massa $m$ e carica $e_0$ soggetta ad un campo elettrostatico di potenziale $\Phi(\boldsymbol{r})$. L'energia totale della particella

$$E = \frac{1}{2} m v^2 + e_0 \phi(\boldsymbol{r})$$

è una costante del moto e quindi qualunque funzione dell'energia è una soluzione dell'equazione di Vlasov. In particolare, se per $\boldsymbol{r} \to \infty$, dove il potenziale $\Phi$ si annulla, il sistema è all'equilibrio termodinamico con densità $n_0$ e temperatura $T_0$, la funzione di distribuzione è asintoticamente una maxwelliana:

$$f_0 = n_0 \Big( \frac{m}{2\pi k T_0} \Big)^{3/2} \exp\Big[ -(\frac{1}{2} m v^2 / k T_0) \Big] = n_0 \Big( \frac{m}{2\pi k T_0} \Big)^{3/2} \exp(-E/kT_0).$$

In un generico punto $(\boldsymbol{r}, \boldsymbol{v})$ il teorema di Jeans ci permette di scrivere la soluzione come:

$$f(\boldsymbol{r}, \boldsymbol{v}) = n_0 \Big(\frac{m}{2\pi k T_0}\Big)^{3/2} \exp\Big[-(\frac{1}{2}mv^2 + e_0\phi(\boldsymbol{r}))/kT_0\Big].$$

Questa forma della funzione di distribuzione è quella che era stata implicitamente utilizzata nella discussione della lunghezza di Debye, Capitolo 1.3.

L'equazione di Vlasov può essere usata in alcuni casi anche in sistemi composti da particelle neutre. Il caso più interessante per l'astrofisica è quello dei sistemi stellari. Un sistema composto da un gran numero di stelle, per esempio una galassia, può essere considerato una specie di "gas", le cui "molecole" sono rappresentate dalle stelle. Gli effetti collettivi sono qui dovuti alle interazioni gravitazionali tra le stelle e in molte circostanze le collisioni dirette tra le stelle possono essere trascurate. L'equazione che descrive la dinamica di un tal sistema è ancora la (3.4) dove $\boldsymbol{F}/m$ rappresenta ora l'accelerazione di gravità dovuta all'azione collettiva di tutte le stelle del sistema.

Storicamente, la descrizione di un sistema stellare per mezzo della (3.4) ha preceduto la formulazione dell'equazione di Vlasov (1945) per i plasmi, grazie ai lavori di Jeans (1915) e Chandrasekhar (1942).

Si ha dunque una profonda analogia tra la dinamica di un sistema di punti massa e quella di un sistema di particelle cariche. La legge che esprime l'interazione gravitazionale tra due punti massa (Newton) è identica a quella che esprime l'interazione elettrostatica tra due cariche (Coulomb), la forza di Coriolis in un sistema di riferimento rotante è perfettamente analoga alla forza di Lorentz che agisce su una particella carica in presenza di un campo magnetico.

Vi sono tuttavia anche delle profonde differenze che sono principalmente legate al fatto che l'interazione gravitazionale è sempre attrattiva, mentre quella elettrostatica può essere sia attrattiva che repulsiva. Di conseguenza per i "plasmi gravitazionali" non esiste l'effetto di schermo che dà luogo al concetto di lunghezza di Debye.

## Esercizi e problemi

**3.1.** Nello spazio interplanetario si osservano frequentemente funzioni di distribuzione, sia per gli elettroni che per i protoni, descritte da una forma detta bimaxwelliana:

$$f_{B0} = n_c\Big(\frac{m}{2\pi k T_c}\Big)^{3/2} \exp\Big(-\frac{mv^2}{2kT_c}\Big) + n_h\Big(\frac{m}{2\pi k T_h}\Big)^{3/2} \exp\Big(-\frac{mv^2}{2kT_h}\Big), \quad (3.19)$$

dove $n_c + n_h = n_0$ è la densità totale di particelle, e $n_c, T_c$ descrivono la parte dominante della funzione di distribuzione mentre $n_h, T_h$ descrivono una popolazione di particelle di bassa densità ma temperatura molto maggiore. Si dimostri che la temperatura di questa distribuzione, definita dal momento di ordine due

$$kT = \frac{m}{3n_0} \int v^2 f_{B0} \mathrm{d}\boldsymbol{v},$$

è data da

$$T_0 = \frac{n_c}{n_0} T_c + \frac{n_h}{n_0} T_h.$$

Usando il teorema di Jeans si verifichi che la densità totale $n(r)$ varia con la distanza dal Sole $r$ come

$$n(r) = n_c \exp\Big[\Big(-\frac{GmM_\odot}{r_0 k T_c}\Big)\Big(1 - \frac{r_0}{r}\Big)\Big] + n_h \exp\Big[\Big(-\frac{GmM_\odot}{r_0 k T_h}\Big)\Big(1 - \frac{r_0}{r}\Big)\Big].$$

Si mostri quindi che la temperatura in funzione della distanza è data da

$$T(r) = \frac{n_c T_c}{n(r)} \exp\Big[\Big(-\frac{GmM_\odot}{r_0 k T_c}\Big)\Big(1 - \frac{r_0}{r}\Big)\Big] + \frac{n_h T_h}{n(r)} \exp\Big[\Big(-\frac{GmM_\odot}{r_0 k T_h}\Big)\Big(1 - \frac{r_0}{r}\Big)\Big],$$

dove $M_\odot$ è la massa del Sole.

La superficie visibile del Sole, o fotosfera, si trova a una temperatura molto inferiore a quella della corona e del vento solare. Una possibile soluzione del problema del riscaldamento della corona consiste nell'ipotizzare la presenza di funzioni di distribuzione bi-maxwelliane già nell'atmosfera del Sole, all'altezza della regione di transizione tra fotosfera e corona, dove potrebbero essere presenti una componente a temperatura $T_c \simeq 10^4$ K dominante, e una componente minoritaria con $n_h/n_0 \simeq 10^{-3}$ e $T_h \simeq 10^6$ K. La temperatura a questa distanza dal centro del Sole, $r = r_0 \simeq 7\ 10^5$ km, risulta quindi $T_0 \simeq 1.1\ 10^4$ K. Considerando prima solo i protoni $m = m_p$, si mostri che la temperatura a una distanza di $r = 1.01\ r_0$ vale già $T \simeq 10^6$ K. Gli elettroni, con una massa molto più piccola, raggiungono una tale temperatura solo a distanze molto maggiori: di quanto? In assenza di collisioni quali effetti devono intervenire per impedire che si sviluppino densità di cariche libere immense nel plasma della corona e del vento solare?

# 4

# I modelli fluidi

Nel capitolo precedente abbiamo visto che i momenti della funzione di distribuzione rappresentano quantità fisiche che, almeno in linea di principio, sono misurabili. Tuttavia, i momenti sono definiti in termini della funzione di distribuzione e quindi la conoscenza di quest'ultima è necessaria alla loro determinazione. Ci si può chiedere a questo punto se non sia possibile trovare un sistema di equazioni differenziali in cui compaiano *soltanto* i momenti. Se ciò fosse possibile, i momenti, cioè le grandezze fisiche misurabili, sarebbero definiti come le soluzioni del suddetto sistema, senza far più riferimento alla funzione di distribuzione, dalla cui conoscenza potremmo dunque prescindere. Questo approccio è quello che porta ai modelli fluidi, che ora svilupperemo.

## 4.1 Il caso dei gas neutri

Per illustrare la procedura, cominceremo col considerare il caso semplice di un gas neutro, composto di particelle uguali di massa $m$. Si avrà dunque una sola funzione di distribuzione, che indicheremo ancora con $f$. È chiaro che il punto di partenza del nostro programma dovrà essere l'equazione generale dei momenti, cioè la (3.15):

$$\frac{\partial}{\partial t}(n\langle\psi\rangle) + \nabla \cdot (n\langle \boldsymbol{v}\,\psi\rangle) - \frac{n}{m}\boldsymbol{F} \cdot \langle \nabla_{\boldsymbol{v}}\psi\rangle = \left(\frac{\partial}{\partial t}(n\langle\psi\rangle)\right)_{coll}. \tag{4.1}$$

Si avrà evidentemente una equazione per ciascun momento, passando quindi da una singola equazione cinetica ad un *sistema di equazioni*. Ci si rende facilmente conto che in realtà si tratta di un sistema di *infinite* equazioni. Infatti, supponiamo che la funzione $\psi$ che compare nella (4.1) sia un momento di ordine $n$, cioè il prodotto di $n$ componenti della velocità. Il secondo termine della (4.1) contiene tuttavia la quantità $\langle \boldsymbol{v}\,\psi\rangle$, cioè momenti di ordine $n+1$. Se ne conclude che l'equazione per il momento $n_{esimo}$ coinvolge inevitabilmente momenti $(n+1)_{esimi}$ e quindi la catena di equazioni dei momenti è infinita. È chiaro che se non viene trovato un modo per troncare la catena di equazioni, il programma che ci eravamo proposti non è

Chiuderi C., Velli M.: Fisica del Plasma. Fondamenti e applicazioni astrofisiche.
DOI 10.1007/978-88-470-1848-8_4, © Springer-Verlag Italia 2012

realizzabile. Questo è il cosiddetto *problema della chiusura* che sarà esaminato tra breve.

Cominciamo intanto a scrivere le equazioni per i vari momenti. All'**ordine zero** porremo $\psi = m$ nella (4.1), ottenendo:

$$\frac{\partial \rho}{\partial t} + \boldsymbol{\nabla} \cdot (\rho\, \boldsymbol{u}) = m \left( \frac{\partial n}{\partial t} \right)_{coll}, \tag{4.2}$$

dove si è fatto uso della (3.13) che definisce $\boldsymbol{u}$.

Al **primo ordine**, porremo $\psi = m\, v_i$ e scrivendo la (4.1) per per la componente $i_{esima}$ della velocità otterremo:

$$\begin{aligned} &\frac{\partial}{\partial t}(nmu_i) + \frac{\partial}{\partial x_k}(nm\langle v_i v_k \rangle) - n\, F_k \, \langle \frac{\partial v_i}{\partial v_k} \rangle = \\ &\frac{\partial}{\partial t}(nmu_i) + \frac{\partial}{\partial x_k}(nm\langle v_i v_k \rangle) - n\, F_i = \left( \frac{\partial (nm\langle v_i \rangle)}{\partial t} \right)_{coll}, \end{aligned} \tag{4.3}$$

dove si è usata la convenzione di somma sugli indici ripetuti. Come previsto, nella (4.3) sono apparsi momenti del secondo ordine, $nm\langle v_i v_k \rangle$. Per apprezzare il significato fisico di questi termini, scriviamo la velocità $\boldsymbol{v}$ della singola particella come

$$\boldsymbol{v} = \boldsymbol{u} + \boldsymbol{w}, \tag{4.4}$$

separando cioè il *moto medio*, $\boldsymbol{u}$, dal *moto peculiare*, $\boldsymbol{w}$. Poiché $\boldsymbol{u} = \langle \boldsymbol{v} \rangle$, prendendo la media della (4.4) si ottiene:

$$\langle \boldsymbol{w} \rangle = 0. \tag{4.5}$$

$\boldsymbol{w}$ è dunque una velocità a media nulla, cioè una velocità caotica, che identificheremo con la velocità della particella dovuta al moto di agitazione termica. Introducendo l'espressione (4.4) in $\langle v_i v_k \rangle$ e osservando che $\langle u_i \rangle = u_i$ perché $\boldsymbol{u}$ è funzione solo delle coordinate spaziali e quindi il processo di media sulle velocità rappresentato da $\langle\, \rangle$ lascia $\boldsymbol{u}$ inalterata, si ha:

$$\langle v_i v_k \rangle = \langle (u_i + w_i)(u_k + w_k) \rangle = u_i u_k + \langle w_i w_k \rangle. \tag{4.6}$$

Potremo dunque scrivere:

$$nm\langle v_i v_k \rangle = nmu_i u_k + nm\langle w_i w_k \rangle = nmu_i u_k + \mathsf{P}_{ik},$$

dove il tensore $\mathsf{P}_{ik} = nm\langle w_i w_k \rangle$ è detto *tensore di pressione*. Poiché $nmu_k$ è la densità di impulso nella direzione $k$, $nmu_i u_k = u_i(nmu_k)$ rappresenta il flusso della componente $k_{esima}$ dell'impulso attraverso una superficie unitaria la cui normale è diretta lungo l'asse $x_i$. Il primo termine della (4.6) rappresenta dunque tale flusso riferito al moto *ordinato*, mentre il secondo termine rappresenta il flusso riferito al moto *disordinato*, cioè al moto termico. I termini diagonali del tensore $\mathsf{P}_{ik}$, che sono uguali tra loro nel caso di un mezzo isotropo, corrispondono alla normale definizione di pressione di un fluido, mentre quelli non diagonali, evidentemente legati a *sforzi di taglio*, sono diversi da zero solo in presenza di forze viscose. Tali forze infatti agiscono in direzione normale alla velocità del fluido.

Il tensore di pressione è evidentemente un tensore simmetrico. Può essere utile distinguere la parte diagonale da quella non diagonale scrivendo, sempre in un mezzo isotropo,

$$\mathsf{P}_{ik} = P\,\delta_{ik} + \Pi_{ik},$$

dove il tensore $\Pi_{ik}$ è un tensore simmetrico con tutti gli elementi diagonali nulli. Tornando alla (4.3) scriveremo dunque:

$$\frac{\partial}{\partial t}(nmu_i) + \frac{\partial}{\partial x_k}(nmu_iu_k + \mathsf{P}_{ik}) - n\,F_i = \left(\frac{\partial(nm\langle v_i\rangle)}{\partial t}\right)_{coll}. \tag{4.7}$$

Passando all'equazione per i momenti del **secondo ordine**, è sufficiente considerare $\psi = \frac{1}{2}\,mv_iv_i = \frac{1}{2}\,mv^2$ e scrivere

$$\frac{\partial}{\partial t}(n\langle\tfrac{1}{2}mv^2\rangle) + \boldsymbol{\nabla}\cdot(n\langle\boldsymbol{v}\tfrac{1}{2}mv^2\rangle) - n\boldsymbol{F}\cdot\boldsymbol{u} = \left(\frac{\partial}{\partial t}(n\langle\tfrac{1}{2}mv^2\rangle)\right)_{coll}. \tag{4.8}$$

Utilizzando ancora una volta la decomposizione (4.4) potremo esprimere il termine $n\langle v_k\frac{1}{2}mv^2\rangle$ come:

$$n\langle v_k\tfrac{1}{2}mv^2\rangle = n(\tfrac{1}{2}m(u^2 + \langle w^2\rangle)u_k + u_i\,\mathsf{P}_{ik} + n\langle w_k(\tfrac{1}{2}mw^2)\rangle.$$

Si ha poi:

$$n(\tfrac{1}{2}m\langle v^2\rangle) = \tfrac{1}{2}\rho u^2 + \tfrac{1}{2}\sum_i \mathsf{P}_{ii} = \tfrac{1}{2}\rho u^2 + \tfrac{1}{2}(3P),$$

cosicché

$$n\langle v_k\tfrac{1}{2}mv^2\rangle = (\tfrac{1}{2}\rho u^2 + \tfrac{3}{2}P)u_k + u_i\,\mathsf{P}_{ik} + n\langle w_k(\tfrac{1}{2}mw^2)\rangle.$$

Se il gas obbedisce all'equazione di stato dei gas perfetti, $P = nkT$, il termine $\frac{3}{2}P$ è l'energia interna (per unità di volume) del gas, $\epsilon$[1].

Quindi, il primo termine a secondo membro rappresenta il flusso di energia totale (energia cinetica del moto ordinato + energia interna) trasportata con la velocità ordinata, il terzo il flusso di energia interna trasportata con la velocità termica, ovvero il *flusso di calore*, e il secondo rappresenta il lavoro compiuto dalle forze di pressione. Facendo uso della precedente espressione, potremo scrivere la (4.8) nella forma:

$$\begin{aligned}\frac{\partial}{\partial t}\,(\tfrac{1}{2}\rho u^2 + \tfrac{3}{2}P) + \frac{\partial}{\partial x_k}[(\tfrac{1}{2}\rho u^2 + \tfrac{3}{2}P)u_k + u_i\,\mathsf{P}_{ik} + q_k]&\\ - n\,F_iu_i = \left(\frac{\partial}{\partial t}(n\langle\tfrac{1}{2}mv^2\rangle)\right)_{coll}&, \end{aligned}\tag{4.9}$$

dove si è introdotto il vettore flusso di calore, $\boldsymbol{q} = n\langle\boldsymbol{w}(\frac{1}{2}mw^2)\rangle$.

---

[1] Si è qui implicitamente supposto che il gas sia monoatomico con 3 gradi di libertà. Nel caso generale con $g$ gradi di libertà si avrà $\epsilon = P/(\gamma - 1)$, con $\gamma = (g + 2)/g$.

Prima di procedere è necessario discutere i termini collisionali presenti a secondo membro delle (4.2), (4.7) e (4.9). Una teoria rigorosa dovrebbe partire da un modello specifico di collisione, per esempio quello delle collisioni elastiche e binarie usato da Boltzmann.

Utilizzando tale termine collisionale è possibile dimostrare che le leggi di conservazione del numero di particelle, dell'impulso totale e dell'energia totale in una collisione implicano le seguenti relazioni:

$$\begin{aligned} \int \left(\frac{\partial f}{\partial t}\right)_{coll} &= 0 \\ \int m\boldsymbol{v}\left(\frac{\partial f}{\partial t}\right)_{coll} &= 0 \\ \int \tfrac{1}{2}mv^2\left(\frac{\partial f}{\partial t}\right)_{coll} &= 0. \end{aligned} \tag{4.10}$$

L'importanza di queste relazioni, che riflettono le fondamentali leggi di conservazione, è tale che la loro validità viene considerata come una condizione necessaria perché un termine collisionale, diverso da quello di Boltzmann, sia considerato accettabile. In altre parole le relazioni contenute nella (4.10) debbono essere verificate da *qualunque termine collisionale*. Le (4.10) implicano che tutti i termini a secondo membro delle (4.2), (4.7) e (4.9) sono nulli.

Questo risultato può essere reso plausibile considerando ad esempio la (4.2). Il termine collisionale rappresenta, a parte il fattore $m$, la variazione temporale del numero di particelle dovuta alle collisioni. Ma il numero di particelle si conserva durante una collisione se, come abbiamo supposto, non consideriamo processi, quali la ionizzazione o la ricombinazione, che modificano il numero di particelle interagenti. Quindi il termine collisionale della (4.2) è nullo e potremo scrivere

$$\frac{\partial \rho}{\partial t} + \boldsymbol{\nabla}\cdot(\rho\,\boldsymbol{u}) = 0, \tag{4.11}$$

in cui si riconosce la familiare equazione di continuità per la massa della meccanica dei fluidi.

Analogamente, i termini collisionali nelle (4.7) e (4.9) rappresentano rispettivamente le variazioni temporali dell'impulso e dell'energia dovute alle collisioni, che sono entrambe nulle per collisioni elastiche. Nella (4.7) potremo dunque annullare il secondo membro e scrivere, tenendo conto della (4.11):

$$\begin{aligned} \frac{\partial}{\partial t}(\rho u_i) + \frac{\partial}{\partial x_k}(\rho u_i u_k) &= \rho\left(\frac{\partial u_i}{\partial t} + u_k\,\frac{\partial u_i}{\partial x_k}\right) + u_i\left(\frac{\partial \rho}{\partial t} + \frac{\partial(\rho u_k)}{\partial x_k}\right) \\ &= \rho\left(\frac{\partial u_i}{\partial t} + u_k\,\frac{\partial u_i}{\partial x_k}\right). \end{aligned}$$

Ma, ricordando la (3.16), l'espressione a secondo membro è la derivata di $u_i$ lungo la traiettoria $\boldsymbol{u} = (\mathrm{d}\boldsymbol{r}/\mathrm{d}t)$, cioè quella che in meccanica dei fluidi viene definita la *derivata lagrangiana* di $u_i$ e che viene indicata con l'operatore

$$\frac{\mathrm{d}}{\mathrm{d}t} = \frac{\partial}{\partial t} + (\boldsymbol{u} \cdot \boldsymbol{\nabla}). \tag{4.12}$$

In definitiva si avrà:

$$\rho \frac{\mathrm{d}u_i}{\mathrm{d}t} = -\frac{\partial \mathsf{P}_{ik}}{\partial x_k} + n\, F_i. \tag{4.13}$$

Nella precedente espressione si riconosce l'**equazione di moto** per un fluido. Nel caso di un fluido *perfetto*, $\mathsf{P}_{ik} = P\,\delta_{ik}$ e la (4.13) diviene l'*equazione di Eulero*:

$$\rho \frac{\mathrm{d}\boldsymbol{u}}{\mathrm{d}t} = -\boldsymbol{\nabla} P + n\, \boldsymbol{F}, \tag{4.14}$$

mentre in presenza di viscosità ($\Pi_{ik} \neq 0$) si avrà l'*equazione di Navier-Stokes*:

$$\rho \frac{\mathrm{d}u_i}{\mathrm{d}t} = -\frac{\partial P}{\partial x_i} - \frac{\partial \Pi_{ik}}{\partial x_k} + n\, F_i. \tag{4.15}$$

In entrambe queste equazioni si è effettuata una distinzione fra le forze dovute alla pressione e gli altri tipi di forze.

Annullando il termine collisionale, la (4.9) diviene:

$$\frac{\partial}{\partial t}\Big(\tfrac{1}{2}\rho u^2 + \tfrac{3}{2}P\Big) = -\frac{\partial}{\partial x_k}\Big([\tfrac{1}{2}\rho u^2 + \tfrac{3}{2}P]u_k + P u_k + u_i\, \Pi_{ik} + q_k\Big) + n\, F_i u_i. \tag{4.16}$$

È questa l'*equazione dell'energia* che ci dice che la variazione nel tempo dell'energia totale contenuta in un certo volume è uguale al flusso della stessa quantità attraverso la superficie che lo delimita, più il lavoro di tutte le forze, sia di pressione che di altra natura, e l'effetto del flusso di calore. Si osservi che nel primo termine al secondo membro tutti gli addendi sono proporzionali a una componente della velocità, tranne $q_k$. Questi termini rappresentano quindi dei flussi di energia collegati a moti macroscopici di materia, in altre parole sono termini **convettivi**. Il termine che contiene $\boldsymbol{q}$ invece rimane anche se $\boldsymbol{u} = 0$ ed è quindi un termine legato alla **conduzione** del calore.

Un'utile formulazione alternativa per l'equazione dell'energia è la seguente. Riscriviamo la (4.16) nella forma

$$\Big(\frac{\partial}{\partial t}(\tfrac{1}{2}\rho u^2) + \frac{\partial}{\partial x_k}(\tfrac{1}{2}\rho u^2\, u_k)\Big) + \tfrac{3}{2}\Big(\frac{\partial P}{\partial t} + \tfrac{5}{3}\frac{\partial}{\partial x_k}(P u_k)\Big) =$$
$$= -\frac{\partial}{\partial x_k}\Big(u_i \Pi_{ik} + q_k\Big) + n\, F_i u_i.$$

Sviluppando le derivate e utilizzando le equazioni di continuità (4.11) e di moto (4.13) si ottiene:

$$\tfrac{3}{2}\Big(\frac{\partial P}{\partial t} + \tfrac{5}{3} u_k \frac{\partial P}{\partial x_k} + P\frac{\partial u_k}{\partial x_k}\Big) = -\Pi_{ik}\frac{\partial u_i}{\partial x_k} - \frac{\partial q_k}{\partial x_k}.$$

Utilizzando ancora una volta la (4.11) per eliminare $\partial u_k/\partial x_k$ e ricordando la definizione di derivata lagrangiana, Eq. (4.12), si ottiene:

$$\tfrac{3}{2}\left(\frac{\mathrm{d}P}{\mathrm{d}t} - \tfrac{5}{3}\frac{P}{\rho}\frac{\mathrm{d}\rho}{\mathrm{d}t}\right) = -\Pi_{ik}\frac{\partial u_i}{\partial x_k} - \frac{\partial q_k}{\partial x_k}.$$

Moltiplicando e dividendo per $\rho^{-5/3}$ il primo membro si ottiene infine

$$\tfrac{3}{2}\rho^{5/3}\frac{\mathrm{d}}{\mathrm{d}t}\left(P\,\rho^{-5/3}\right) = -\Pi_{ik}\frac{\partial u_i}{\partial x_k} - \frac{\partial q_k}{\partial x_k}. \tag{4.17}$$

La (4.17) vale per un gas monoatomico. Nel caso generale, si avrà

$$\frac{1}{\gamma-1}\rho^{\gamma}\frac{\mathrm{d}}{\mathrm{d}t}\left(P\,\rho^{-\gamma}\right) = -\Pi_{ik}\frac{\partial u_i}{\partial x_k} - \frac{\partial q_k}{\partial x_k}. \tag{4.18}$$

Si osservi che nel caso di un gas perfetto in cui, per definizione, sono nulle la viscosità e la conducibilità termica ($\Pi_{ik} = 0, q_k = 0$), la precedente equazione si riduce a

$$\frac{\mathrm{d}}{\mathrm{d}t}\left(P\,\rho^{-\gamma}\right) = 0,$$

cioè all'equazione dell'*adiabatica* di un gas perfetto.

È facile generalizzare la (4.11) nel caso che si vogliano includere processi che implichino una variazione del numero di particelle. Il secondo membro non si annullerà e verrà sostituito dalla somma di termini positivi, che rappresentano l'aumento del numero di particelle(e quindi della densità) per unità di tempo e di termini negativi che rappresentano la sua diminuzione.

È possibile includere nella (4.18), oltre alla viscosità e dalla conduzione di calore, anche altri processi dissipativi, come ad esempio le perdite radiative, di fondamentale importanza in astrofisica. Infatti, introducendo l'espressione dell'entropia (per unità di massa) di un gas perfetto, $s = c_V \ln(P\,\rho^{-\gamma})$ e utilizzando la relazione

$$c_V = \frac{\mathcal{R}}{\mu}\frac{1}{\gamma-1},$$

dove $c_V$ è il calore specifico a volume costante, $\mathcal{R}$ la costante dei gas e $\mu$ il peso molecolare medio, si può riscrivere il primo membro della (4.18) nella forma $\rho T \mathrm{d}s/\mathrm{d}t$, in cui si riconosce l'espressione per il calore scambiato dal sistema. Questo suggerisce di scrivere la (4.18) come

$$\rho T\frac{\mathrm{d}s}{\mathrm{d}t} = \mathcal{G} - \mathcal{P}, \tag{4.19}$$

dove $\mathcal{G}$ e $\mathcal{P}$ rappresentano rispettivamente i guadagni e le perdite di energia.

Abbiamo dunque formalmente ricavato le equazioni della meccanica dei fluidi, ma non abbiamo ancora portato a termine il nostro programma di ottenere delle relazioni tra i momenti che prescindano dalla necessità della conoscenza della funzione di distribuzione. Infatti, anche in assenza di forze non legate alla pressione ($\boldsymbol{F} = 0$), le (4.11), (4.15) e (4.18) costituiscono un sistema di 5 equazioni scalari nelle 11 incognite $P$, $\rho$, $\boldsymbol{u}$, $\boldsymbol{q}$, $\Pi_{ik}$. Quindi 6 grandezze risultano ancora definite solo in termini della funzione di distribuzione. È chiaro che nulla si guadagna scrivendo le equazioni dei momenti di ordine superiore al secondo. Infatti, ci si convince facilmente che il numero di incognite aumenta più rapidamente di quello delle equazioni. Si deve quindi trovare uno schema che permetta di esprimere i momenti di ordine superiore in funzione di quelli di ordine inferiore e di ottenere alla fine un numero di incognite pari a quello delle equazioni.

Il caso di un gas neutro dominato dalle collisioni è quello più semplice. In questo caso infatti, il sistema evolve verso uno stato di equilibrio termodinamico, in cui la funzione di distribuzione è una maxwelliana:

$$\begin{aligned} f_0 &= n\left(\frac{m}{2\pi kT}\right)^{3/2}\exp\left[-\frac{\frac{1}{2}m(\boldsymbol{v}-\boldsymbol{u})^2}{kT}\right] \\ &= n\left(\frac{m}{2\pi kT}\right)^{3/2}\exp\left[-\frac{\frac{1}{2}mw^2}{kT}\right]. \end{aligned} \tag{4.20}$$

Possiamo distinguere i casi in cui le quantità macroscopiche $n$, $T$ e $\boldsymbol{u}$ sono delle costanti o dipendono dallo spazio e dal tempo. Nel primo caso ci troviamo in uno stato di equilibrio termodinamico, nel secondo di equilibrio termodinamico *locale*, intendendo con questo che le funzioni $n(\boldsymbol{r},t)$, $T(\boldsymbol{r},t)$ e $\boldsymbol{u}(\boldsymbol{r},t)$ variano poco su distanze dell'ordine del cammino libero medio. In entrambi i casi è facile verificare che $\Pi_{ik} = 0$ e che $q_k = 0$. Infatti, la definizione dei momenti coinvolge solo integrazioni nello spazio delle velocità ed il fatto che $T$, $n$ e $\boldsymbol{u}$ dipendano dalle coordinate spaziali e temporali non influisce sul risultato. Quindi $\mathsf{P}_{ik} = P\,\delta_{ik}$ e le equazioni (4.11), (4.15) e (4.18) sono sufficienti a determinare le 5 incognite $P$, $\rho$, $\boldsymbol{u}$.

Nel caso di un gas in condizioni di non-equilibrio, si può ricorrere ad una teoria perturbativa, supponendo cioè che $f = f_0 + f_1$ con $|f_1| \ll |f_0|$. Linearizzando il sistema di equazioni fluide è possibile ricavare delle espressioni per i termini non diagonali del tensore di pressione e per il flusso di calore. Una discussione di questo metodo, detto di *Chapman-Enskog*, esula tuttavia dagli scopi di questo testo (si veda tuttavia l'Esercizio 4.1).

## 4.2 Il caso dei plasmi: il modello a due fluidi

Per applicare la stessa procedura al caso di un gas ionizzato, è necessario tener conto di alcune difficoltà aggiuntive. Per prima cosa, si avranno più funzioni di distribuzione. Limitandoci per semplicità al caso di un plasma di idrogeno completamente ionizzato, costituito da protoni ed elettroni, si avranno due equazioni cinetiche, una per ciascuna specie: le indicheremo con $f_p$ e $f_e$. Se le sole forze in gioco sono quelle elettromagnetiche, le equazioni cinetiche per ciascuna specie saranno date dalla (3.6):

$$\frac{\partial f_s}{\partial t} + \boldsymbol{v} \cdot \boldsymbol{\nabla} f_s + \frac{e_s}{m_s}(\boldsymbol{E} + \frac{1}{c}\boldsymbol{v} \times \boldsymbol{B}) \cdot \boldsymbol{\nabla}_{\boldsymbol{v}} f_s = \left(\frac{\partial f_s}{\partial t}\right)_{coll}, \quad s = e, p. \quad (4.21)$$

Procedendo come nel caso di un gas neutro, otterremo l'equazione equivalente alla (4.2):

$$\frac{\partial n_s}{\partial t} + \boldsymbol{\nabla} \cdot (n_s\, \boldsymbol{u}^{(s)}) = m\left(\frac{\partial n_s}{\partial t}\right)_{coll}, \quad (4.22)$$

dove, evidentemente,

$$n_s = \int f_s \mathrm{d}\boldsymbol{v} \quad \text{e} \quad \boldsymbol{u}^{(s)} = \frac{1}{n_s}\int \boldsymbol{v}\, f_s\, \mathrm{d}\boldsymbol{v}.$$

L'equazione di moto analoga alla (4.3) diviene:

$$\frac{\partial}{\partial t}(n_s m_s u_i^{(s)}) + \frac{\partial}{\partial x_k}(n_s m_s \langle v_i v_k \rangle_s) - e_s n_s\, E_i - \frac{e_s n_s}{c}(\boldsymbol{u}^{(s)} \times B)_i = R_i^{(s)},$$

dove la notazione $\langle\rangle_s$ indica che la media va fatta rispetto alla funzione di distribuzione $f_s$ e si è introdotta la forma abbreviata $R_i^{(s)}$ per il termine collisionale,

$$\boldsymbol{R}^{(s)} = \int m_s \boldsymbol{v}\left(\frac{\partial f_s}{\partial t}\right)_{coll} \mathrm{d}\boldsymbol{v}.$$

Definendo ora un tensore di pressione per ciascuna specie:

$$\mathsf{P}_{ik}^{(s)} = n_s m_s \langle w_i w_k \rangle = P^{(s)}\, \delta_{ik} + \Pi_{ik}^{(s)},$$

si giunge alle equazioni di moto per gli elettroni e i protoni:

$$\frac{\partial}{\partial t}(n_s m_s u_i^{(s)}) + \frac{\partial}{\partial x_k}(n_s m_s u_i^{(s)} u_k^{(s)} + \mathsf{P}_{ik}^{(s)}) - \\ - e_s n_s\, E_i - \frac{e_s n_s}{c}(\boldsymbol{u}^{(s)} \times B)_i = R_i^{(s)}. \quad (4.23)$$

Infine, si otterranno in maniera analoga le due equazioni per l'energia:

$$\frac{\partial}{\partial t}\left(\tfrac{1}{2} m_s n_s (u^{(s)})^2 + \tfrac{3}{2} P^{(s)}\right) + \frac{\partial}{\partial x_k}\left([\tfrac{1}{2} m_s n_s (u^{(s)})^2 + \tfrac{5}{2} P^{(s)}] u_k + u_i^{(s)}\, \Pi_{ik}^{(s)} + q_k^{(s)}\right) - \\ - e_s n_s E_i u_i^{(s)} = Q^{(s)}, \quad (4.24)$$

con

$$Q^{(s)} = \int \tfrac{1}{2} m_s v^2 \left(\frac{\partial f_s}{\partial t}\right)_{coll} \mathrm{d}\boldsymbol{v}.$$

Esaminiamo ora i termini collisionali che appaiono a secondo membro delle precedenti equazioni. Rispetto al caso del gas neutro, in cui tutte le particelle avevano ugual massa, siamo ora in presenza anche di collisioni tra particelle di massa diversa. Per ogni specie il termine collisionale sarà la somma dei contributi dovuti agli urti tra particelle uguali e di quelli dovuti agli urti tra particelle differenti. Per trattare questi casi e semplificare la notazione poniamo

$$C(s,s') = \left(\frac{\partial f_s}{\partial t}\right)_{coll} \quad (s,s' = e,p).$$

Utilizzando tale notazione, la legge di conservazione del numero di particelle si scrive

$$\int C(s,s')\mathrm{d}\boldsymbol{v} = 0, \tag{4.25}$$

ed è valida sia per $s = s'$ che per $s \neq s'$. La conservazione globale dell'impulso e dell'energia danno:

$$\int m_s \boldsymbol{v}\, C(s,s)\mathrm{d}\boldsymbol{v} = 0$$
$$\int \tfrac{1}{2} m_s v^2\, C(s,s)\mathrm{d}\boldsymbol{v} = 0,$$

per collisioni tra particelle della stessa specie, mentre per quelle tra specie diverse, $s \neq s'$, si avrà

$$\begin{aligned} \int m_s \boldsymbol{v}\, C(s,s')\mathrm{d}\boldsymbol{v} + \int m'_s \boldsymbol{v}\, C(s',s)\mathrm{d}\boldsymbol{v} = 0 \\ \int \tfrac{1}{2} m_s v^2\, C(s,s')\mathrm{d}\boldsymbol{v} + \int \tfrac{1}{2} m'_s v^2\, C(s',s)\mathrm{d}\boldsymbol{v} = 0. \end{aligned} \tag{4.26}$$

Il termine collisionale della (4.22) è quindi sempre nullo mentre in quelli delle (4.23) e (4.24) compariranno solo le collisioni tra particelle differenti,

$$\left(\frac{\partial n_s}{\partial t}\right)_{coll} = 0,$$

$$\boldsymbol{R}^{(s)} = \int m_s \boldsymbol{v}\, C(s,s')\mathrm{d}\boldsymbol{v} \quad (s' \neq s),$$

$$Q^{(s)} = \int \tfrac{1}{2} m_s v^2\, C(s,s')\mathrm{d}\boldsymbol{v} \quad (s' \neq s).$$

Poiché in ogni collisione l'impulso e l'energia persi da una specie sono guadagnati dall'altra, si avrà

$$\boldsymbol{R}^{(e)} = -\boldsymbol{R}^{(p)} \quad e \quad Q^{(e)} = -Q^{(p)}. \tag{4.27}$$

Il sistema delle Eq. (4.22) (con il termine collisionale uguagliato a zero), (4.23) e (4.24) costituisce il cosiddetto *modello a due fluidi*. Si osservi che in generale le temperature ed i flussi di calore dei due fluidi saranno differenti:

$$T^{(s)} = \frac{P^{(s)}}{k\, n_s} \quad ; \quad q_i^{(s)} = \langle \tfrac{1}{2} m_s\, w_i \sum_k w_k w_k \rangle_s .$$

Il problema della chiusura del sistema di equazioni a due fluidi è analogo a quello dei gas neutri. Anche qui la chiusura può essere ottenuta supponendo che ciascuno dei due fluidi sia in condizioni di equilibrio termodinamico locale *alla sua temperatura*, ciò che consente di trascurare i termini viscosi e di conduzione del calore. Rimangono ancora gli accoppiamenti tra le due specie attraverso i termini che rappresentano lo scambio di impulso ed energia tra le due specie e questi termini debbono essere espressi tramite le variabili macroscopiche se si vuole completare la chiusura del sistema. Il modello a due fluidi è una descrizione appropriata quando le due specie non hanno ancora raggiunto l'equilibrio termico tra loro. Come osservato nell'Introduzione, una situazione del genere può presentarsi in un plasma rarefatto. a causa della relativa inefficienza delle collisioni tra specie diverse, $\tau_{ep} \gg \tau_{pp} \gg \tau_{ee}$. Un esempio tipico di sistema a due fluidi è dato dal vento solare, in cui la temperatura degli elettroni all'orbita della Terra è maggiore di quella dei protoni.

## 4.3 Il modello a un fluido

Anche nei casi in cui è possibile realizzare la chiusura del sistema di equazioni, il modello a due fluidi è ancora piuttosto complesso. Appare quindi chiaro l'interesse a ricercare una descrizione più semplice nei casi in cui le temperature dei due fluidi non sono sostanzialmente diverse. Questa ulteriore semplificazione viene ottenuta introducendo un fluido *fittizio* che in qualche modo rappresenta l'insieme del plasma. In questo modello ci aspettiamo che le risultanti equazioni siano analoghe a quelle per un gas neutro, con dei termini aggiuntivi che tengano conto degli effetti elettromagnetici.

La densità numerica *totale* del plasma, $n(\boldsymbol{r}, t)$, cioè il numero di particelle per unità di volume, senza tener conto del fatto che abbiano l'uno o l'altro segno della carica, sarà data da:

$$n = n_e + n_p .$$

Analogamente, potremo definire le seguenti quantità per il modello a un fluido:

*densità di massa* $$\rho(\boldsymbol{r}, t) = n_p\, m_p + n_e\, m_e \tag{4.28a}$$

*densità di carica* $$q(\boldsymbol{r}, t) = e(n_p - n_e) \tag{4.28b}$$

*densità di corrente* $$\boldsymbol{J}(\boldsymbol{r}, t) = e(n_p \boldsymbol{u}^{(p)} - n_e \boldsymbol{u}^{(e)}) . \tag{4.28c}$$

Un'equazione per $\rho$ può essere ottenuta semplicemente moltiplicando le equazioni di continuità, (4.22), delle due specie per le rispettive masse e sommandole, ottenendo:

$$\frac{\partial \rho}{\partial t} = \nabla \cdot \left( m_e n_e \boldsymbol{u}^{(e)} + m_p n_p \boldsymbol{u}^{(p)} \right),$$

che può essere scritta nella forma abituale dell'equazione di continuità introducendo il vettore

$$\boldsymbol{U} = \frac{m_e n_e \boldsymbol{u}^{(e)} + m_p n_p \boldsymbol{u}^{(p)}}{m_e n_e + m_p n_p} = \frac{m_e n_e \boldsymbol{u}^{(e)} + m_p n_p \boldsymbol{u}^{(p)}}{\rho}. \tag{4.29}$$

Tenendo conto che $n_e \simeq n_p$ (quasi-neutralità di carica!) si vede che $\boldsymbol{U}$, detta *velocità fluida*, rappresenta una specie di velocità locale del centro di massa. Con questa definizione otterremo dunque

$$\frac{\partial \rho}{\partial t} + \nabla \cdot (\rho \boldsymbol{U}) = 0. \tag{4.30}$$

Moltiplicando le equazioni (4.22) delle due specie per la corrispondente carica, sommandole e utilizzando le definizioni (4.28) si ottiene l'equazione di conservazione della carica:

$$\frac{\partial q}{\partial t} + \nabla \cdot \boldsymbol{J} = 0. \tag{4.31}$$

L'introduzione della velocità $\boldsymbol{U}$ suggerisce di scrivere anche l'equazione di moto in termini di tale velocità sommando le due equazioni di moto (4.23). Qui però sorge una difficoltà legata al fatto che i tensori di pressione $\mathsf{P}_{ik}^{(s)}$ sono definiti in termini delle velocità $\boldsymbol{w} = \boldsymbol{v} - \boldsymbol{u}^{(s)}$, mentre in analogia al caso del gas neutro a cui vogliamo fare riferimento, sarebbe preferibile definire $\boldsymbol{w}' = \boldsymbol{v} - \boldsymbol{U}$. Inoltre, dovendo sommare le pressioni, è più logico che le velocità peculiari delle due specie siano riferite alla stessa velocità fluida, $\boldsymbol{U}$, e non a due velocità differenti, $\boldsymbol{u}^{(e)}$ e $\boldsymbol{u}^{(p)}$. La nuova definizione delle velocità peculiari implica però

$$\langle \boldsymbol{w}' \rangle_s = \boldsymbol{u}^{(s)} - \boldsymbol{U} \neq 0.$$

Questo modifica il termine $m_s n_s \langle v_i v_k \rangle_s$ nel modo seguente:

$$m_s n_s \langle v_i v_k \rangle = m_s n_s \langle (w_i' + U_i)(w_k' + U_k) \rangle_s = \mathsf{P}_{ik}^{(s)} + m_s n_s (u_i^{(s)} U_k + u_k^{(s)} U_i - U_i U_k),$$

dove si intende che i tensori $\mathsf{P}_{ik}$ ora sono definiti in termini delle rispettive $\boldsymbol{w}'$. Di conseguenza, nelle (4.23) compaiono dei termini aggiuntivi che le trasformano in:

$$\frac{\partial}{\partial t}(n_s m_s u_i^{(s)}) + \frac{\partial}{\partial x_k}\left[ n_s m_s (u_i^{(s)} U_k + u_k^{(s)} U_i - U_i U_k) + \mathsf{P}_{ik}^{(s)} \right] - \\ - e_s n_s E_i - \frac{e_s n_s}{c} (\boldsymbol{u}^{(s)} \times \boldsymbol{B})_i = R_i^{(s)}, \tag{4.32}$$

dove si è supposto che le sole forze agenti sul sistema siano quelle elettromagnetiche.

Definiamo un tensore di pressione totale come

$$\mathsf{P}_{ik} = \mathsf{P}_{ik}^{(e)} + \mathsf{P}_{ik}^{(p)},$$

sommiamo le due equazioni (4.32) corrispondenti alle due specie e, tenendo conto delle (4.27), (4.28b), (4.28c) e (4.29), otteniamo:

$$\rho\frac{\partial U_i}{\partial t} + \rho U_k \frac{\partial U_i}{\partial x_k} = -\frac{\partial \mathsf{P}_{ik}}{\partial x_k} + q\,E_i + \frac{1}{c}(\boldsymbol{J}\times\boldsymbol{B})_i, \tag{4.33}$$

o, in notazione vettoriale,

$$\rho\frac{\mathrm{d}\boldsymbol{U}}{\mathrm{d}t} = -\boldsymbol{\nabla}\cdot\mathsf{P} + q\boldsymbol{E} + \frac{1}{c}(\boldsymbol{J}\times\boldsymbol{B}). \tag{4.34}$$

È anche conveniente introdurre il concetto di temperatura cinetica generalizzando la definizione valida per un gas neutro:

$$\tfrac{3}{2}n_s k T^{(s)} = \sum_s \int \tfrac{1}{2}m_s w'^2\, f_s \mathrm{d}\boldsymbol{v} = \sum_s \tfrac{1}{2}\mathsf{P}_{ii}^{(s)} = \tfrac{3}{2}P^{(s)},$$

da cui

$$T^{(s)} = \frac{\mathsf{P}_{ii}^{(s)}}{3n_s k}. \tag{4.35}$$

Un'analoga operazione può essere fatta con le due equazioni dell'energia (4.24) ridefinendo anche i vettori flusso di calore, $\boldsymbol{q}^{(s)}$, in termini delle velocità peculiari $\boldsymbol{w}'$. Il termine $\frac{1}{2}m_s n_s \langle v_i\, v^2\rangle_s$ sarà:

$$\begin{aligned}\tfrac{1}{2}m_s n_s\langle v_i\, v^2\rangle &= \tfrac{3}{2}P^{(s)}U_i + \mathsf{P}_{ik}^{(s)}U_k + \\ &+ \tfrac{1}{2}m_s n_s\Big(u_i^{(s)}U_k U_k + 2u_k^{(s)}U_k U_i + u_i^{(s)}U^2 - 2U_i U^2\Big) + q_i^{(s)}.\end{aligned} \tag{4.36}$$

Con queste nuove posizioni le (4.24) divengono

$$\begin{aligned}&\frac{\partial}{\partial t}\Big[\tfrac{1}{2}m_s n_s(2\,u_k^{(s)}U_k - U^2) + \tfrac{3}{2}P^{(s)}\Big] + \frac{\partial}{\partial x_i}\Big[\tfrac{3}{2}P^{(s)}U_i + \mathsf{P}_{ik}^{(s)}U_k + \\ &+\tfrac{1}{2}m_s n_s\Big(u_i^{(s)}U_k U_k + 2u_k^{(s)}U_k U_i + u_i^{(s)}U^2 - 2U_i U^2\Big) + q_i^{(s)}\Big] - e_s n_s E_k u_k^{(s)} = Q^{(s)}.\end{aligned} \tag{4.37}$$

Introducendo il flusso di calore totale, $\boldsymbol{q} = \boldsymbol{q}^{(e)} + \boldsymbol{q}^{(p)}$, e sommando le due equazioni (4.37) si ottiene l'equazione dell'energia per il modello a un fluido:

$$\frac{\partial}{\partial t}\Big(\tfrac{1}{2}\rho U^2 + \tfrac{3}{2}P\Big) + \frac{\partial}{\partial x_i}\Big[U_i(\tfrac{1}{2}\rho U^2 + \tfrac{5}{2}P) + \Pi_{ik}U_k + q_i\Big] - J_k E_k = 0. \tag{4.38}$$

Il significato del termine $\boldsymbol{J} \cdot \boldsymbol{E}$ nella precedente equazione appare più chiaramente se lo si trasforma nel modo seguente:

$$\boldsymbol{J} \cdot \boldsymbol{E} = \frac{c}{4\pi}(\boldsymbol{\nabla} \times \boldsymbol{B}) \cdot \boldsymbol{E} = -\frac{c}{4\pi}\Big[\boldsymbol{\nabla} \cdot (\boldsymbol{E} \times \boldsymbol{B}) - \boldsymbol{B} \cdot (\boldsymbol{\nabla} \times \boldsymbol{E})\Big],$$

dove si è usata l'identità vettoriale

$$\boldsymbol{\nabla} \cdot (\boldsymbol{F} \times \boldsymbol{G}) = \boldsymbol{G} \cdot (\boldsymbol{\nabla} \times \boldsymbol{F}) - \boldsymbol{F} \cdot (\boldsymbol{\nabla} \times \boldsymbol{G}).$$

Utilizzando ora l'equazione di Maxwell per $\boldsymbol{\nabla} \times \boldsymbol{E}$, si ottiene

$$\begin{aligned}\boldsymbol{J} \cdot \boldsymbol{E} &= -\frac{c}{4\pi}\Big[\boldsymbol{\nabla} \cdot (\boldsymbol{E} \times \boldsymbol{B}) + \frac{1}{c}\big(\boldsymbol{B} \cdot \frac{\partial \boldsymbol{B}}{\partial t} + \boldsymbol{E} \cdot \frac{\partial \boldsymbol{E}}{\partial t}\big)\Big] = \\ &= -\boldsymbol{\nabla} \cdot \boldsymbol{S} - \frac{\partial}{\partial t}\Big(\frac{B^2}{8\pi} + \frac{E^2}{8\pi}\Big),\end{aligned}$$

dove si è introdotto il *vettore di Poynting* $\boldsymbol{S} = (c/4\pi)(\boldsymbol{E} \times \boldsymbol{B})$, che rappresenta il flusso di energia elettromagnetica. Questa rappresentazione del termine $\boldsymbol{J} \cdot \boldsymbol{E}$ è assolutamente generale e vale sia per plasmi ideali che in presenza di effetti dissipativi. Gli effetti di una conducibilità elettrica finita sono implicitamente contenuti in $\boldsymbol{E}$, come vedremo tra breve nella discussione dell'equazione di Ohm generalizzata.

Possiamo quindi riscrivere la (4.38) nella forma:

$$\frac{\partial}{\partial t}\Big(\tfrac{1}{2}\rho U^2 + \tfrac{3}{2}P + \frac{B^2}{8\pi} + \frac{E^2}{8\pi}\Big) + \frac{\partial}{\partial x_i}\Big[U_i(\tfrac{1}{2}\rho U^2 + \tfrac{5}{2}P) + \Pi_{ik}U_k + q_i + S_i\Big] = 0. \tag{4.39}$$

Il significato fisico di questa equazione è chiaro: la variazione di energia totale (incluse quelle legate alla presenza di campi elettrici e magnetici), cioè la derivata temporale sommata ai termini di flusso è determinata dagli effetti dissipativi, contenuti in parte nel vettore di Poynting, come già osservato.La presenza di una diffusività $\eta = c^2/4\pi\sigma$ non nulla può essere causa di trasformazione di energia magnetica in altre forme di energia (termica o cinetica di particelle accelerate), ma non appare esplicitamente nell'equazione.

Possiamo applicare alla (4.38) la stessa procedura che ci ha permesso di passare dalla (4.16) alla (4.18). Tenendo conto della (4.33) si verifica facilmente che l'equazione per l'energia può essere scritta nella forma

$$\begin{aligned}&\frac{1}{\gamma - 1}\,\rho^\gamma\,\frac{\mathrm{d}}{\mathrm{d}t}\Big(P\,\rho^{-\gamma}\Big) = \\ &\qquad = -\Pi_{ik}\frac{\partial U_i}{\partial x_k} - \frac{\partial q_k}{\partial x_k} + \Big(qU_k - J_k\Big)\Big(E_k + \frac{1}{c}(\boldsymbol{U} \times \boldsymbol{B})_k\Big).\end{aligned} \tag{4.40}$$

Osservare che il termine $q\boldsymbol{U} \cdot (\boldsymbol{U} \times \boldsymbol{B})$ è nullo ed è stato introdotto per scrivere l'equazione in una forma che risulterà utile in seguito.

Il sistema di equazioni costituito dalle (4.30), (4.31), (4.33) e (4.38) [o (4.40)], accoppiate alle equazioni di Maxwell per $\boldsymbol{\nabla} \times \boldsymbol{E}$ e $\boldsymbol{\nabla} \times \boldsymbol{B}$, è il sistema di base del modello a un fluido. Si tratta di 12 equazioni scalari nelle 21 incognite $\rho, P, \boldsymbol{U}, q, \boldsymbol{J}, \boldsymbol{E}, \boldsymbol{B}, \Pi_{ik}, \boldsymbol{q}$. Anche tenendo conto del fatto che l'espressione delle ultime 6 incognite in termini delle altre costituisce, come già sappiamo, il problema della chiusura, mancano ancora tre equazioni scalari (o una vettoriale) per pareggiare il numero delle incognite.

Per ricavare l'equazione vettoriale mancante, osserviamo che, combinando per somma le due equazioni vettoriali di moto per le singole specie, abbiamo ottenuto l'equazione di moto del modello ad un fluido. È chiaro che una seconda equazione indipendente può essere ottenuta combinandole per differenza. Per raggiungere questo risultato, moltiplichiamo ciascuna delle equazioni per $e_s/m_s$ e sommiamole, ciò che di fatto equivale a sottrarle a causa dell'opposto segno delle cariche. Osserviamo però che così facendo i termini collisionali $\boldsymbol{R}^{(s)}$ non si elidono e che quindi bisognerà esprimerli in funzione delle variabili fondamentali del modello fluido. Eseguendo le operazioni indicate avremo:

$$
\begin{aligned}
&\frac{\partial}{\partial t}\left(en_p u_i^{(p)} - en_e u_i^{(p)}\right) \\
&+ \frac{\partial}{\partial x_k}\left[en_p\left(u_i^{(p)}U_k + u_k^{(p)}U_i\right) - en_e\left(u_i^{(e)}U_k + u_k^{(e)}U_i\right) + e\left(\frac{\mathsf{P}_{ik}^{(p)}}{m_p} - \frac{\mathsf{P}_{ik}^{(e)}}{m_e}\right)\right] \\
&\qquad - e^2\left(\frac{n_p}{m_p} + \frac{n_e}{m_e}\right)E_i - \frac{e^2}{c}\left(\frac{n_p}{m_p}(\boldsymbol{u}^{(p)} \times \boldsymbol{B})_i + \frac{n_e}{m_e}\boldsymbol{u}^{(e)} \times \boldsymbol{B})_i\right) \\
&\qquad\qquad = e\left(\frac{R_i^{(p)}}{m_p} - \frac{R_i^{(e)}}{m_e}\right) = eR_i^{(p)}\left(\frac{1}{m_p} + \frac{1}{m_e}\right),
\end{aligned}
$$

dove è stata usata la (4.27). Come sempre in questo testo, $e_p = e$, $e_e = -e$.

Utilizzando la definizione (4.28b) e tenendo conto che $m_e \ll m_p$ e $n_e \simeq n_p$, la precedente espressione diviene:

$$
\begin{aligned}
&\frac{\partial J_i}{\partial t} + \frac{\partial}{\partial x_k}\left(J_iU_k + J_kU_i\right) - \frac{e}{m_e}\frac{\partial \mathsf{P}_{ik}^{(e)}}{\partial x_k} - \\
&\qquad - \frac{e^2 n_e}{m_e}E_i - \frac{e^2 n_e}{m_e m_p c}\left[\left(m_e \boldsymbol{u}^{(p)} + m_p \boldsymbol{u}^{(e)}\right) \times \boldsymbol{B}\right]_i = \frac{eR_i^{(p)}}{m_e}.
\end{aligned}
\tag{4.41}
$$

Il fattore $(m_e\boldsymbol{u}^{(\boldsymbol{p})} + m_p\boldsymbol{u}^{(\boldsymbol{e})})$ che compare nel termine che contiene il campo magnetico $\boldsymbol{B}$ può essere riscritto tenendo conto delle definizioni (4.28b) e (4.29) nel modo seguente:

$$
(m_e\boldsymbol{u}^{(p)} + m_p\boldsymbol{u}^{(e)} = (m_e + m_p)\boldsymbol{U} + (m_e - m_p)\frac{\boldsymbol{J}}{en_e} \simeq m_p(\boldsymbol{U} - \frac{\boldsymbol{J}}{en_e}).
$$

Rimane ancora da definire la relazione tra il termine collisionale, $\boldsymbol{R}^{(s)}$ e le grandezze fluide. Una ragionevole ipotesi è quella di esprimere $\boldsymbol{R}^{(s)}$ in termini della *differenza di velocità* delle due specie:

$$\boldsymbol{R}^{(s)} = -n_s m_s \nu_{s,s'} \left( \boldsymbol{u}^{(s)} - \boldsymbol{u}^{(s')} \right),$$

dove si è introdotto il parametro $\nu_{s,s'}$ che rappresenta una frequenza media di collisione per le particelle della specie $s$ con quelle della specie $s'$. In questa rappresentazione si considera che la forza che si esercita tra le due specie a causa delle collisioni sia essenzialmente di tipo viscoso e quindi che si annulli quando le velocità medie delle due specie coincidono. Poiché $n_e \simeq n_p$, la (4.27) implica che

$$m_e \nu_{e,p} = m_p \nu_{p,e}.$$

Inserendo le varie espressioni nella (4.41) e moltiplicandola per $(m_e/n_e e^2)$ si ottiene infine:

$$E_i + \frac{1}{c}(\boldsymbol{U} \times \boldsymbol{B})_i - \frac{J_i}{\sigma} = \frac{m_e}{e^2 n_e} \left[ \frac{\partial J_i}{\partial t} + \frac{\partial}{\partial x_k} \Big( J_i U_k + J_k U_i \Big) \right] + \\ + \frac{1}{e n_e c} \Big( \boldsymbol{J} \times \boldsymbol{B} \Big)_i - \frac{1}{e n_e} \frac{\partial \mathsf{P}_{ik}^{(e)}}{\partial x_k}, \quad (4.42)$$

dove si è introdotta la quantità

$$\sigma = \frac{e^2 n_e}{m_e \nu_{ep}}$$

che rappresenta la conducibilità elettrica del plasma (vedi Introduzione, Eq. (1.1)).[2]

L'Eq. (4.42) viene detta *equazione di Ohm generalizzata*. Infatti, nei casi in cui tutti i termini a secondo membro siano trascurabili, essa assume la forma classica dell'equazione di Ohm per un mezzo conduttore in movimento. L'aggiunta della (4.42) alle (4.30), (4.31), (4.33) e (4.38) [o (4.40)] e alle equazioni di Maxwell per $\boldsymbol{\nabla} \times \boldsymbol{E}$ e $\boldsymbol{\nabla} \times \boldsymbol{B}$, permette di ottenere un ugual numero di equazioni e di incognite, ammesso di aver risolto il problema della chiusura, cioè di essere stati capaci di definire le quantit $\Pi_{ik}$, $\mathsf{P}_{ik}^{(e)}$, $\boldsymbol{q}$ in termini delle altre.

Lo schema di chiusura non è tuttavia univoco. Vi sono in generale due situazioni in cui è possibile chiudere il sistema a livello di momenti di ordine non superiore al terzo. La più radicale consiste nel supporre che tutte le componenti del tensore di pressione $\mathsf{P}_{ik}$ e quelle del vettore flusso di calore $\boldsymbol{q}$ siano nulle. Questa approssimazione viene chiamata modello di *plasma freddo* e si tratta evidentemente di una situazione altamente idealizzata in cui tutti gli effetti termici sono trascurati.

In un plasma freddo il numero di incognite scende a 14, mentre il numero di equazioni rimane uguale a 15. Tuttavia, se noi consideriamo l'equazione dell'energia nella forma data dalla (4.40), vediamo che il primo membro è identicamente

---

[2] Va tuttavia osservato che la quantità $\nu_{ep}$ che figura nella definizione di $\boldsymbol{R}^{(s)}$ riguarda il trasferimento di **impulso**, mentre quelle discusse nell'Introduzione si riferiscono al trasferimento di **energia**. Per approfondimenti su questi aspetti si può consultare: Lifshitz e Pitaevskii [8], Cap. 4.

nullo e quindi essa si riduce a

$$(q\boldsymbol{U} - \boldsymbol{J}) \cdot (\boldsymbol{E} + \frac{1}{c}(\boldsymbol{U} \times \boldsymbol{B}) = 0.$$

Questo implica che possiamo eliminare tale equazione pur di scrivere l'equazione di Ohm nella forma

$$\boldsymbol{E} + \frac{1}{c}(\boldsymbol{U} \times \boldsymbol{B}) = 0.$$

Un plasma freddo è dunque necessariamente un plasma ideale, cosa non sorprendente perchè abbiamo di fatto eliminato tutti gli effetti legati alla presenza di collisioni tra particelle microscopiche.

L'altra situazione in cui è agevole chiudere il sistema è quella di un *plasma collisionale*, cioè un plasma in condizioni di equilibrio termodinamico locale, la cui funzione di distribuzione è quindi una maxwelliana. Si possono qui ripetere le considerazioni fatte a proposito del caso di un gas neutro e concludere che è possibile porre, in prima approssimazione,

$$\Pi = 0 \quad ; \quad \boldsymbol{q} = 0 \quad ; \quad P \neq 0, \quad ; \quad P^{(e)} \simeq P^{(p)} = \tfrac{1}{2}P.$$

## Esercizi e problemi

**4.1.** Partendo dall'equazione cinetica (3.5), scriviamo $f = f_0 + f_1$ con $|f_1| \ll |f_0|$ e il termine collisionale nella forma approssimata

$$\left(\frac{\partial f}{\partial t}\right)_{coll} = -\nu_c(f - f_0) = -\nu_c f_1,$$

dove $\nu_c$ ( supposta costante) rappresenta la frequenza media di collisione (vedi Eq. (1.13)).$f_0$ è una funzione maxwelliana con $n$ e $T$ costanti e $\boldsymbol{u} = 0$ e $f_1$ è funzione solo delle velocità.

Discutere il significato della forma usata per il termine collisionale.

Nel caso stazionario ($\partial f / \partial t = 0$) e se la sola forza agente sul sistema è un campo elettrico, $\boldsymbol{E}$, che si suppone sia una quantià del primo ordine (cioè dell'ordine di $f_1$), dimostrare che la conducibilità elettrica $\sigma$, definita da $\boldsymbol{j} = \sigma \boldsymbol{E}$ si pò scrivere nella forma, Eq. (1.1):

$$\sigma = \frac{ne^2}{m\nu_c}.$$

Infine, tenendo conto della (1.13), determinare la dipendenza di $\sigma$ dalla densità e dalla temperatura.

**4.2.** Nelle stesse ipotesi del problema precedente, supponiamo che le quantità $n$, $T$ dipendano debolmente dalla posizione cosicchè che i loro gradienti spaziali possano essere considerati quantità del primo ordine. Supponendo che la pressione $P = nkT$ sia costante e definendo il coefficiente di conducibilità termica $\kappa$ in base alla relazione $\boldsymbol{q} = -\kappa \boldsymbol{\nabla} T$, si dimostri che

$$\kappa = \frac{5Pk}{2m\nu_c}$$

e si valuti la dipendenza di $\kappa$ dalla densità e dalla temperatura.

**4.3.** In presenza di un campo magnetico forte e di bassa collisionalità del plasma, il plasma può mantenere proprietà diverse nelle direzioni parallele e ortogonali al campo magnetico. Una diversa chiusura fluida delle equazioni dei momenti è possibile ammettendo che il plasma sia descritto da una funzione di distribuzione maxwelliana con diversa larghezza (temperatura) in direzione parallela e perpendicolare al campo magnetico locale (Chew, Goldberger e Low) [10]. In questa chiusura, detta CGL, il plasma viene descritto come un unico fluido con un tensore di pressione anisotropo

$$P_{ij} = P_\perp \delta_{ij} + (P_\parallel - P_\perp) b_i b_j$$

dove $b_i = B_i/B$ indica la componente i-esima del versore lungo il campo magnetico $\boldsymbol{B}$ e i pedici $_\parallel$ $_\perp$ indicano le direzioni parallele e perpendicolari al campo magnetico stesso.

Le equazioni che descrivono il moto discendono direttamente da quelle ricavate nella sezione 4.3. Particolare attenzione va dedicata all'energia interna (4.40).

Si verifichi che per un plasma ideale in assenza del flusso di calore, (4.40) diventa

$$\frac{1}{2}\frac{DP_\parallel}{Dt} + \frac{DP_\perp}{Dt} + (\frac{1}{2}P_\parallel + P_\perp)\frac{\partial U_j}{\partial x_j} + P_{ij}\frac{\partial U_j}{\partial x_i} = 0. \tag{4.43}$$

Per chiudere le equazioni, occorre una seconda equazione indipendente per $P_\parallel$. Questa si può trovare partendo dall'equazione generale dei momenti (per semplicità consideriamo qui il plasma come un unico fluido) prendendo la funzione $\psi = \frac{1}{2} m v_\parallel^2$, con $v_\parallel = \boldsymbol{v} \cdot \boldsymbol{b}$, dove però $\psi$ dipende non solo dalla velocità, ma anche dalla posizione e dal tempo, perchè la tangente al campo magnetico $\boldsymbol{b}$ in generale dipende sia da $\boldsymbol{r}$ che da $t$. Ricordiamo che $v_\parallel = w_\parallel + U_\parallel$ dove $U$ indica la velocità media e quindi che $P_\parallel = \rho < w_\parallel^2 >$.

Si verifichino preliminarmente le relazioni

$$\frac{\partial \psi}{\partial t} = m v_\parallel \boldsymbol{v} \cdot \boldsymbol{b},$$

$\nabla \psi = m v_\parallel (\boldsymbol{v} \cdot \nabla \boldsymbol{b})$ e $\nabla_{\boldsymbol{v}} \psi = m v_\parallel \boldsymbol{b}$. Si trovi poi l'equazione per il contributo parallelo all'energia cinetica media, prendendo il prodotto scalare fra $U_\parallel \boldsymbol{b}$ e l'equazione del moto (4.33):

$$\frac{\rho}{2}\frac{DU_\parallel^2}{Dt} - \rho U_\parallel U_i \frac{Db_i}{Dt} = -U_\parallel b_i \frac{\partial P_{ik}}{\partial x_k} + qU_\parallel E_\parallel. \tag{4.44}$$

Si verifichi quindi che dall'Eq. (3.15) discende, sottraendo il contributo dell'Eq. (4.44), l'equazione per la componente parallela del tensore di pressione:

$$\frac{DP_{\|}}{Dt} + P_{\|}\frac{\partial U_j}{\partial x_j} + 2P_{\|}b_i b_j \frac{\partial U_i}{\partial x_j} = 0. \tag{4.45}$$

Sottraendo quindi l'Eq. (4.45) dall'Eq. (4.43), si trova per la componente perpendicolare

$$\frac{DP_{\perp}}{Dt} + 2P_{\perp}\frac{\partial U_j}{\partial x_j} - P_{\perp}b_i b_j \frac{\partial U_i}{\partial x_j} = 0. \tag{4.46}$$

Queste due equazioni prendono il posto dell'equazione adiabatica del caso isotropo, e, come si vedrà nel capitolo successivo, portano a modifiche importanti della dinamica del plasma in presenza di un campo magnetico forte.

*Soluzioni*

**4.1.** Poichè il termine collisionale si annulla per $f = f_0$ e le collisioni tendono a far evolvere la funzione di distribuzione verso la distribuzione di equilibrio $f_0$ su una scala di tempo caratterizzata da $\tau_c = 1/\nu_c$, la forma scelta è una rappresentazione accettabile del termine collisionale al primo ordine.

Nelle ipotesi fatte, l'equazione cinetica al primo ordine si riduce a

$$\frac{e\boldsymbol{E}}{m} \cdot \frac{\partial f_0}{\partial \boldsymbol{v}} = -\nu_c f_1.$$

Se il campo elettrico è dato da $\boldsymbol{E} = E\boldsymbol{e}_z$, dalla definizione di $\sigma$ abbiamo:

$$\sigma E = j = e\int v_z f \mathrm{d}v = e\int v_z f_1 \,\mathrm{d}\boldsymbol{v}.$$

Moltiplicando l'equazione cinetica per $ev_z$ e integrando sulle velocità otteniamo

$$\sigma E = E\frac{e^2}{\nu_c kT}\int v_z^2 f_0 \,\mathrm{d}\boldsymbol{v}.$$

Eseguendo l'integrale si trova infine il risultato richiesto. La conducibilità elettrica è indipendente da $n$ e scala come $T^{3/2}$.

**4.2.** Nell'ipotesi di pressione costante, sia $n$ che $T$ dipendono dalla posizione. La funzione di distribuzione di equilibrio $f_0$ nel nostro caso si scrive

$$f_0 = n\Big(\frac{m}{2\pi kT}\Big)^{3/2}\exp\Big(-\frac{mv^2}{2kT}\Big) = \frac{P}{k}\Big(\frac{m}{2\pi k}\Big)^{3/2}T^{-5/2}\exp\Big(-\frac{mv^2}{2kT}\Big),$$

mentre l'equazione cinetica si scrive

$$\boldsymbol{v}\cdot\boldsymbol{\nabla} f_0 = -\nu_c f_1.$$

Supposto $T = T(z)$ si ha $\boldsymbol{q} = q\boldsymbol{e}_z$, $q = -\kappa(\mathrm{d}T/\mathrm{d}z)$, con $q = \frac{1}{2}m\int v^2 v_z f_1\,\mathrm{d}\boldsymbol{v}$, e la precedente equazione diviene

$$f_0 v_z\left(\frac{5}{2T} - \frac{mv^2}{2kT^2}\right) = \nu_c f_1.$$

Moltiplicando la precedente equazione per $v^2 v_z$ e integrando in $\mathrm{d}\boldsymbol{v}$ si ottiene il risultato cercato. La conducibilità termica è indipendente da $n$ e scala come $T^{5/2}$.

# 5

# La magnetoidrodinamica

Come abbiamo visto nel capitolo precedente, un modello collisionale ad un fluido rappresenta una notevole semplificazione rispetto agli altri schemi. Tuttavia esso è ancora troppo complesso dal punto di vista matematico per trattare agevolmente i vari problemi che si presentano in fisica del plasma. Un sistema di equazioni quale quello del modello fluido collisionale ammette in generale molte soluzioni e fra queste anche quelle che si riferiscono a situazioni fisiche che per qualche motivo non sono considerate interessanti. Per delimitare il contesto delle soluzioni è opportuno definire il concetto di *regime*. Con questo si intende che si vogliono considerare solo quelle soluzioni nelle quali le grandezze caratteristiche non coprono tutti i valori possibili, ma solo quelli contenuti nell'intervallo che viene considerato di interesse. Una volta definito il regime in cui muoversi, è possibile determinare se vi sono, e quali sono, le modifiche che esso introduce nel nostro sistema di equazioni. Discuteremo ora un particolare regime nell'ambito dei modelli collisionali ad un fluido, il **regime magnetoidrodinamico** o **regime MHD**.

## 5.1 Le equazioni MHD

Per essere concreti, supponiamo di definire delle scale caratteristiche di lunghezza e di tempo per i campi elettromagnetici. Sia dunque $\mathcal{L}$ la scala spaziale su cui si ha una variazione sensibile dei campi e $\tau$ la corrispondente scala temporale. Sia inoltre $\mathcal{U}$ un valore tipico della velocità fluida. Il regime MHD è definito dalle relazioni:

$$\mathcal{U} \simeq \frac{\mathcal{L}}{\tau} \quad \text{e} \quad \mathcal{U} \ll c. \tag{5.1}$$

La prima di queste relazioni esprime il concetto che la "velocità tipica" dei fenomeni *elettromagnetici*, che identifichiamo con $\mathcal{L}/\tau$, sia dello stesso ordine della velocità tipica dei fenomeni *idrodinamici*, definita da $\mathcal{U}$. In questa situazione, le due classi di fenomeni "vanno alla stessa velocità", ciò che rende massima l'interazione tra di

Chiuderi C., Velli M.: Fisica del Plasma. Fondamenti e applicazioni astrofisiche.
DOI 10.1007/978-88-470-1848-8_5, © Springer-Verlag Italia 2012

essi. Questo regime è quindi intermedio tra quello dominato dagli aspetti elettromagnetici, in cui gli aspetti idrodinamici appaiono come delle perturbazioni, e quello simmetrico, dominato dagli aspetti idrodinamici, a cui le interazioni elettromagnetiche apportano soltanto delle correzioni. La seconda relazione ci dice semplicemente che ci limitiamo a situazioni non relativistiche.

Per vedere le modifiche che l'introduzione di questo regime induce nelle equazioni del modello ad un fluido, procediamo ad un'analisi dimensionale, indicando con $\mathcal{E}, \mathcal{B}, \mathcal{Q}, \mathcal{J}$ i valori caratteristici rispettivamente del campo elettrico, del campo magnetico, della densità di carica e della densità di corrente. Cominciamo con:

$$\nabla \times \boldsymbol{E} = -\frac{1}{c}\frac{\partial \boldsymbol{B}}{\partial t},$$

che scriveremo come

$$\frac{\mathcal{E}}{\mathcal{L}} \simeq \frac{1}{c}\frac{\mathcal{B}}{\mathcal{T}}.$$

Questo implica che

$$\frac{\mathcal{E}}{\mathcal{B}} \simeq \frac{1}{c}\frac{\mathcal{L}}{\mathcal{T}} \simeq \frac{\mathcal{U}}{c} \ll 1. \tag{5.2}$$

Procedendo analogamente con l'equazione per $\nabla \times \boldsymbol{B}$:

$$\nabla \times \boldsymbol{B} = \frac{4\pi}{c}\boldsymbol{J} + \frac{1}{c}\frac{\partial \boldsymbol{E}}{\partial \tau} \quad \Rightarrow \quad \frac{\mathcal{B}}{\mathcal{L}} \simeq \frac{4\pi}{c}\mathcal{J} + \frac{\mathcal{E}}{\mathcal{T}}.$$

Dividendo entrambi i membri per $\mathcal{B}/\mathcal{L}$ otteniamo:

$$1 \simeq \frac{4\pi}{c}\mathcal{J}\frac{\mathcal{L}}{\mathcal{B}} + \frac{\mathcal{E}}{\mathcal{B}}\frac{\mathcal{L}}{\mathcal{T}} \simeq \frac{4\pi}{c}\mathcal{J}\frac{\mathcal{L}}{\mathcal{B}} + \left(\frac{\mathcal{U}}{c}\right)^2.$$

L'ultimo termine è dunque trascurabile rispetto all'unità e l'equazione per $\nabla \times \boldsymbol{B}$ si riduce a:

$$\nabla \times \boldsymbol{B} = \frac{4\pi}{c}\boldsymbol{J}. \tag{5.3}$$

Nel regime MHD è quindi possibile trascurare la corrente di spostamento e questo ci fa capire che si tratta di un regime di *basse frequenze*. La corrente di spostamento, infatti, diventa importante solo quando le variazioni temporali di $\boldsymbol{E}$ sono rapide, cioè in regime di *alte frequenze*. L'eliminazione della corrente di spostamento implica, come è facile verificare, che l'equazione di continuità per la carica non è più soddisfatta. Se tuttavia analizziamo dimensionalmente quest'ultima

$$\frac{\mathcal{Q}}{\mathcal{T}} + \frac{\mathcal{J}}{\mathcal{L}} = 0,$$

e sostituiamo $\mathcal{J}$ con il valore dato da una stima dimensionale della (5.3) e $\mathcal{Q}$ con il risultato dell'analisi dimensionale dell'equazione per $\nabla \cdot \boldsymbol{E} \Rightarrow \mathcal{E}/\mathcal{L} \simeq 4\pi\mathcal{Q}$, otteniamo

$$\frac{\mathcal{E}}{4\pi\mathcal{L}}\frac{1}{\mathcal{T}} + \frac{c\mathcal{B}}{4\pi\mathcal{L}}\frac{1}{\mathcal{L}} = 0.$$

Quindi il rapporto del primo termine al secondo vale:

$$\frac{\mathcal{E}}{\mathcal{B}}\frac{\mathcal{L}}{\mathcal{T}} \simeq \left(\frac{\mathcal{U}}{c}\right)^2 \ll 1.$$

Nel regime MHD dunque il termine con la derivata temporale della densità di carica può essere trascurato e l'equazione di conservazione della carica si scrive semplicemente $\boldsymbol{\nabla} \cdot \boldsymbol{J} = 0$, perfettamente compatibile con la (5.3).

Passiamo ora a considerare l'equazione di moto (4.34) e applichiamo ad essa la consueta analisi dimensionale ottenendo:

$$\rho\frac{\mathcal{U}}{\mathcal{T}} \simeq -\frac{P}{\ell} + \mathcal{Q}\mathcal{E} + \frac{1}{c}\mathcal{J}\mathcal{B}.$$

Il rapporto tra i due ultimi termini, utilizzando le stime precedentemente trovate, vale

$$\frac{\mathcal{Q}\mathcal{E}}{\mathcal{J}\mathcal{B}/c} \simeq \left(\frac{\mathcal{E}}{\mathcal{B}}\right)^2 \simeq \left(\frac{\mathcal{U}}{c}\right)^2 \ll 1.$$

L'equazione di moto in regime MHD si può dunque scrivere:

$$\rho\frac{\mathrm{d}\boldsymbol{U}}{\mathrm{d}t} = -\boldsymbol{\nabla}P + \frac{1}{c}\boldsymbol{J} \times \boldsymbol{B}. \tag{5.4}$$

Per stimare l'importanza relativa dei termini che compaiono nell'equazione di Ohm (4.42) immaginiamo di farne un'analisi dimensionale e di dividere tutti i termini per il valore rappresentativo del campo elettrico $E$. Osserviamo per prima cosa che i due termini in parentesi quadra hanno lo stesso ordine di grandezza. Posto:

$$\omega \simeq \mathcal{T}^{-1} \quad , \quad c_s \simeq \left(P/\rho\right)^{\frac{1}{2}},$$

prendendo i termini nell'ordine in cui compaiono nella (4.42) e confrontandoli, avremo:

$$1 : 1 : \left(\omega/\omega_{pe}\right)\left(\nu_{ep}/\omega_{pe}\right)\left(c/\mathcal{U}\right)^2 : \left(\omega/\omega_{pe}\right)^2\left(c/\mathcal{U}\right)^2 : \left(\omega/\omega_{cp}\right)\left(c_s/\mathcal{U}\right)^2 : \left(\omega/\omega_{pe}\right)\left(\omega_{ce}/\omega_{pe}\right)\left(c/\mathcal{U}\right)^2,$$

dove $\omega_{pe}$ è la frequenza di plasma degl elettroni, $\omega_{ce}$ e $\omega_{cp}$ sono rispettivamente le frequenza di ciclotrone degli elettroni e dei protoni e $\nu_{ep}$ è la frequenza di collisione tra elettroni e protoni. Vediamo dunque che per poter trascurare i termini in parentesi quadra è necessario che

$$\left(\omega/\omega_{pe}\right) \ll \mathcal{U}/c\,, \tag{5.5}$$

per trascurare il termine proporzionale a $\boldsymbol{J} \times \boldsymbol{B}$, legato al cosiddetto *effetto Hall*, bisogna che

$$\left(\omega\omega_{ce}/\omega_{pe}^2\right) \ll \left(\mathcal{U}/c\right)^2, \tag{5.6}$$

e che infine il termine che contiene la pressione elettronica può essere eliminato quando

$$\left(\omega/\omega_{cp}\right) \ll \left(\mathcal{U}/c_s\right)^2. \tag{5.7}$$

Quando tutte queste condizioni sono soddisfatte e, come si vede, ciò è particolarmente facile nel regime di *basse frequenze* proprie del regime MHD, l'equazione di Ohm (4.42) si riduce alla semplice forma

$$\boldsymbol{E} + \frac{1}{c}\boldsymbol{U} \times \boldsymbol{B} = \frac{\boldsymbol{J}}{\sigma}, \tag{5.8}$$

detta equazione di Ohm per un *plasma resistivo*. Se inoltre vale la condizione

$$\left(\omega\nu_{ep}/\omega_{pe}^2\right) \ll \left(\mathcal{U}/c\right)^2, \tag{5.9}$$

che corrisponde ad avere una conducibilità elettrica molto alta, anche il termine a secondo membro della (5.8) può essere trascurato e tale equazione prende la forma che caratterizza un *plasma ideale*:

$$\boldsymbol{E} + \frac{1}{c}\boldsymbol{U} \times \boldsymbol{B} = 0. \tag{5.10}$$

Infine, l'equazione per l'energia (4.40), tenendo conto che il termine $\mathcal{QU}$ è dell'ordine $(\mathcal{U}/c)^2$ rispetto a $\mathcal{J}$, può essere scritta nella forma

$$\frac{1}{\gamma - 1}\,\rho^\gamma\,\frac{\mathrm{d}}{\mathrm{d}t}\left(P\,\rho^{-\gamma}\right) = \frac{J^2}{\sigma}. \tag{5.11}$$

Le equazioni fondamentali del modello ad un fluido in regime MHD sono dunque le (4.30), (5.4), (5.11) e la (5.3) a cui vanno aggiunte le uniche equazioni che ancora contengono il campo elettrico e cioè

$$\begin{aligned}\boldsymbol{\nabla} \times \boldsymbol{E} &= -\frac{1}{c}\frac{\partial \boldsymbol{B}}{\partial t}\\ \boldsymbol{E} + \frac{1}{c}\boldsymbol{U} \times \boldsymbol{B} &= \frac{\boldsymbol{J}}{\sigma}.\end{aligned}$$

Questo suggerisce di applicare l'operatore $(\boldsymbol{\nabla}\times)$ all'equazione di Ohm e di eliminare il campo elettrico utilizzando l'equazione per il $\boldsymbol{\nabla} \times \boldsymbol{E}$. Così facendo si ottiene:

$$\begin{aligned}\boldsymbol{\nabla} \times \boldsymbol{E} + \frac{1}{c}\boldsymbol{\nabla} \times (\boldsymbol{U} \times B) &= -\frac{1}{c}\frac{\partial \boldsymbol{B}}{\partial t} + \frac{1}{c}\boldsymbol{\nabla} \times (\boldsymbol{U} \times \boldsymbol{B})\\ &= \boldsymbol{\nabla} \times \left(\frac{\boldsymbol{J}}{\sigma}\right)\\ &= \boldsymbol{\nabla} \times \left(\frac{c}{4\pi\sigma}\boldsymbol{\nabla} \times \boldsymbol{B}\right).\end{aligned}$$

Introducendo la *diffusività magnetica*:

$$\eta = \frac{c^2}{4\pi\sigma}, \tag{5.12}$$

sviluppando il secondo membro e ricordando che $\nabla \cdot \boldsymbol{B} = 0$, si ottiene:

$$\frac{\partial \boldsymbol{B}}{\partial t} = \nabla \times (\boldsymbol{U} \times \boldsymbol{B}) + \eta \nabla^2 \boldsymbol{B} - \nabla \eta \times (\nabla \times \boldsymbol{B}). \tag{5.13}$$

Questa equazione viene detta *equazione dell'induzione magnetica* o anche *equazione di Faraday* e consente di ridurre ulteriormente il numero delle equazioni del modello MHD.

Riassumendo, le *equazioni MHD resistive*, sono:

$$\frac{\partial \rho}{\partial t} + \nabla \cdot (\rho \boldsymbol{U}) = 0 \tag{5.14a}$$

$$\rho \frac{\mathrm{d}\boldsymbol{U}}{\mathrm{d}t} = -\nabla P + \frac{1}{c}\boldsymbol{J} \times \boldsymbol{B} = -\nabla P + \frac{1}{4\pi}(\nabla \times \boldsymbol{B}) \times \boldsymbol{B} \tag{5.14b}$$

$$\frac{1}{\gamma - 1}\rho^{\gamma} \frac{\mathrm{d}}{\mathrm{d}t}\left(P\,\rho^{-\gamma}\right) = \frac{4\pi}{c^2}\eta J^2 \tag{5.14c}$$

$$\frac{\partial \boldsymbol{B}}{\partial t} = \nabla \times (\boldsymbol{U} \times \boldsymbol{B}) + \eta \nabla^2 \boldsymbol{B} - \nabla \eta \times (\nabla \times \boldsymbol{B}). \tag{5.14d}$$

Nell'equazione di moto abbiamo espresso la densità di corrente in termini di $\boldsymbol{B}$ utilizzando la (5.3). Quando la conducibilità elettrica è costante, si annulla l'ultimo termine delle (5.13) e (5.14d). Le equazioni per un plasma ideale si ottengono semplicemente facendo tendere $\sigma$ all'infinito, cioè ponendo $\eta = 0$.

Il sistema (5.14) è un sistema chiuso che determina le 8 incognite *primarie* $\rho, P, \boldsymbol{U}, \boldsymbol{B}$. Le altre grandezze vengono ricavate a partire da queste. La densità di corrente è è ovviamente determinata da

$$\boldsymbol{J} = \frac{c}{4\pi}(\nabla \times \boldsymbol{B}),$$

il campo elettrico dalla legge di Ohm.

$$\boldsymbol{E} = -\frac{1}{c}\boldsymbol{U} \times \boldsymbol{B} + \frac{\boldsymbol{J}}{\sigma},$$

e la densità di carica da

$$q = \frac{1}{4\pi}(\nabla \cdot \boldsymbol{E}).$$

La conducibilità $\sigma$ si suppone nota sia nel caso in cui si possa considerarla costante, sia quando dipenda dalle grandezza termodinamiche.

Paragonando le equazioni MHD con quelle per un gas neutro ci rendiamo conto che esse rappresentano il minimo numero possibile per descrivere un plasma come un mezzo continuo conduttore. Infatti, nonostante che per tener conto degli effetti elettromagnetici abbiamo dovuto introdurre 3 quantità vettoriali ($\boldsymbol{E}, \boldsymbol{B}, \boldsymbol{J}$) e una quantità scalare ($q$), abbiamo aumentato solo di tre il numero delle equazioni primarie, grazie alla scelta di un regime opportuno.

### 5.1.1 La pressione magnetica

Le equazioni MHD permettono di investigare alcuni aspetti delle interazioni tra un plasma ed il campo magnetico che non sono evidenti *a priori*.

Cominciamo col considerare l'equazione di moto (5.14b) e riscriviamo l'ultimo termine utilizzando l'identità vettoriale:

$$\boldsymbol{\nabla}(\boldsymbol{F}\cdot\boldsymbol{G}) = (\boldsymbol{F}\cdot\boldsymbol{\nabla})\boldsymbol{G} + (\boldsymbol{G}\cdot\boldsymbol{\nabla})\boldsymbol{F} + \boldsymbol{F}\times(\boldsymbol{\nabla}\times\boldsymbol{G}) + \boldsymbol{G}\times(\boldsymbol{\nabla}\times\boldsymbol{F}). \quad (5.15)$$

Ponendo $\boldsymbol{F} = \boldsymbol{G} = \boldsymbol{B}$ si ottiene

$$\frac{1}{4\pi}(\boldsymbol{\nabla}\times\boldsymbol{B})\times\boldsymbol{B} = \frac{1}{4\pi}(\boldsymbol{B}\cdot\boldsymbol{\nabla})\boldsymbol{B} - \frac{1}{8\pi}\boldsymbol{\nabla}(B^2),$$

e la (5.14b) può essere posta nella forma

$$\rho\frac{\mathrm{d}\boldsymbol{U}}{\mathrm{d}t} = -\boldsymbol{\nabla}(P + \frac{B^2}{8\pi}) + \frac{1}{4\pi}(\boldsymbol{B}\cdot\boldsymbol{\nabla})\boldsymbol{B}. \quad (5.16)$$

Scrivendo la precedente equazione per componenti abbiamo:

$$\rho\frac{\mathrm{d}\boldsymbol{U}_i}{\mathrm{d}t} = -\frac{\partial}{\partial x_i}(P + \frac{B^2}{8\pi}) + \frac{1}{4\pi}B_k\frac{\partial B_i}{\partial x_k} = -\frac{\partial}{\partial x_i}(P + \frac{B^2}{8\pi}) + \frac{1}{4\pi}\frac{\partial(B_iB_k)}{\partial x_k},$$

cioè

$$\rho\frac{\mathrm{d}\boldsymbol{U}_i}{\mathrm{d}t} = \frac{\partial}{\partial x_k}\mathsf{T}_{ik}, \quad (5.17)$$

dove si è utilizzato il fatto che $\boldsymbol{\nabla}\cdot\boldsymbol{B} = 0$ e si è introdotto il tensore

$$\mathsf{T}_{ik} = -(P + \frac{B^2}{8\pi})\delta_{ik} + \frac{1}{4\pi}B_iB_k. \quad (5.18)$$

In un sistema di riferimento in cui l'asse $z$ ($i = 3$) è allineato con il campo magnetico, ciò che può essere sempre fatto **localmente** per mezzo di una rotazione di assi, il tensore $\mathsf{T}_{ik}$ assume la forma:

$$\begin{pmatrix} P + \frac{B^2}{8\pi} & 0 & 0 \\ 0 & P + \frac{B^2}{8\pi} & 0 \\ 0 & 0 & P - \frac{B^2}{8\pi} \end{pmatrix}.$$

Vediamo dunque che la presenza di un campo magnetico comporta l'esistenza di una pressione isotropa aggiuntiva, $B^2/8\pi$, e di una *pressione negativa anisotropa* lungo il campo (il cui gradiente genera cioè una *tensione*), pari a $-B^2/4\pi$. Per renderci meglio conto del significato del termine di tensione, esaminiamo il caso di un campo magnetico dato da $\boldsymbol{B} = [0, B_y(x), B_z(x)]$. Le linee di forza di un tale campo sono delle rette. Infatti, se $B_y = 0$, le linee di forza sono rette parallele all'asse $z$, se $B_y \neq 0$ le linee di forza sono ancora delle rette in ciascun piano $x = costante$, ma la loro inclinazione cambia al cambiare di $x$. Per questo campo il termine di tensione è nullo e ne concludiamo che la tensione si esercita quando le linee di forza del campo sono curve. In un certo senso dunque, le linee di forza di $\boldsymbol{B}$ si comportano come fossero fatte di materiale elastico: una qualunque deformazione provoca una tensione lungo l'elastico che tende a tornare ad una configurazione rettilinea.

Per quel che riguarda il termine di pressione, alla pressione del gas si aggiunge un contributo di pressione magnetica. L'importanza relativa dei due termini è misurata dal parametro *beta*, definito da:

$$\beta = \frac{P}{B^2/8\pi}. \tag{5.19}$$

Nelle situazioni in cui $\beta \gg 1$ la dinamica del sistema è dominata da effetti di natura idrodinamica, mentre quando $\beta \ll 1$ sono gli effetti magnetici ad essere dominanti, come suggerito anche dal fatto che $\beta$ può essere interpretato come il rapporto tra la densità di energia termica, $P = \frac{2}{3}E_T/V$ e è la densità di energia magnetica, $B^2/8\pi$.

### *5.1.2 La forma conservativa delle equazioni MHD*

L'equazione di continuità (5.14a)

$$\frac{\partial \rho}{\partial t} + \boldsymbol{\nabla} \cdot (\rho \boldsymbol{U}) = 0,$$

esprime la conservazione della massa: la quantità di massa contenuta in un volume dato varia per effetto del flusso di massa attraverso la superficie che delimita tale volume. In generale, un'equazione si dice conservativa se è possibile porla in una forma analoga all'equazione di continuità, cioè:

$$\frac{\partial \Sigma}{\partial t} + \boldsymbol{\nabla} \cdot \Phi = 0,$$

dove $\Sigma$ ha le caratteristiche di una densità e $\Phi$ quelle di un flusso. La forma appena scritta è valida per la densità di una quantità *scalare* $\Sigma$. La sua generalizzazione per una quantità *vettoriale* $\boldsymbol{\Sigma}$ è:

$$\frac{\partial \Sigma_i}{\partial t} + \frac{\partial \Phi_{ik}}{\partial x_k} = 0,$$

dove $\Phi$ è un tensore che rappresenta il flusso. Nel seguito ci tornerà utile avere tutte le equazioni MHD (e non solo quella di continuità) scritte nella forma conservativa che ora deriveremo. Il primo membro dell'equazione di moto (5.17) può essere riscritto nella forma

$$\begin{aligned}\rho\frac{\partial U_i}{\partial t}+\rho U_k\frac{\partial U_i}{\partial x_k}&=\frac{\partial(\rho U_i)}{\partial t}-U_i\frac{\partial\rho}{\partial t}+\rho U_k\frac{\partial U_i}{\partial x_k}\\&=\frac{\partial(\rho U_i)}{\partial t}+U_i\frac{\partial(\rho U_k)}{\partial x_k}+\rho U_k\frac{\partial U_i}{\partial x_k}\\&=\frac{\partial(\rho U_i)}{\partial t}+\frac{\partial(\rho U_i U_k)}{\partial x_k},\end{aligned}$$

dove si è fatto uso dell'equazione di continuità. Vediamo dunque che è possibile riscrivere l'equazione di moto in forma conservativa:

$$\frac{\partial}{\partial t}(\rho U_i)+\frac{\partial}{\partial x_k}\Big[\rho U_i U_k+(P+\frac{B^2}{8\pi})\delta_{ik}-\frac{1}{4\pi}B_i B_k\Big]=0. \quad (5.20)$$

In questo caso,

$$\Sigma=\rho\boldsymbol{U} \quad ; \quad \Phi_{ik}=-\mathsf{T}_{ik}+\rho U_i U_k,$$

con $\mathsf{T}_{ik}$ dato dalla (5.18).

L'equazione dell'energia nella forma (5.14c) non può essere messa in forma conservativa, in quanto non rappresenta la legge di conservazione dell'energia *totale*, ma semplicemente la legge di variazione dell'energia *interna*. Infatti, se consideriamo l'espressione dell'energia interna per unità di massa di un gas perfetto, abbiamo

$$W=c_v T=c_v\frac{R}{\mu}\frac{P}{\rho}=\frac{1}{\gamma-1}\frac{P}{\rho},$$

e quindi l'energia interna per unità di volume sarà $\epsilon=\rho W=P/(\gamma-1)$. È facile verificare che la (5.14c) può quindi essere scritta come

$$\frac{\partial\epsilon}{\partial t}+(\boldsymbol{U}\cdot\boldsymbol{\nabla})\epsilon+\gamma\epsilon(\boldsymbol{\nabla}\cdot\boldsymbol{U})=\frac{4\pi}{c^2}\eta J^2.$$

La precedente equazione ci dice che l'energia interna in un volume dato può variare sia a causa del flusso attraverso la superficie che per effetti compressivi (il termine proporzionale a $\boldsymbol{\nabla}\cdot\boldsymbol{U}$) o dissipativi (il termine proporzionale a $\eta$).

Per ottenere una legge di conservazione dobbiamo utilizzare la forma (4.39) in regime MHD e cioè

$$\frac{\partial}{\partial t}\Big(\tfrac{1}{2}\rho U^2+\frac{P}{\gamma-1}+\frac{B^2}{8\pi}\Big)+\frac{\partial}{\partial x_i}\Big[U_i(\tfrac{1}{2}\rho U^2+\frac{\gamma P}{\gamma-1})+\frac{c}{4\pi}(\boldsymbol{E}\times\boldsymbol{B})_i\Big]=0 \quad (5.21)$$

che rappresenta la legge di conservazione dell'energia totale e che è già scritta in forma conservativa.

Rimane da considerare l'equazione per l'induzione (5.14d) che, per sua natura, è essenzialmente non conservativa a causa dei termini dissipativi che contengono $\eta$. Possiamo tuttavia scriverla in una forma che diviene conservativa per plasmi ideali in cui $\eta = 0$. La componente $i - esima$ di $\boldsymbol{\nabla} \times (\boldsymbol{U} \times \boldsymbol{B})$ vale

$$[\boldsymbol{\nabla} \times (\boldsymbol{U} \times \boldsymbol{B})]_i = \epsilon_{ijk} \frac{\partial}{\partial x_j} (\epsilon_{klm} U_l B_m) = \frac{\partial}{\partial x_j} (U_i B_j - B_i U_j),$$

dove $\epsilon_{ijk}$ è il tensore completamente antisimmetrico e si è sfruttata la relazione

$$\epsilon_{ijk}\epsilon_{klm} = \epsilon_{kij}\epsilon_{klm} = \delta_{il}\delta_{jm} - \delta_{im}\delta_{jl}.$$

Utilizzando questa relazione l'equazione dell'induzione diviene:

$$\frac{\partial B_i}{\partial t} + \frac{\partial}{\partial x_k} (U_k B_i - U_i B_k) = \eta \nabla^2 \boldsymbol{B} - \boldsymbol{\nabla} \eta \times (\boldsymbol{\nabla} \times \boldsymbol{B}), \tag{5.22}$$

che, come vedremo nel prossimo paragrafo, rappresenta la conservazione del flusso magnetico nel caso dei plasmi ideali.

## 5.2 L'evoluzione nel tempo dei campi magnetici

Consideriamo l'equazione di Faraday, (5.13), supponendo per semplicità che la resisitività $\eta$, Eq. (5.12), sia una costante, cioè non dipenda dalla variabili termodinamiche

$$\frac{\partial \boldsymbol{B}}{\partial t} = \boldsymbol{\nabla} \times (\boldsymbol{U} \times \boldsymbol{B}) + \eta \nabla^2 \boldsymbol{B}. \tag{5.23}$$

Nelle considerazioni che seguono non terremo conto del legame tra la (5.23) e le altre equazioni MHD, in particolare l'equazione di moto (5.14b). Supporremo quindi che il campo di velocità $\boldsymbol{U}$ sia noto, e ci occuperemo solo delle caratteristiche intrinseche della (5.23). Questo approccio viene indicato come *cinematico.*

La (5.23) mostra come la variazione temporale di $\boldsymbol{B}$ sia dovuta a due termini. Il primo, che contiene la velocità fluida $\boldsymbol{U}$ ed è quindi associato a moti di materia, è un termine *convettivo*, mentre il secondo, che non contiene $\boldsymbol{U}$, è un termine di tipo *diffusivo*. Questi due tipi di processi si svolgono su scale temporali diverse. Infatti, utilizzando la consueta analisi dimensionale, potremo scrivere il termine convettivo nella forma

$$\frac{\mathcal{B}}{\tau_f} \quad \text{con} \quad \tau_f = \mathcal{L}/\mathcal{U},$$

ed il termine diffusivo come

$$\frac{\mathcal{B}}{\tau_d} \quad \text{con} \quad \tau_d = \mathcal{L}^2/\eta.$$

L'importanza relativa dei due termini è dunque misurata da

$$\mathcal{R}_m = \frac{\tau_d}{\tau_f} = \frac{\mathcal{U}\mathcal{L}}{\eta},$$

detto *numero di Reynolds magnetico*.Nel caso in cui si identifichi $\mathcal{U}$ con la velocità di Alfvén, vedi Eq. (1.20), caratteristica dei fenomeni magnetici, come spesso vien fatto in fisica del plasma, il numero di Reynolds magnetico vien chiamato *numero di Lundquist*, definito quindi da:

$$S = \frac{c_a \mathcal{L}}{\eta}.$$

Studiamo ora la dinamica del plasma nei due casi limite $\mathcal{R}_m \ll 1$ e $\mathcal{R}_m \gg 1$.

### 5.2.1 $\mathcal{R}_m \ll 1$: *la diffusione magnetica*

Se $\mathcal{R}_m \ll 1$ possiamo trascurare il termine convettivo e studiare le soluzioni dell'equazione

$$\frac{\partial \boldsymbol{B}}{\partial t} = \eta \nabla^2 \boldsymbol{B}.$$

Poiché si tratta di un'equazione differenziale lineare per $\boldsymbol{B}$ possiamo applicare un'analisi di Fourier[1], scrivendo

$$\boldsymbol{B}(\boldsymbol{r}, t) = \int \mathrm{d}\boldsymbol{k}\, \mathrm{d}\omega \boldsymbol{B}(\boldsymbol{k}, \omega)\, \mathrm{e}^{\mathrm{i}(\boldsymbol{k}\cdot\boldsymbol{r} - \omega t)},$$

introducendo questa rappresentazione nell' equazione per $\boldsymbol{B}$ e ottenendo così

$$\int \mathrm{d}\boldsymbol{k}\, \mathrm{d}\omega (\mathrm{i}\omega - \eta k^2) \boldsymbol{B}(\boldsymbol{k}, \omega)\, \mathrm{e}^{\mathrm{i}(\boldsymbol{k}\cdot\boldsymbol{r} - \omega t)} = 0.$$

Poiché la precedente equazione deve essere identicamente soddisfatta per qualunque $\boldsymbol{B}(\boldsymbol{k}, \omega)$ se ne deduce che $\omega = -\mathrm{i}\eta k^2$. Per tener conto formalmente di questa condizione, introduciamo la funzione $\delta$ di Dirac e scriviamo

$$\boldsymbol{B}(\boldsymbol{r}, t) = \int \mathrm{d}\boldsymbol{k}\, \mathrm{d}\omega\, \delta(\omega + \mathrm{i}\eta k^2) \boldsymbol{B}(\boldsymbol{k}, \omega)\, \mathrm{e}^{\mathrm{i}(\boldsymbol{k}\cdot\boldsymbol{r} - \omega t)}.$$

Eseguendo l'integrazione in $\mathrm{d}\omega$ otteniamo:

$$\boldsymbol{B}(\boldsymbol{r}, t) = \int \mathrm{d}\boldsymbol{k}\, \mathrm{e}^{-\eta k^2 t} \boldsymbol{B}(\boldsymbol{k})\, \mathrm{e}^{\mathrm{i}\boldsymbol{k}\cdot\boldsymbol{r}}. \tag{5.24}$$

Questa è la rappresentazione di Fourier della soluzione dell'equazione diffusiva. Vediamo quindi che le componenti di Fourier di un generico campo magnetico, che al tempo $t = 0$ erano date da $\boldsymbol{B}(\boldsymbol{k})$, decrescono esponenzialmente nel tempo. Il valo-

[1] Una breve presentazione dell'analisi di Fourier è presentata nel Paragrafo 7.1, a cui si rimanda per approfondimenti. Qui vengono anticipati alcuni concetti fondamentali che dovrebbero essere noti allo studente.

re dell' energia magnetica $(B^2/8\pi)V$ diminuisce come effetto della presenza della resistività trasformandosi in altre forme di energia. Una parte va in energia termica (effetto Joule!), ma una frazione può anche trasformarsi in energia cinetica di fluido accelerato. Infatti, se $\partial B/\partial t \neq 0$, nasce un campo elettrico e questo può accelerare le particelle del plasma. Si osservi che le componenti corrispondenti a grandi valori d $k$, cioè a piccole lunghezze d'onda, decrescono più rapidamente. Poiché le piccole lunghezze d'onde descrivono le rapide variazioni spaziali del campo, se ne deduce che durante la generale decrescita. il campo magnetico tende a divenire più regolare.

Il tempo diffusivo $\tau_d$ può assumere valori enormemente differenti al variare del sistema in esame. Per esempio, in una macchina per la fusione termonucleare $\tau_d \simeq 10$ s, ma nel nucleo liquido della Terra il suo valore sale a $10^4$ anni e nell'interno del Sole a $10^{10}$ anni.

### *5.2.2 $\mathcal{R}_m \gg 1$: il teorema di Alfvén*

Quando la conducibilità elettrica è molto elevata e/o le scale spaziali sono molto grandi, $\mathcal{R}_m \gg 1$ e il termine diffusivo nella (5.23) può essere trascurato. Si noti che tali condizioni si realizzano con grande facilità nei plasmi naturali, che quindi possono essere molto spesso considerati dei plasmi ideali, cioè con $\eta = 0$. In questi casi la (5.23) assume la forma semplificata:

$$\frac{\partial \boldsymbol{B}}{\partial t} = \boldsymbol{\nabla} \times (\boldsymbol{U} \times \boldsymbol{B}), \tag{5.25}$$

e le sue soluzioni posseggono delle importanti proprietà che andremo ora ad illustrare. Il risultato più importante è contenuto nel:

**Teorema di Alfvén**: *Il flusso magnetico attraverso una qualunque linea chiusa che si muova insieme al fluido è costante nel tempo.*

Per dimostrare questo teorema, consideriamo al tempo $t$ una curva chiusa $C$, che possiamo pensare identificata dalle particelle che in quell'istante giacciono su di essa. A causa del moto del fluido, tali particelle si sposteranno e, al tempo $t + dt$, definiranno una nuova curva $C'$. Poiché per calcolare il flusso di B attraverso una curva chiusa possiamo utilizzare qualunque superficie che si appoggi su tale curva, scegliamo al tempo $t$ una generica superficie $S$ e al tempo $t + dt$ una superficie $S'$, composta da $S$ più la superficie $A$ formata dalle linee di flusso che collegano $C$ e $C'$, come indicato in Fig. 5.1.

La variazione nel tempo del flusso di $\boldsymbol{B}$ è data dunque da

$$\frac{\mathrm{d}\Phi(\boldsymbol{B})}{\mathrm{d}t} = \frac{\Phi_{S'} - \Phi_S}{\mathrm{d}t} = \frac{\Phi_A}{\mathrm{d}t} = \int_A \frac{\partial \boldsymbol{B}}{\partial t} \cdot \mathrm{d}\boldsymbol{A} + \int_C \boldsymbol{B} \cdot (\boldsymbol{U} \times \mathrm{d}\boldsymbol{\ell}).$$

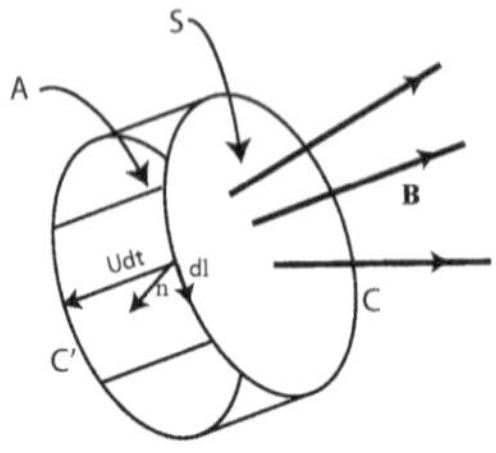


**Fig. 5.1** Superfici usate nella dimostrazione del teorema di Alfvén

Scambiando tra loro le operazioni di prodotto vettore e prodotto scalare e utilizzando il teorema di Stokes, potremo scrivere:

$$\int_C \boldsymbol{B} \cdot (\boldsymbol{U} \times \mathrm{d}\boldsymbol{\ell}) = \int_C (\boldsymbol{B} \times \boldsymbol{U}) \cdot \mathrm{d}\boldsymbol{\ell} = \int_A \boldsymbol{\nabla} \times (\boldsymbol{B} \times \boldsymbol{U}) \cdot \mathrm{d}A.$$

Si avrà dunque:

$$\frac{\mathrm{d}\Phi(\boldsymbol{B})}{\mathrm{d}t} = \int_A \left[\frac{\partial \boldsymbol{B}}{\partial t} - \boldsymbol{\nabla} \times (\boldsymbol{U} \times \boldsymbol{B})\right] \cdot \mathrm{d}A.$$

Quindi, se vale la (5.25), il flusso rimane costante ed il teorema è dimostrato.

Consideriamo ora due curve $C_1$ e $C_2$ che al tempo $t$ siano connesse da linee di forza del campo magnetico, che formino cioè un *tubo di flusso*. Sia $\Phi_B$ il flusso totale di $\boldsymbol{B}$ attraverso la superficie del tubo, cioè di fatto attraverso $C_1$ e $C_2$ poiché il flusso attraverso la superficie laterale del tubo è uguale a zero. Dal teorema di Alfvén segue che $\Phi_B$ rimarrà costante durante tutta l'evoluzione dinamica del sistema. Possiamo ora pensare di far tendere a zero l'area racchiusa da $C_1$ e $C_2$, cosicché il tubo di flusso si riduca essenzialmente ad una sola linea di forza. A questo punto saremmo tentati di concludere che *le linee di forza si muovono insieme al fluido* o, come spesso si dice, che *le linee di forza sono congelate nel fluido*. Per quanto intuitiva, questa conclusione richiede una miglior giustificazione formale, che verrà ora illustrata. Consideriamo le formulazioni lagrangiane delle equazioni di continuità, (5.14a) e dell'induzione, (5.25). Ricordando che

$$\frac{\mathrm{d}}{\mathrm{d}t} = \frac{\partial}{\partial t} + \boldsymbol{U} \cdot \boldsymbol{\nabla},$$

avremo

$$\frac{\mathrm{d}\rho}{\mathrm{d}t} = -\rho \boldsymbol{\nabla} \cdot \boldsymbol{U}$$

e

$$\frac{\mathrm{d}\boldsymbol{B}}{\mathrm{d}t} = (\boldsymbol{B} \cdot \boldsymbol{\nabla})\boldsymbol{U} - \boldsymbol{B}(\boldsymbol{\nabla} \cdot \boldsymbol{U}),$$

dove si è fatto uso dell'identità vettoriale

$$\boldsymbol{\nabla} \times (\boldsymbol{F} \times \boldsymbol{G}) = \boldsymbol{F}(\boldsymbol{\nabla} \cdot \boldsymbol{G}) - \boldsymbol{G}(\boldsymbol{\nabla} \cdot \boldsymbol{F}) + (\boldsymbol{G} \cdot \boldsymbol{\nabla})\boldsymbol{F} - (\boldsymbol{F} \cdot \boldsymbol{\nabla})\boldsymbol{G},$$

e della condizione $\boldsymbol{\nabla} \cdot \boldsymbol{B} = 0$. Utilizzando le due precedenti relazioni, troviamo:

$$\frac{\mathrm{d}}{\mathrm{d}t}\Big(\frac{\boldsymbol{B}}{\rho}\Big) = \frac{1}{\rho}[(\boldsymbol{B} \cdot \boldsymbol{\nabla})\boldsymbol{U} - \boldsymbol{B}(\boldsymbol{\nabla} \cdot \boldsymbol{U})] + \frac{\boldsymbol{B}}{\rho}(\boldsymbol{\nabla} \cdot \boldsymbol{U}) = \Big(\frac{\boldsymbol{B}}{\rho} \cdot \boldsymbol{\nabla}\Big)\boldsymbol{U}. \quad (5.26)$$

Consideriamo ora il moto del fluido, descritto da un campo di velocità $\boldsymbol{U}(\boldsymbol{r})$ e determiniamo l'equazione che descrive il moto di un generico elemento di linea $\mathrm{d}\boldsymbol{\ell}$ che unisce i due punti $\boldsymbol{r}$ e $\boldsymbol{r} + \mathrm{d}\boldsymbol{\ell}$. Si avrà evidentemente:

$$\frac{\mathrm{d}(\mathrm{d}\boldsymbol{\ell})}{\mathrm{d}t} = \frac{\mathrm{d}(\boldsymbol{r} + \mathrm{d}\boldsymbol{\ell})}{\mathrm{d}t} - \frac{\mathrm{d}\boldsymbol{r}}{\mathrm{d}t} = \boldsymbol{U}(\boldsymbol{r} + \mathrm{d}\boldsymbol{\ell}) - \boldsymbol{U}(\boldsymbol{r}) = (\mathrm{d}\boldsymbol{\ell} \cdot \boldsymbol{\nabla})\boldsymbol{U}. \quad (5.27)$$

Confrontando ora le (5.27) e (5.26), si vede che esse sono identiche e quindi la quantità $\boldsymbol{B}/\rho$ evolve esattamente come $\mathrm{d}\boldsymbol{\ell}$. Ne segue che, se ad un certo istante $\mathrm{d}\boldsymbol{\ell}$ è parallelo a $\boldsymbol{B}$, tale condizione sarà mantenuta a qualunque tempo successivo. Ritroviamo dunque, in forma quantitativa, la condizione di "congelamento" delle linee di forza nel fluido. Per descrivere questo risultato in termini "pittorici", potremmo pensare di distinguere dalle altre tutte le particelle che si trovano sulla stessa linea di forza ad un dato istante, per esempio tingendole di rosso. Durante l'evoluzione dinamica del fluido, la linea tracciata dalle particelle rosse verrà deformata, ma essa *rimarrà sempre una linea di forza.* Il teorema di Alfvén ci consente quindi di identificare una linea di forza di $\boldsymbol{B}$ e di seguirla nel tempo. Nei casi in cui il teorema non si applica, cioè quando $\eta \neq 0$, ciò non è possibile. Ad ogni istante potremo sempre tracciare le linee di forza, ma non potremo identificarle con quelle di un istante diverso. Il teorema di Alfvén conferisce un grado di realtà alle linee di forza, ben superiore a quello di un semplice strumento di visualizzazione. Inoltre, poiché il moto del fluido viene considerato *continuo*, la linee di forza di $\boldsymbol{B}$ potranno solo essere deformate e quindi la *topologia* del campo magnetico, cioè l'insieme delle proprietà geometriche che si conservano per deformazioni, non verrà alterata.

In un plasma ideale dunque, campo magnetico e materia sono indissolubilmente connessi tra loro. La dinamica è imposta dal termine dominante nell'equazione di moto. Se $\beta \gg 1$ sono le forze di pressione che determinano il moto ed è la materia che trascina il campo magnetico, se $\beta \ll 1$ le forze magnetiche sono dominanti ed è la materia ad essere trascinata dal campo magnetico.

Abbiamo esaminato i due casi estremi $\mathcal{R}_m \ll 1$ e $\mathcal{R}_m \gg 1$ e possiamo chiederci quali dei due corrisponde maggiormente ai casi reali. Una tabella dei valori stimati di $S$ per un certo numero di sistemi è riportata nella Tabella 5.1.

Come si vede, nella quasi totalità dei casi $S \gg 1$ e questo potrebbe spingerci a trascurare sempre tutti gli effetti resistivi. Tuttavia, le seguenti considerazioni dimostrano che questa conclusione è affrettata. Per prima cosa, osserviamo che per le nostre stime dell'importanza relativa dei termini convettivo e diffusivo, abbiamo

**Tabella 5.1** Scale spaziali, temporali e numeri di Lundquist

| *Sistema* | $\mathcal{L}$(cm) | $\tau_d(s)$ | $\tau_a(s)$ | S |
|---|---|---|---|---|
| Tokamak | $10^2$ | $10^{-1}$ | $10^{-3}$ | $10^2$ |
| Nucleo terrestre | $10^8$ | $10^{12}$ | $10^5$ | $10^7$ |
| Macchia solare | $10^9$ | $10^{14}$ | $10^5$ | $10^9$ |
| Corona solare | $10^{11}$ | $10^{18}$ | $10^6$ | $10^{12}$ |

utilizzato un calcolo dimensionale, trascurando così il carattere vettoriale dell'equazione dell'induzione. È quindi vero che *in media* il termine convettivo domina per molti ordini di grandezza, ma non quando esso è nullo o molto piccolo. Ciò può avvenire nell'intorno dei punti in cui $\boldsymbol{U} = 0$, oppure $\boldsymbol{U}$ è parallelo a $\boldsymbol{B}$ ($\boldsymbol{U} \times \boldsymbol{B} = 0$) o infine $\boldsymbol{\nabla} \times (\boldsymbol{U} \times \boldsymbol{B}) = 0$. La condizione di plasma ideale può quindi essere violata *localmente*. In queste regioni il termine diffusivo non è più trascurabile, il teorema di Alfvén non è valido, la topologia di $\boldsymbol{B}$ può cambiare e l'energia magnetica può essere trasformata in altre forme di energia. È proprio quest'ultimo aspetto che spinge a studiare più da vicino le situazioni in cui è necessario considerare l'effetto del termine resistivo. Nei plasmi di laboratorio infatti esso può dar luogo ad effetti indesiderati causando pericolose instabilità. In astrofisica d'altra parte, si osservano effetti di riscaldamento dei plasmi in situazioni in cui l'unica apparente sorgente di energia è il campo magnetico. Ma la trasformazione di tale energia in energia termica è possibile solo se il termine resistivo può esercitare la sua influenza.

## 5.3 Stati di equilibrio dei plasmi ideali

Uno stato di equilibrio è definito dalle condizioni $\boldsymbol{U} = 0$ e $\partial/\partial t = 0$. Un sistema che si trovi in uno stato di equilibrio vi rimarrà fino a quando non intervengono cambiamenti nelle forze che agiscono sul sistema o nelle condizioni al contorno. Nello studio delle configurazioni di equilibrio di un plasma in regime MHD è necessario tener conto, oltre che delle forze di pressione e di quelle di origine magnetica, anche delle forze di altra natura che eventualmente agiscono sul sistema. In astrofisica, la forza che più frequentemente assume importanza è quella di gravità. La natura anisotropa delle forze magnetiche rende più complessa la struttura degli equilibri MHD.

Una prima verifica di questa affermazione ci è fornita dal *teorema del viriale*, che è una semplice generalizzazione al caso MHD dell'analogo teorema che si dimostra in meccanica. Come vedremo, questo teorema esclude la possibilità che un plasma isolato possa rimanere in equilibrio sotto l'azione delle sole forze generate al suo interno, se queste sono quelle dovute alla pressione e al campo magnetico. Per confinare un plasma sono necessarie delle forze esterne. Per dimostrare il teorema, partiamo dall'equazione

$$\frac{\partial}{\partial x_k}\mathsf{G}_{ik} = 0,$$

ricavata dalla (5.16) ponendo $\boldsymbol{U} = 0$. In $\mathsf{G}_{ik}$ si può pensare di includere l'intero tensore $\mathsf{P}_{ik}$ (e non solo la sua parte diagonale) e tutti i termini magnetici, cioè

$$\mathsf{G}_{ik} = \mathsf{P}_{ik} + \frac{B^2}{8\pi}\delta_{ik} - \frac{B_i B_k}{4\pi} = (P + \frac{B^2}{8\pi})\delta_{ik} + \Pi_{ik} - \frac{B_i B_k}{4\pi}.$$

Moltiplicando per $x_i$, sommando su $i$ e integrando in $\mathrm{d}V$ su tutto lo spazio,otteniamo:

$$\int_V x_i(\frac{\partial}{\partial x_k}\mathsf{G}_{ik})\mathrm{d}V = 0,$$

e, integrando per parti

$$\int_S x_i \mathsf{G}_{ik}\mathrm{d}S_k - \int_V \frac{\partial x_i}{\partial x_k}\mathsf{G}_{ik}\mathrm{d}V = 0. \tag{5.28}$$

Il primo termine rappresenta il flusso di $\boldsymbol{r}\mathsf{G}$ attraverso la superficie $S$ che delimita $V$, cioè la superficie all'infinito. Se il sistema è isolato possiamo supporre che l'integrale di superficie si annulli, ciò che implica delle "buone" proprietà di convergenza all'infinito delle componenti $\mathsf{G}_{ik}$. Il secondo termine rappresenta semplicemente l'integrale di volume della traccia di $\mathsf{G}$ e la precedente equazione ci dice che tale integrale è nullo. Ma, ricordando che $\mathbf{Tr}\,\Pi = 0$, si ha

$$\mathbf{Tr}\,\mathsf{G} = 3P + \frac{B^2}{8\pi} \neq 0.$$

Quindi l'Eq. (5.28) non può essere soddisfatta, il che implica che l'ipotesi iniziale, sistema in equilibrio sotto l'azione delle sole forze interne di pressione e magnetiche, è falsa. Va sottolineato il fatto che il teorema è valido solo se il sistema è composto unicamente dal plasma e se è isolato in tre dimensioni.

Scrivendo l'equazione dell'equilibrio nella forma

$$\boldsymbol{\nabla} P = \frac{1}{c}\boldsymbol{J} \times \boldsymbol{B}, \tag{5.29}$$

vediamo subito che

$$\boldsymbol{J} \cdot \boldsymbol{\nabla} P = \boldsymbol{B} \cdot \boldsymbol{\nabla} P = 0.$$

Poiché il vettore $\boldsymbol{\nabla} P$ è perpendicolare alle superfici $P = costante$, se ne conclude che sia $\boldsymbol{B}$ che $\boldsymbol{J}$ giacciono su tali superfici. La (5.29) mostra che anche in presenza di un campo magnetico, la *forza magnetica* può essere nulla. Questo avviene sicuramente quando $\boldsymbol{J} = 0$, nel qual caso si parla di *campi potenziali*. In questo caso infatti, $\boldsymbol{\nabla} \times \boldsymbol{B} = 0$ e quindi il campo può essere rappresentato come il gradiente di una funzione scalare, il potenziale magnetico. Si può tuttavia avere una forza nulla anche con $\boldsymbol{J} \neq 0$: è sufficiente che $\boldsymbol{J}$ sia parallela a $\boldsymbol{B}$. Queste particolari configurazioni magnetiche sono dette *campi senza forza* (*force-free fields*). Ne esamineremo ora alcune proprietà per passare poi al caso in cui la forza magnetica è diversa da zero.

### 5.3.1 Equilibri dei campi senza forza

I campi senza forza sono una caratteristica comune dei plasmi rarefatti, in cui i gradienti di pressione sono estremamente deboli e possono essere trascurati. L'equazione di equilibrio, $\boldsymbol{J} \times \boldsymbol{B} \propto (\boldsymbol{\nabla} \times \boldsymbol{B}) \times \boldsymbol{B} = 0$, implica quindi:

$$\boldsymbol{\nabla} \times \boldsymbol{B} = \alpha \boldsymbol{B}, \tag{5.30}$$

dove in generale è $\alpha = \alpha(\boldsymbol{r})$.

Si osservi che per arrivare alla (5.30) non abbiamo trascurato il termine di pressione "rispetto" a quello magnetico, nel qual caso la procedura sarebbe bizzarra: si trascura un termine rispetto ad un altro e poi si conclude che quest'ultimo è uguale a zero. Abbiamo semplicemente detto che i due termini sono separatamente uguali a zero.

Viene spesso affermato che i campi sono senza forza nelle situazioni in cui $\beta \ll 1$, affermazione che va presa tuttavia con una certa cautela. Infatti, la condizione che definisce tali campi è, in realtà,

$$\frac{c\,|\boldsymbol{\nabla} P|}{|\boldsymbol{J} \times \boldsymbol{B}|} = \frac{4\pi|\boldsymbol{\nabla} P|}{|(\boldsymbol{\nabla} \times \boldsymbol{B}) \times \boldsymbol{B}|} \ll 1.$$

È chiaro che se sommiamo a $P$ o a $B$ una pressione o un campo magnetico *costanti*, cambiamo il valore di $\beta$, ma non quello del rapporto tra i loro gradienti. Si può quindi avere un campo senza forza anche in situazioni in cui $\beta > 1$.

Tornando ora alla relazione (5.30), vediamo di ricavare alcune proprietà dei campi senza forza. Prendendo la divergenza della (5.30) otteniamo

$$\boldsymbol{\nabla} \cdot (\boldsymbol{\nabla} \times \boldsymbol{B}) = \boldsymbol{\nabla} \cdot (\alpha \boldsymbol{B}) = \alpha \boldsymbol{\nabla} \cdot \boldsymbol{B} + \boldsymbol{B} \cdot \boldsymbol{\nabla} \alpha = 0,$$

che implica

$$\boldsymbol{B} \cdot \boldsymbol{\nabla} \alpha = 0.$$

È questa l'unica condizione a cui è soggetta la funzione $\alpha(\boldsymbol{r})$. La precedente equazione mostra anche che $\boldsymbol{B}$ deve giacere sulle superfici $\alpha = costante$.

Se scriviamo per componenti l'Eq. (5.30) ci rendiamo subito conto che essa lega componenti diverse di $\boldsymbol{B}$. Se $\alpha$ è una costante, cioè non dipende dalle coordinate, un'equazione che coinvolga una sola componente di $\boldsymbol{B}$ alla volta può essere facilmente ottenuta prendendo il rotore della (5.30):

$$\boldsymbol{\nabla} \times \boldsymbol{\nabla} \times \boldsymbol{B} = -\nabla^2 \boldsymbol{B} = \alpha(\boldsymbol{\nabla} \times \boldsymbol{B}) = \alpha^2 \boldsymbol{B}. \tag{5.31}$$

Tuttavia, poiché la (5.31) è un'equazione differenziale di ordine superiore alla (5.30), bisogna poi verificare che le soluzioni della prima siano anche soluzioni della seconda.

Come primo esempio di un campo senza forza in geometria piana con $\alpha = cost.$, consideriamo il caso $\boldsymbol{B} = \boldsymbol{B}(x) = [0, B_y(x), B_z(x)]$, che evidentemente è compatibile con la relazione $\nabla \cdot \boldsymbol{B} = 0$. È facile verificare che le soluzioni della (5.31) che soddisfano la (5.30) possono essere scritte, con un'opportuna scelta delle condizioni iniziali:

$$B_y = B_0 \cos(\alpha\, x) \quad ; \quad B_z = -B_0 \sin(\alpha\, x). \tag{5.32}$$

Si tratta quindi di un campo le cui linee di forza sono delle rette nei piani $x = cost.$, ma la cui inclinazione rispetto all'asse $y$ ruota con un "passo" $2\pi/\alpha$. Un caso più interessante si ottiene considerando una geometria cilindrica, nel qual caso i campi magnetici hanno sempre una struttura di tipo elicoidale. Infatti, la simmetria assiale implica che le componenti di $\boldsymbol{B}$ dipendano solo dalla coordinata $r$, distanza dall'asse del cilindro e la condizione $\nabla \cdot \boldsymbol{B} = 0$ impone $B_r = 0$ e quindi $\boldsymbol{B} = \boldsymbol{B}(r) = [0, B_\theta(r), B_z(r)]$. Le linee di forza dunque si avvolgono su superfici cilindriche coassiali formando delle eliche. Definendo il *passo dell'elica* come lo spazio percorso nella direzione $z$ da un punto rappresentativo che compia una rotazione completa lungo una linea di forza di $\boldsymbol{B}$, esso evidentemente è dato da $\kappa = 2\pi r B_z(r)/B_\theta(r)$ ed è in generale una funzione di $r$. Scrivendo le (5.31) in geometria cilindrica otteniamo rispettivamente:

$$\frac{1}{r}\frac{\mathrm{d}}{\mathrm{d}r}\Big(r\frac{\mathrm{d}B_\theta}{\mathrm{d}r}\Big) + \Big(\alpha^2 - \frac{1}{r^2}\Big)B_\theta = 0,$$

e

$$\frac{1}{r}\frac{\mathrm{d}}{\mathrm{d}r}\Big(r\frac{\mathrm{d}B_z}{\mathrm{d}r}\Big) + \alpha^2 B_z = 0,$$

le cui soluzioni sono:

$$B_\theta = B_0 J_1(\alpha r) \quad e \quad B_z = B_0 J_0(\alpha r), \tag{5.33}$$

dove le $J_n$ sono funzioni di Bessel di ordine $n$. Come previsto le linee di campo sono delle eliche di passo variabile con $r$. Lungo l'asse ($r = 0$), il campo è diretto lungo $z$ ($J_1(0) = 0$), poi, al crescere di $r$, nasce una componente azimutale e il passo dell'elica diminuisce sempre finché, in corrispondenza del primo zero della $J_0$, la componente assiale si annulla ed il campo è totalmente azimutale. Per valori maggiori di $\alpha r$, il campo è ancora un'elica, ma con il senso di rotazione invertito, a causa dell'inversione del segno di $J_0$. Aumentando ancora $r$ si trova uno zero di $J_1$ e il campo è nuovamente assiale, ma con il verso opposto di quello nell'origine.

Un esempio di campo senza forza con $\alpha \neq cost$ è dato da

$$B_\theta = B_0 \frac{kr}{1 + k^2 r^2} \quad ; \quad B_z = -B_0 \frac{1}{1 + k^2 r^2}. \tag{5.34}$$

La componente $z$ di $\nabla \times \boldsymbol{B}$ è data da

$$(\nabla \times \boldsymbol{B})_z = \frac{1}{r}\frac{\mathrm{d}}{\mathrm{d}r}(rB_\theta) = -B_0 \frac{2k}{(1 + k^2 r^2)^2} = \alpha(r) B_z,$$

dove si è posto

$$\alpha(r) = \frac{2k}{1 + k^2 r^2}.$$

Quindi, almeno per quel che riguarda la componente $z$, il campo può essere considerato senza forza, con $\alpha \neq cost$. Ma è facile verificare che anche l'equazione per la componente $\theta$ è soddisfatta da questa scelta di $\alpha$. Caratteristica di questo campo è quella di avere un passo indipendente da $r$.

Vi sono anche soluzioni semplici della (5.30) in due dimensioni. Ad esempio, si verifica facilmente che in geometria piana il campo dato da:

$$\begin{aligned} B_x &= -(l/k) B_0 \cos(kx) \mathrm{e}^{-lz} \\ B_y &= -(1 - l^2/k^2) B_0 \cos(kx) \mathrm{e}^{-lz} \\ B_z &= B_0 \sin(kx) \mathrm{e}^{-lz} \end{aligned}$$

è un campo senza forza con $\alpha = (k^2 - l^2)^{1/2} = cost$. Questo campo è stato usato come modello per le arcate magnetiche osservate nella corona solare.

Questi esempi, e i molti altri che si potrebbero dare, mostrano che i campi senza forza sono stati oggetto di un notevole interesse. Una delle ragioni di questo interesse è connesso con il:

**Teorema di Woltjer**: *lo stato di minima energia magnetica di un sistema isolato corrisponde ad un campo senza forza con* $\alpha = costante$.

Per dimostrare questo importante teorema, è necessario introdurre il concetto di *elicità magnetica*. Questa quantità è definita da

$$\mathcal{H} = \int_V \boldsymbol{A} \cdot \boldsymbol{B} \, \mathrm{d}V, \tag{5.35}$$

dove $\boldsymbol{A}$ è il *potenziale vettore* legato al campo magnetico da

$$\boldsymbol{B} = \boldsymbol{\nabla} \times \boldsymbol{A}.$$

Introducendo questa rappresentazione nella (5.23) e sfruttando le proprietà di invarianza di *gauge* delle equazioni di Maxwell, si ottiene facilmente l'equazione di evoluzione di $\boldsymbol{A}$ (vedi Esercizio 5.1):

$$\frac{\partial \boldsymbol{A}}{\partial t} = \boldsymbol{U} \times (\boldsymbol{\nabla} \times \boldsymbol{A}). \tag{5.36}$$

L'elicità magnetica ha la proprietà di essere costante nel tempo per un sistema isolato, supponendo che $\boldsymbol{A}$ non vari sulla superficie $S$ che delimita il volume $V$, Infatti si avrà

$$\frac{\mathrm{d}\mathcal{H}}{\mathrm{d}t} = \int_V \left( \frac{\partial \boldsymbol{A}}{\partial t} \cdot \boldsymbol{B} + \frac{\partial \boldsymbol{B}}{\partial t} \cdot \boldsymbol{A} \right) \mathrm{d}V.$$

Utilizzando l'identità vettoriale

$$\nabla \cdot (\boldsymbol{F} \times \boldsymbol{G}) = \boldsymbol{G} \cdot (\nabla \times \boldsymbol{F}) - \boldsymbol{F} \cdot (\nabla \times \boldsymbol{G}), \tag{5.37}$$

con $\boldsymbol{F} = \partial \boldsymbol{A}/\partial t$ e $\boldsymbol{G} = \boldsymbol{A}$ si ottiene:

$$\frac{\mathrm{d}\mathcal{H}}{\mathrm{d}t} = \int_V \left[\nabla \cdot \left(\frac{\partial \boldsymbol{A}}{\partial t} \times \boldsymbol{A}\right) + 2\,\frac{\partial \boldsymbol{A}}{\partial t} \cdot (\nabla \times \boldsymbol{A})\right] \mathrm{d}V.$$

Il primo termine può essere trasformato in un integrale sulla superficie $S$ dove, per ipotesi, $\partial \boldsymbol{A}/\partial t = 0$ e il secondo termine si annulla a causa della (5.36). Quindi

$$\frac{\mathrm{d}\mathcal{H}}{\mathrm{d}t} = 0.$$

Utilizzando questa proprietà di $\mathcal{H}$, proviamo ora il teorema di Woltjer. Gli stati di equilibrio possono essere trovati minimizzando l'energia magnetica, $W_B$, del sistema. Nel nostro caso tuttavia, bisognerà tener conto dell'invarianza di $\mathcal{H}$, appena provata, e il nostro problema diviene quindi un problema di minimo condizionato. Com'è noto, questa classe di problemi si risolvono con il metodo dei moltiplicatori lagrangiani, cioè cercando il minimo di $(W_B - \lambda\mathcal{H})$, dove $\lambda$ è una costante e imponendo che $\boldsymbol{A}$ sia costante sulla superficie $S$. Scrivendo per comodità $\lambda\mathcal{H} = \alpha_0/8\pi$ risolviamo il problema variazionale:

$$\begin{aligned}
0 = \delta(W_B - \alpha_0/8\pi) &= \frac{1}{8\pi}\delta \int_V (B^2 - \alpha_0 \boldsymbol{A} \cdot \boldsymbol{B})\,\mathrm{d}V \\
&= \frac{1}{8\pi} \int_V \left[\boldsymbol{B} \cdot \delta\boldsymbol{B} - \frac{\alpha_0}{2}(\boldsymbol{A} \cdot \delta\boldsymbol{B} + \boldsymbol{B} \cdot \delta\boldsymbol{A})\right] \mathrm{d}V \\
&= \frac{1}{8\pi} \int_V \left[(\boldsymbol{B} - \frac{\alpha_0}{2}\boldsymbol{A}) \cdot \delta\boldsymbol{B} - \frac{\alpha_0}{2}\boldsymbol{B} \cdot \delta\boldsymbol{A}\right] \mathrm{d}V.
\end{aligned}$$

Poiché

$$\delta\boldsymbol{B} = \nabla \times \delta\boldsymbol{A},$$

utilizzando nuovamente la (5.37) con $\boldsymbol{F} = (\boldsymbol{B} - (\alpha_0/2)\boldsymbol{A})$ e $\boldsymbol{G} = \delta\boldsymbol{A}$ si ottiene

$$\int_V \nabla \cdot \Big([\boldsymbol{B} - (\alpha_0/2)\boldsymbol{A}] \times \delta\boldsymbol{A}\Big)\,\mathrm{d}V + \int_V [\nabla \times \boldsymbol{B} - \alpha_0 \boldsymbol{B}] \cdot \delta\boldsymbol{A}\,\mathrm{d}V = 0.$$

Il primo dei due integrali è nullo perché può essere trasformato in un integrale sulla superficie $S$ dove per ipotesi $\delta\boldsymbol{A} = 0$. La condizione di equilibrio impone quindi che il secondo integrale sia nullo per qualsiasi $\delta\boldsymbol{A}$ e questo implica che

$$\nabla \times \boldsymbol{B} = \alpha_0\,\boldsymbol{B}.$$

È poi possibile dimostrare che fra tutte le configurazioni magnetiche compatibili con le condizioni al contorno assegnate, quella di energia minima corrisponde ad un campo potenziale.

### *5.3.2 Equilibri in presenza di forze magnetiche*

Se consideriamo configurazioni più generali, in cui la forza magnetica non sia nulla, l'equazione dell'equilibrio diviene:

$$\boldsymbol{\nabla}\left(P+\frac{B^2}{8\pi}\right)=\frac{1}{4\pi}(\boldsymbol{B}\cdot\boldsymbol{\nabla})\boldsymbol{B}. \tag{5.38}$$

Discuteremo ora brevemente alcuni esempi di configurazioni magnetiche soluzioni della precedente equazione, limitandoci al caso cilindrico.

Dato dunque un campo magnetico $\boldsymbol{B}=[0,B_\theta(r),B_z(r)]$ la (5.38) si riduce a:

$$\frac{\mathrm{d}}{\mathrm{d}r}\left(P+\frac{B_\theta^2+B_z^2}{8\pi}\right)=-\frac{1}{4\pi}\frac{B_\theta^2}{r}. \tag{5.39}$$

Ci troviamo dunque in presenza di una sola equazione differenziale nelle tre funzioni incognite $P(r)$, $B_\theta(r)$ e $B_z(r)$: specificandone due qualunque (e le relative condizioni al contorno) la (5.39) fornirà la terza. È chiaro dunque che esistono infinite soluzioni, di cui ora illustreremo alcuni esempi, particolarmente interessanti per il confinamento magnetico dei plasmi. Queste configurazioni vengono indicate in inglese con il termine generale di *pinches*, difficilmente traducibile in italiano con una sola parola; adotteremo quindi il termine inglese.

- **Theta-pinch**, $B_\theta=0$.

Questa configurazione può essere generata da correnti che fluiscono nella direzione azimutale $\theta$ (da cui il nome) alla superficie di una colonna di plasma. In questo caso la soluzione dell'Eq. (5.38) diviene semplicemente

$$P+\frac{B^2}{8\pi}=cost.$$

Il valore della costante è determinato dalle condizioni al contorno radiali. Se, per esempio, la colonna di plasma ha un raggio $a$ ed è immersa nel vuoto (o in un mezzo di pressione trascurabile) e se all'esterno è presente un campo magnetico assiale costante $B_z=B_0$, la condizione di equilibrio diviene

$$P+\frac{B^2}{8\pi}=\frac{B_0^2}{8\pi}.$$

Che questa sia una configurazione di equilibrio è facilmente intuibile. La forza $\boldsymbol{J}\times\boldsymbol{B}$ è infatti diretta verso l'asse del cilindro e tende a "strizzare" (*to pinch*, in inglese) il plasma ed è quindi in grado di equilibrare l'effetto della pressione interna. Notare che questa soluzione vale anche per configurazioni senza simmetria assiale: basta semplicemente che il termine $(\boldsymbol{B}\cdot\boldsymbol{\nabla})\boldsymbol{B}$ sia uguale a zero, ciò che si verifica, per esempio, quando le linee di forza del campo sono delle rette.

- **Zeta-pinch**, $B_z = 0$.

È una configurazione che si può pensare di ottenere dalla precedente scambiando i ruoli di $\boldsymbol{J}$ e $\boldsymbol{B}$. Supporremo che la corrente fluisca in direzione assiale in una colonna di raggio $a$, circondata dal vuoto. Tale corrente si può immaginare costituita da tanti fili in cui scorrono correnti parallele, Siccome, com'è noto, correnti parallele si attirano, l'effetto. ancora una volta, è quello di "strizzare" la colonna di plasma. La condizione di equilibrio (5.38) diviene ora

$$\frac{\mathrm{d}P}{\mathrm{d}r} = -\frac{1}{4\pi\, r} B_\theta \frac{\mathrm{d}}{\mathrm{d}r}(r\, B_\theta). \tag{5.40}$$

Moltiplicando entrambi i membri della precedente equazione per $r^2$ e integrandoli tra 0 e $a$ si ottiene:

$$\int_0^a r^2 \frac{\mathrm{d}P}{\mathrm{d}r}\mathrm{d}r = -\frac{1}{4\pi}\int_0^a rB_\theta \frac{\mathrm{d}}{\mathrm{d}r}(r\, B_\theta)\mathrm{d}r.$$

Eseguendo le integrazioni e tenendo conto delle condizioni al contorno si ha:

$$2\int_0^a rP\mathrm{d}r = \frac{1}{8\pi}[aB_\theta(a)]^2.$$

Se il plasma può essere considerato un gas perfetto, $P = nkT$, il primo membro può essere scritto nella forma

$$\frac{1}{\pi}\int_0^a 2\pi r(nkT)\mathrm{d}r = \frac{kT}{\pi}\int_0^a 2\pi r\, n\mathrm{d}r = \frac{N_\ell T}{\pi},$$

dove si è supposto che la temperatura sia costante all'interno della colonna di plasma e si è introdotta la quantità $N_\ell$, che rappresenta il numero di particelle per unità di lunghezza della colonna (*densità lineare*):

$$N_\ell = \int_0^a 2\pi r\, n\mathrm{d}r.$$

L'integrale a secondo membro può essere trasformato notando che l'intensità di corrente che scorre nella colonna di plasma è:

$$I = \int_0^a 2\pi r J_z \mathrm{d}r,$$

e che

$$J_z = \frac{c}{4\pi}\frac{1}{r}\frac{\mathrm{d}}{\mathrm{d}r}(rB_\theta),$$

cosicché

$$\frac{2\,I}{c} = aB_\theta(a).$$

Utilizzando le relazioni trovate si ottiene:

$$I^2 = 2kTN_\ell c^2,$$

detta *relazione di Bennet*. Si noti che questa relazione è indipendente dai dettagli del profilo di pressione. Quest'ultimo può essere ricavato direttamente dall'equazione di equilibrio (5.40), per esempio supponendo che $J_z$ sia costante all'interno della colonna di plasma e zero all'esterno. In questo caso $B_\theta$ risulta uguale a

$$B_\theta = \frac{2I}{a^2} r \qquad r \leq a,$$

ed il profilo di pressione è dato da:

$$P(r) = \frac{1}{\pi}\left(\frac{I}{a}\right)^2\left(1 - \frac{r^2}{a^2}\right).$$

## 5.4 Perturbazioni degli stati di equilibrio

L'esistenza di uno stato di equilibrio non garantisce il suo mantenimento nel tempo. Infatti, un equilibrio, cioè uno stato in cui le forze in gioco hanno una risultante nulla, è caratterizzato da un insieme di ben precisi valori di tutte le grandezze fisiche. Qualora uno o più di questi valori vengano variati, l'equilibrio non può essere mantenuto ed il sistema evolve dinamicamente. Se si considerano piccole perturbazioni dei parametri di equilibrio, si hanno essenzialmente due possibilità: la forza risultante tende a riportare il sistema nella posizione di equilibrio oppure tende a farlo ulteriormente allontanare da tale posizione. Nel primo caso, si instaura un regime oscillatorio, l'ampiezza della perturbazione rimane piccola e l'equilibrio è detto *stabile*. Nel secondo, l'ampiezza della perturbazione cresce e il sistema è detto *instabile*. Il caso intermedio, cioè quello in cui la perturbazione non cambia il perfetto bilanciamento delle forze, vien chiamato equilibrio *marginale*.

Teoricamente, per determinare l'esistenza di uno stato di equilibrio dovremmo imporre che la risultante di **tutte** le forze che agiscono sul sistema sia nulla. In pratica, ciò non è possibile e quindi il calcolo della configurazione di equilibrio coinvolge in genere solo le forze dominanti e quindi esso non rappresenta la situazione reale in cui sono presenti anche altre forze che, in prima istanza, vengono considerate trascurabili.

Di conseguenza, le condizioni di equilibrio non sono mai perfettamente soddisfatte e la realtà è meglio rappresentata da un equilibrio (teorico) perturbato, ciò che rende essenziale un'analisi di stabilità. Infatti, se ci poniamo il problema della verifica (sperimentale o osservativa ) dell'esistenza di una configurazione di equilibrio ci rendiamo facilmente conto che in realtà potremo effettuare una tale verifica solo per sistemi stabili o moderatamente instabili, intendendo con ciò che la velocità con cui i parametri caratteristici del sistema cambiano rispetto ai valori di equilibrio sia tale da far sì che essi non vengano sostanzialmente alterati durante la misura. Ne consegue che il concetto fisico (non matematico!) di equilibrio ha senso solo se riferito a una ben definita scala di tempo. In altre parole, non siamo interessati a trovare equilibri che durino per tutta l'eternità: quel che vogliamo, è trovare se esistono degli stati che non subiscano modifiche essenziali sulle scale di tempo di interesse.

L'analisi della dinamica di un equilibrio soggetto a piccole perturbazioni, cioè la cosiddetta analisi di stabilità *lineare*, può essere condotta utilizzando due metodi diversi. Il primo, detto *metodo dei modi normali*, consiste essenzialmente nello studio del moto del sistema perturbato e determina non solo se il sistema è stabile o meno, ma anche le caratteristiche del moto, cioè la frequenza delle oscillazioni nel caso stabile o il tasso di crescita dell'ampiezza delle perturbazioni nel caso instabile. Il secondo, detto *metodo dell'energia*, che dal punto di vista matematico è un metodo variazionale, è una generalizzazione del ben noto risultato della meccanica dei sistemi che dice che gli stati di equilibrio corrispondono ai valori estremi dell'energia, con gli equilibri stabili localizzati nei minimi e quelli instabili nei massimi. Questo metodo è in grado di stabilire se un sistema è stabile o meno, ma non fornisce indicazioni sulla dinamica. Come vedremo, l'ipotesi che le perturbazioni siano piccole permette notevoli semplificazioni nei calcoli. Questo implica che, mentre le soluzioni per il caso stabile permettono di descrivere il sistema anche per tempi lunghi, quelle per il caso instabile hanno necessariamente una validità limitata nel tempo. È importante osservare che un sistema può essere considerato stabile solo se lo è rispetto a **qualunque** perturbazione, purché compatibile con gli eventuali vincoli del sistema, mentre deve essere considerato instabile anche se lo è rispetto ad **un solo** tipo di perturbazione.

Nel seguito ci limiteremo a considerare il metodo dei modi normali, che si sviluppa secondo lo schema seguente.

- Tutte le grandezze $f$ che compaiono nel sistema di equazioni che governa la dinamica del sistema vengono rappresentate come

$$f = f_0 + \epsilon f_1,$$

  con $\epsilon \ll 1$. $f_0$ corrisponde allo stato di equilibrio ed $\epsilon f_1$ alla *perturbazione*.
- Dopo aver introdotto tale rappresentazione nelle equazioni, si trascurano tutti i termini di ordine superiore al primo in $\epsilon$.
- Si separano i termini di ordine zero da quelli del primo ordine e si risolvono indipendentemente le equazioni a ciascun ordine. Le equazioni all'ordine zero determinano l'equilibrio. Le equazioni al primo ordine, che sono evidentemente lineari nelle quantità $f_1$, determinano la dinamica delle perturbazioni. I coefficienti di tali equazioni sono funzioni dei valori imperturbati e degli altri parametri che eventualmente compaiono nelle equazioni di partenza.

Questo schema può essere applicato a qualunque modello di plasma, sia esso cinetico o fluido.

## Esercizi e problemi

**5.1.** Giustificare l'Eq. (5.36) sfruttando le proprietà di invarianza di *gauge* delle equazioni di Maxwell.

**5.2.** Introducendo le variabili (di Elsasser): $\boldsymbol{z}_\pm = \boldsymbol{U} \pm \boldsymbol{B}/(\sqrt{4\pi\rho})$, dimostrare che le equazioni MHD per un plasma ideale incomprimibile, possono essere scritte nella forma:

$$\frac{\partial \boldsymbol{z}_\pm}{\partial t} + (\boldsymbol{z}_\mp \cdot \boldsymbol{\nabla})\boldsymbol{z}_\pm = -\frac{1}{\rho}\boldsymbol{\nabla}\Big(P + \frac{B^2}{8\pi}\Big).$$

**5.3.** (a) Supponendo che una colonna di plasma di densità $n = 10^{15}\,cm^{-3}$ sia immersa in un mezzo di densità trascurabile (cioè nel "vuoto") permeato da campo magnetico costante, determinare il valore di B necessario per confinare il plasma se la temperatura del plasma è $5 \times 10^6\,K$.

(b) Supponendo che in uno Zeta-pinch con densità lineare di $10^{18}$ particelle/cm circoli una corrente di $10^6\,A$, calcolare la temperatura del plasma (attenzione alle unità!).

**5.4.** Calcolare l'elicità per le seguenti configurazioni di campo: (a) un Theta-pinch, (b) uno Zeta-pinch, (c) il campo definito dalla (5.34). Dimostrare che il risultato ottenuto si applica a qualunque campo elicoidale con passo costante.

**5.5.** Calcolare l'elicità di un campo senza forza con $\alpha$ costante nel caso piano, (5.32) e nel caso cilindrico, (5.33)

**5.6.** Nell'Esercizio 4.3 è stata considerata la chiusura fluida CGL delle equazioni cinetiche, molto simile al caso magnetoidrodinamico, dove però grazie al campo magnetico forte il tensore di pressione mantiene due valori indipendenti, $P_\perp$ e $P_\parallel$ con equazioni

$$\frac{DP_\parallel}{Dt} + P_\parallel\frac{\partial U_j}{\partial x_j} + 2P_\parallel b_i b_j \frac{\partial U_i}{\partial x_j} = 0, \tag{5.41}$$

$$\frac{DP_\perp}{Dt} + 2P_\perp\frac{\partial U_j}{\partial x_j} - P_\perp b_i b_j \frac{\partial U_i}{\partial x_j} = 0, \tag{5.42}$$

e $\boldsymbol{b} = \boldsymbol{B}/B$. Queste equazioni possono essere semplificate utilizzando le proprietà di congelamento del campo magnetico. Si mostri che prendendo il prodotto scalare di $\boldsymbol{b}$ con l'Eq. (5.26) questa si può riscrivere

$$\frac{D \ln B/\rho}{Dt} = b_i b_j \frac{\partial U_i}{\partial x_j}. \tag{5.43}$$

Si mostri quindi che valgono le seguenti relazioni:

$$\frac{D \ln P_\parallel\, B^2/\rho^3}{Dt} = 0 \tag{5.44}$$

$$\frac{D \ln P_\perp/\rho B}{Dt} = 0 \tag{5.45}$$

ovvero $P_\perp/(\rho B)$ = costante e $P_\perp^2 P_\parallel/\rho^5$ = costante, che generalizzano l'adiabatica del gas perfetto. Si mostri anche a partire dalle equazioni generali del capitolo precedente che le altre equazioni della MHD-CGL ideali si possono scrivere:

$$\frac{\partial\rho}{\partial t} + \boldsymbol{\nabla}\cdot(\rho\boldsymbol{U}) = 0 \tag{5.46a}$$

$$\rho\frac{\mathrm{d}\boldsymbol{U}}{\mathrm{d}t}_\perp = -\boldsymbol{\nabla}_\perp(P_\perp + \frac{B^2}{8\pi}) + (\frac{\boldsymbol{B}\cdot\boldsymbol{\nabla}\boldsymbol{B}}{4\pi})_\perp(1 + \frac{P_\perp - P_\parallel}{B^2/4\pi}) = 0 \tag{5.46b}$$

$$\rho\frac{\mathrm{d}\boldsymbol{U}}{\mathrm{d}t}_\parallel = -\boldsymbol{\nabla}_\parallel P_\parallel - (P_\perp - P_\parallel)(\frac{\boldsymbol{\nabla}B}{B})_\parallel \tag{5.46c}$$

$$\frac{\partial\boldsymbol{B}}{\partial t} = \boldsymbol{\nabla}\times(\boldsymbol{U}\times\boldsymbol{B}). \tag{5.46d}$$

*Soluzioni*

**5.1.** Se il potenziale vettore viene alterato con l'aggiunta del gradiente di una generica funzione, il campo magnetico ad esso associato non cambia. Infatti, se $\boldsymbol{A} = \boldsymbol{A}' + \boldsymbol{\nabla}\psi$ si ha evidentemente $\boldsymbol{B} = \boldsymbol{\nabla}\times\boldsymbol{A} = \boldsymbol{\nabla}\times\boldsymbol{A}'$. Eseguendo questa sostituzione nella (5.23) e tenendo conto che $\boldsymbol{\nabla}\times\boldsymbol{\nabla}\psi = 0$, si ottiene immediatamente la (5.36).

**5.3.** (a) $B \simeq 4.16\times10^3 G$. (b) $T \simeq 36\times10^6 K$.

**5.4.** Ricordando che $\boldsymbol{B} = \boldsymbol{\nabla}\times\boldsymbol{A}$ si trovano le seguenti relazioni:

$$A_z = -\int_0^r B_\theta \mathrm{d}r \quad ; \quad A_\theta = \frac{1}{r}\int_0^r rB_z\mathrm{d}r.$$

L'integrando nella definizione di elicità è: $\boldsymbol{A}\cdot\boldsymbol{B} = A_\theta B_\theta + A_z B_z$ che risulta essere nullo in tutti i casi esaminati. Inoltre, per qualunque campo elicoidale,

$$\boldsymbol{A}\cdot\boldsymbol{B} = \frac{B_\theta}{r}\int_0^r rB_z\mathrm{d}r - B_z\int_0^r B_\theta\mathrm{d}r = \frac{B_\theta}{2\pi r}\int_0^r \kappa B_\theta\mathrm{d}r - \frac{B_\theta}{2\pi r}\kappa\int_0^r B_\theta\mathrm{d}r$$

che si annulla per $\kappa = cost$.

**5.5.** Nel caso piano si ha $\boldsymbol{A}\cdot\boldsymbol{B} = (2B_0^2/\alpha)\cos^2(\alpha x/2)$. Quindi l'elicità $\neq 0$ ed ha il segno di $\alpha$. Considerando come volume di definizione dell'elicità un parallelepipedo di base $S$ e di altezza (lungo $x$) $L = 2\pi/\alpha$, l'elicità normalizzata al volume risulta $\mathcal{H} = B_0^2/\alpha$.

Nel caso cilindrico, utilizzando le proprietà delle funzioni di Bessel (vedi ad esempio, Abramowitz e Stegun, *Handbook of Mathematical Functions*)

$$A_\theta = \frac{B_0}{r}\int_0^r rJ_0(\alpha r)\mathrm{d}r = \frac{B_0}{\alpha}J_1(\alpha r),$$

$$A_z = -B_0\int_0^r J_1(\alpha r)\mathrm{d}r = \frac{B_0}{\alpha}\left[J_0(\alpha r) - 1\right].$$

Quindi

$$\boldsymbol{A} \cdot \boldsymbol{B} = B_0^2 \left[ J_0^2(\alpha r) + J_1^2(\alpha r) - J_0(\alpha r) \right].$$

In questo caso si può dimostrare (sempre utilizzando le proprietà delle funzioni di Bessel), che l'elicità normalizzata dipende dal raggio del cilindro, ma il suo segno è ancora definito dal valore di $\alpha$.

**5.6.** Suggerimento: partendo dalle equazioni generali per il modello a un fluido, l'equazione di continuità e l'equazione di induzione ideali si ricavano esattamente come nel caso MHD. Per l'equazione del moto (4.34), si devono prendere le componenti parallele e perpendicolari al campo magnetico $\boldsymbol{B}$. Utilizzando la definizione delle componenti del tensore della pressione in termini del versore tangente al campo magnetico $\boldsymbol{b} = \boldsymbol{B}/B$,

$$P_{ij} = P_\perp \delta_{ij} + (P_\parallel - P_\perp) b_i b_j,$$

è un semplice esercizio algebrico ritrovare (ricordando che $\boldsymbol{\nabla} \cdot \boldsymbol{B} = 0$),

$$(\boldsymbol{\nabla} \cdot P)_\parallel = \boldsymbol{b} \cdot \boldsymbol{\nabla} P_\parallel + (P_\parallel - P_\perp) \boldsymbol{\nabla} \cdot \boldsymbol{b} \tag{5.47a}$$

$$(\boldsymbol{\nabla} \cdot P)_\perp = \boldsymbol{\nabla}_\perp P_\perp + (P_\parallel - P_\perp) \boldsymbol{b} \cdot \boldsymbol{\nabla} \boldsymbol{b}. \tag{5.47b}$$

Da queste equazioni, trascurando come in MHD la densità di carica libera nel plasma, si arriva alle equazioni del sistema (5.46).

# 6

# Instabilità

Nel capitolo precedente abbiamo illustrato la necessità dello studio della stabilità degli equilibri ed indicato uno dei possibili approcci a tale studio. Vogliamo ora applicarlo all'analisi della stabilità lineare dei sistemi descritti dalle equazioni MHD.

Una tale analisi sarà in grado di dirci se il sistema tenderà a tornare verso la posizione di equilibrio, dando origine ad una dinamica oscillatoria, o ad allontanarsene, ma non potrà dirci nulla sullo stato finale dell'evoluzione. Questo potrà essere un diverso stato di equilibrio (stabile), ma può anche avvenire che non esistano stati stabili e che il sistema trovi l'equilibrio solo a costo di radicali modifiche.
Un esempio preso dall'astrofisica è quello di una nana bianca di massa superiore al limite di Chandrasekhar. Per una tale configurazione non esistono equilibri stabili, se la composizione (e quindi l'equazione di stato) rimane inalterata. Se tuttavia la composizione viene drasticamente modificata in quella di una stella di neutroni, tramite il processo di neutronizzazione della materia, processo del tutto estraneo alla determinazione dell'equilibrio nella composizione originale, un nuovo equilibrio stabile viene raggiunto.

L'importanza dell'analisi di stabilità aumenta con il numero di gradi di libertà del sistema. Infatti, se consideriamo un sistema con un solo grado di libertà, la sua energia sarà funzione di un solo parametro e quindi un estremo potrà essere solo un massimo o un minimo. Quindi, su due stati di equilibrio possibili, uno solo sarà stabile e il rapporto, $\mathcal{R}$ tra il numero di equilibri stabili e quello di tutti i possibili equilibri sarà uguale a $1/2$. In un sistema con due gradi di libertà, in cui potrò pensare di rappresentare l'energia come una superficie nella spazio dei due parametri che la caratterizzano, si avranno quattro possibili estremi e cioè un massimo assoluto (una cima), un minimo assoluto (una conca) e due selle (passi di montagna). Quest'ultime debbono essere considerate equilibri instabili, poiché solo le perturbazioni in una certa direzione sono stabili. In definitiva, su quattro configurazioni possibili, solo una è stabile, cioè $\mathcal{R} = 1/4$. Ciò fa sospettare che per un sistema con $n$ gradi di libertà si possa scrivere $\mathcal{R} = 1/2^n$. Anche se non è possibile provare una tale affermazione, è evidente che in un sistema con un numero grandissimo di gradi di libertà, come un fluido o un plasma, la quasi totalità degli equilibri è instabile!

Chiuderi C., Velli M.: Fisica del Plasma. Fondamenti e applicazioni astrofisiche.
DOI 10.1007/978-88-470-1848-8_6, © Springer-Verlag Italia 2012

## 6.1 Stabilità lineare degli equilibri in MHD ideale

La base di partenza è rappresentata dalle equazioni della magnetoidrodinamica ideale, che vengono qui riscritte:

$$\begin{aligned}
&\frac{\partial\rho}{\partial t}+\boldsymbol{\nabla}\cdot(\rho\boldsymbol{U})=0\\
&\rho\frac{\mathrm{d}\boldsymbol{U}}{\mathrm{d}t}=\rho(\frac{\partial\boldsymbol{U}}{\partial t}+(\boldsymbol{U}\cdot\boldsymbol{\nabla})\boldsymbol{U}))=-\boldsymbol{\nabla}P+\frac{1}{4\pi}(\boldsymbol{\nabla}\times\boldsymbol{B})\times\boldsymbol{B}+\boldsymbol{f}\\
&\frac{\mathrm{d}}{\mathrm{d}t}(P\rho^{-\gamma})=0\\
&\frac{\partial\boldsymbol{B}}{\partial t}=\boldsymbol{\nabla}\times(\boldsymbol{U}\times\boldsymbol{B}).
\end{aligned} \tag{6.1}$$

In accordo con l'ipotesi che le perturbazioni all'equilibrio siano di piccola entità, scriveremo per ogni quantità $h$ che appare nelle equazioni precedenti:

$$h=h_0+\epsilon\, h_1 \quad \text{con} \quad \epsilon\ll 1,$$

dove $h_0$ rappresenta il valore di quella grandezza all'equilibrio ed $\epsilon h_1$ la perturbazione. All'equilibrio la velocità è nulla, $\boldsymbol{U}_0=0$, e di conseguenza $\boldsymbol{U}=\epsilon\boldsymbol{U}_1$ è una quantità del primo ordine. Tenendo conto di ciò, si ottengono le seguenti equazioni:

*All'ordine zero:*

$$\frac{\partial\rho_0}{\partial t}=\frac{\partial\boldsymbol{B}_0}{\partial t}=0,$$

$$P_0\rho_0^{-\gamma}=cost.$$

$$0=-\boldsymbol{\nabla}P_0+\frac{1}{4\pi}(\boldsymbol{\nabla}\times\boldsymbol{B}_0)\times\boldsymbol{B}_0+\boldsymbol{f}_0, \tag{6.2}$$

cioè l'equazione dell'equilibrio.

*Al primo ordine:*

$$\frac{\partial\rho_1}{\partial t}+(\boldsymbol{U}\cdot\boldsymbol{\nabla})\,\rho_0+\rho_0(\boldsymbol{\nabla}\cdot\boldsymbol{U})=0, \tag{6.3}$$

$$\rho_0\frac{\partial\boldsymbol{U}}{\partial t}=-\boldsymbol{\nabla}P_1+\frac{1}{4\pi}[(\boldsymbol{\nabla}\times\boldsymbol{B}_0)\times\boldsymbol{B}_1+(\boldsymbol{\nabla}\times\boldsymbol{B}_1)\times\boldsymbol{B}_0]+\boldsymbol{f}_1 \tag{6.4}$$

$$\rho_0^{-\gamma}\frac{dP_1}{\mathrm{d}t}-\gamma P_0\rho_0^{-\gamma-1}\frac{d\rho_1}{\mathrm{d}t}=0, \tag{6.5}$$

$$\frac{\partial\boldsymbol{B}_1}{\partial t}=\boldsymbol{\nabla}\times(\boldsymbol{U}\times\boldsymbol{B}_0). \tag{6.6}$$

Introducendo la velocità del suono $c_s$,

$$c_s^2=\gamma\frac{P_0}{\rho_0},$$

e utilizzando la (6.3), la (6.5) può essere scritta

$$\frac{\partial P_1}{\partial t} + (\boldsymbol{U} \cdot \boldsymbol{\nabla})P_0 + c_s^2(\boldsymbol{\nabla} \cdot \boldsymbol{U})\rho_0 = 0. \tag{6.7}$$

Le equazioni MHD linearizzate possono essere semplificate introducendo la nozione di *spostamento lagrangiano* e scegliendo opportunamente le condizioni iniziali. Supponiamo di caratterizzare la posizione istantanea di un elemento fluido come:

$$\boldsymbol{r}(t) = \boldsymbol{r}_0 + \boldsymbol{\xi}(\boldsymbol{r}_0, t),$$

dove $\boldsymbol{\xi}$ è una quantità piccola del primo ordine. Si avrà allora:

$$\boldsymbol{U} = \frac{\mathrm{d}\boldsymbol{r}}{\mathrm{d}t} = \frac{\mathrm{d}\boldsymbol{\xi}}{\mathrm{d}t} \simeq \frac{\partial \boldsymbol{\xi}}{\partial t}.$$

Sostituendo questa espressione nell'(6.3) si ha:

$$\frac{\partial}{\partial t}(\rho_1 + \boldsymbol{\nabla} \cdot (\rho_0 \boldsymbol{\xi})) = 0,$$

cioè

$$\rho_1 + \boldsymbol{\nabla} \cdot (\rho_0 \boldsymbol{\xi}) = cost.$$

Se ora scegliamo, senza perdita di generalità, che le perturbazioni iniziali siano tutte nulle ovunque, tranne $\dot{\xi}(\boldsymbol{r}_0, 0)$[1], la costante della precedente equazione è uguale a zero e quindi

$$\rho_1 = -(\boldsymbol{\xi} \cdot \boldsymbol{\nabla})\,\rho_0 - \rho_0(\boldsymbol{\nabla} \cdot \boldsymbol{\xi}). \tag{6.8}$$

Applicando la stessa procedura alle (6.5) e (6.6) si ottiene:

$$P_1 = -(\boldsymbol{\xi} \cdot \boldsymbol{\nabla})P_0 - \rho_0 c_s^2(\boldsymbol{\nabla} \cdot \boldsymbol{\xi}), \tag{6.9}$$

e

$$\boldsymbol{B}_1 = \boldsymbol{\nabla} \times (\boldsymbol{\xi} \times \boldsymbol{B}_0), \tag{6.10}$$

mentre l'equazione di moto, (6.4), diviene

$$\rho_0 \frac{\partial^2 \boldsymbol{\xi}}{\partial t^2} = \boldsymbol{F}(\boldsymbol{\xi}), \tag{6.11}$$

dove la "forza per unità di volume", $\boldsymbol{F}(\boldsymbol{\xi})$ è data da:

$$\boldsymbol{F}(\boldsymbol{\xi}) = -\boldsymbol{\nabla} P_1 + \frac{1}{4\pi}[(\boldsymbol{\nabla} \times \boldsymbol{B}_0) \times \boldsymbol{B}_1 + (\boldsymbol{\nabla} \times \boldsymbol{B}_1) \times \boldsymbol{B}_0] + \boldsymbol{f}_1, \tag{6.12}$$

con $P_1$, e $B_1$ dati dalle espressioni (6.9) e (6.10).

---

[1] Si pensi al caso di un pendolo: è del tutto equivalente pensare di spostare la massa dalla posizione di equilibrio o lasciarla in tale posizione, ma imprimerle una certa velocità iniziale.

L'Eq. (6.11) è la base di partenza del metodo dei modi normali: essa descrive l'evoluzione temporale degli spostamenti dalla posizione di equilibrio sotto l'azione della forza $\boldsymbol{F}(\boldsymbol{\xi})$. Dalla definizione di $\boldsymbol{F}(\boldsymbol{\xi})$ si vede che in realtà si tratta di un operatore differenziale lineare del secondo ordine $[\nabla \times \boldsymbol{B}_1 = \nabla \times \nabla \times (\boldsymbol{\xi} \times \boldsymbol{B}_0)]$ nelle coordinate *spaziali* e ciò ci permette di scrivere

$$\boldsymbol{F}(\boldsymbol{\xi}) = \hat{\mathcal{F}}_{\boldsymbol{r}}\,[\boldsymbol{\xi}(\boldsymbol{r}, t)],$$

dove $\hat{\mathcal{F}}_{\boldsymbol{r}}$ è appunto tale operatore. La (6.11) è quindi una equazione differenziale alle derivate parziali nelle variabili $\boldsymbol{r}, t$.

Uno dei metodi standard per la soluzione di questo tipo di equazioni è quello della trasformata di Fourier, su cui torneremo più diffusamente nel capitolo dedicato alle onde. Per il momento è sufficiente ricordare che la trasformata di Fourier, $\tilde{\boldsymbol{\xi}}(\boldsymbol{r}, \omega)$, è definita da:

$$\tilde{\boldsymbol{\xi}}(\boldsymbol{r}, \omega) = \frac{1}{2\pi} \int_{-\infty}^{\infty} \boldsymbol{\xi}(\boldsymbol{r}, t)\, \mathrm{e}^{\mathrm{i}\omega t} \mathrm{d}t. \tag{6.13}$$

Dalla precedente definizione segue che

$$\boldsymbol{\xi}(\boldsymbol{r}, t) = \int_{-\infty}^{\infty} \tilde{\boldsymbol{\xi}}(\boldsymbol{r}, \omega)\, \mathrm{e}^{-\mathrm{i}\omega t} \mathrm{d}\omega \tag{6.14}$$

come si può verificare moltiplicando la (6.14) per $\mathrm{e}^{\mathrm{i}\omega' t}$, integrando in $\mathrm{d}t$ e tenendo conto della relazione

$$\int_{-\infty}^{\infty} \mathrm{e}^{-i(\omega' - \omega)t} \mathrm{d}t = 2\pi\delta(\omega' - \omega).$$

Utilizzando la (6.14) la (6.11) diventa

$$-\int_{-\infty}^{\infty} \rho_0\, \omega^2\, \tilde{\boldsymbol{\xi}}(\boldsymbol{r}, \omega)\, \mathrm{e}^{-\mathrm{i}\omega t} \mathrm{d}\omega = \int_{-\infty}^{\infty} \hat{\mathcal{F}}_{\boldsymbol{r}}\, [\tilde{\boldsymbol{\xi}}(\boldsymbol{r}, \omega)]\, \mathrm{e}^{-\mathrm{i}\omega t} \mathrm{d}\omega,$$

e, osservando che i coefficienti della funzione incognita $\boldsymbol{\xi}$ e delle sue derivate sono funzioni delle grandezze di equilibrio che, per definizione, non dipendono dal tempo, la precedente espressione può anche essere scritta:

$$-\rho_0 \int_{-\infty}^{\infty} \omega^2\, \tilde{\boldsymbol{\xi}}(\boldsymbol{r}, \omega)\, \mathrm{e}^{-\mathrm{i}\omega t} \mathrm{d}\omega = \hat{\mathcal{F}}_{\boldsymbol{r}} \left[ \int_{-\infty}^{\infty} \tilde{\boldsymbol{\xi}}(\boldsymbol{r}, \omega)\, \mathrm{e}^{-\mathrm{i}\omega t} \mathrm{d}\omega \right].$$

Moltiplicando i due membri per $\mathrm{e}^{\mathrm{i}\omega' t}$ e integrando in $\mathrm{d}t$ si ottiene infine

$$-\rho_0\, \omega'^2 \tilde{\boldsymbol{\xi}}(\boldsymbol{r}, \omega') = \hat{\mathcal{F}}_{\boldsymbol{r}}\, [\tilde{\boldsymbol{\xi}}(\boldsymbol{r}, \omega')]. \tag{6.15}$$

Abbiamo quindi ricavato un'equazione per la trasformata di Fourier della $\boldsymbol{\xi}(\boldsymbol{r}, t)$ che ha la stessa forma della (6.11), ma in cui l'operatore $\partial^2 \boldsymbol{\xi} / \partial t^2$ è stato semplicemente sostituito dal moltiplicatore $-\omega'^2$. Questa equazione ha la struttura di un'equazione agli autovalori che qui sono rappresentati da $-\rho_0\,\omega'^2$. Una volta risolta questa equazione, l'incognita primitiva $\boldsymbol{\xi}(\boldsymbol{r},t)$ può essere ricavata semplicemente applicando l'Eq. (6.14).

È chiaro che la trasformazione di Fourier può essere applicata anche a quelle coordinate spaziali, dette *ignorabili*, che non compaiono esplicitamente nei coefficienti dell'equazione, cioè nelle grandezze imperturbate. Questo avviene quando lo stato di equilibrio possiede certe proprietà di simmetria. Indicando con $\boldsymbol{s}$ l'insieme delle le coordinate ignorabili, con $\boldsymbol{k}$ un vettore con componenti non nulle solo nelle direzioni di tali coordinate e con $\boldsymbol{r}'$ l'insieme delle altre coordinate, la rappresentazione di Fourier della $\boldsymbol{\xi}(\boldsymbol{r},t)$ ha la forma

$$\boldsymbol{\xi}(\boldsymbol{r},t) = \boldsymbol{\xi}(\boldsymbol{r}',\boldsymbol{s},t) = \iint \tilde{\boldsymbol{\xi}}(\boldsymbol{r}',\boldsymbol{k},\omega)\,\mathrm{e}^{\mathrm{i}(\boldsymbol{k}\cdot\boldsymbol{s}-\omega t)}\mathrm{d}\omega\,\mathrm{d}\boldsymbol{k}. \tag{6.16}$$

Ripetendo la procedura seguita per la trasformata rispetto al tempo, ci si rende facilmente conto che, in definitiva, l'applicazione della trasformata di Fourier equivale alle sostituzioni (limitate alle coordinate ignorabili)

$$\frac{\partial}{\mathrm{d}t} \to -\mathrm{i}\omega \quad , \quad \boldsymbol{\nabla} \to \mathrm{i}\boldsymbol{k}, \tag{6.17}$$

e alla sostituzione della funzione incognita con la sua trasformata. Si può dimostrare che in assenza di termini dissipativi l'operatore $\hat{\mathcal{F}}_{\boldsymbol{r}}$ è un operatore hermitiano, che quindi gode della proprietà di avere autovalori reali. Dunque nel caso della MHD ideale $\omega^2$ è un numero reale, ma non necessariamente positivo. Un $\omega^2$ positivo implica $\omega$ reale e quindi un comportamento oscillatorio di $\boldsymbol{\xi}$, le cui componenti di Fourier sono proporzionali a $\mathrm{e}^{-\mathrm{i}\omega t}$. Un $\omega^2$ negativo implica invece $\omega$ immaginario puro e questo fa sì che l'ampiezza delle perturbazioni cresca. In conclusione la stabilità dell'equilibrio è determinata dal segno della quantità $\omega^2$. L'insorgere di instabilità o lo svilupparsi di moti ondosi sono quindi in realtà due aspetti complementari dello stesso problema, cioè dello studio della stabilità degli equilibri.

## 6.2 Instabilità in presenza di gravità

Uno dei casi di maggior interesse in astrofisica è quello in cui l'unica forza che si aggiunge a quelle legate ai gradienti di pressione e al campo magnetico è la forza di gravità. Questo significa che il termine $\boldsymbol{f}$ che compare nella seconda delle (6.1) cioè nell'equazione di moto, ha la forma $\rho\boldsymbol{g}$ dove $\boldsymbol{g}$ rappresenta il valore locale dell'accelerazione gravitazionale. Per semplicità supporremo che $\boldsymbol{g}$ sia un campo *esterno*, cioè indipendente dalle perturbazioni presenti nel plasma. Nel processo di linearizzazione porremo perciò $\boldsymbol{g}_1 = 0$ e la (6.12) diviene:

$$\boldsymbol{F}(\boldsymbol{\xi}) = -\boldsymbol{\nabla}P_1 + \frac{1}{4\pi}[(\boldsymbol{\nabla}\times\boldsymbol{B}_0)\times\boldsymbol{B}_1 + (\boldsymbol{\nabla}\times\boldsymbol{B}_1)\times\boldsymbol{B}_0] + \rho_1\boldsymbol{g}, \tag{6.18}$$

con $\rho_1$, $P_1$, e $B_1$ dati rispettivamente dalle espressioni (6.8), (6.9) e (6.10).

Supporremo inoltre che il plasma sia incomprimibile e che $\boldsymbol{g}$ e $\boldsymbol{B}_0$ siano costanti. Il nostro sistema di riferimento sarà scelto in modo da avere $\boldsymbol{g}$ diretto lungo l'asse $z$ negativo. In questo riferimento l'equazione dell'equilibrio, $\boldsymbol{\nabla} P_0 = \rho_0 \boldsymbol{g}$, implica che sia $P_0$ che $\rho_0$ siano funzioni della sola $z$ e che:

$$\frac{dP_0(z)}{\mathrm{d}z} = P_0' = -\rho_0(z) g.$$

Le coordinate $x$ e $y$ sono dunque ignorabili. Nell'ipotesi che il sistema sia omogeneo nella direzione $y$, potremo limitarci a considerare perturbazioni $\boldsymbol{\xi} = [\xi_x, 0, \xi_z]$ e sviluppare tutte le quantità in serie di Fourier lungo $x$ scrivendo per la singola componente di Fourier (vedi la (6.16)):

$$\boldsymbol{\xi}(\boldsymbol{r}, \omega) = \int \tilde{\boldsymbol{\xi}}(z, k, \omega) \mathrm{e}^{ikx} dk.$$

Il vettore $\boldsymbol{k} = [k, 0, 0]$ individua dunque insieme a $\boldsymbol{g}$ il piano coordinato $(x, z)$. Rispetto a questo sistema di coordinate il vettore $\boldsymbol{B}_0$ può avere un'orientazione qualunque, ma ci si rende facilmente conto che una componente (costante) $B_{0z}$ non influenza la dinamica del sistema. Supporremo quindi che $\boldsymbol{B}_0$ giaccia nel piano $(x, y)$, $\boldsymbol{B}_0 = [B_{0x}, B_{0y}, 0]$ Utilizzando le (6.8), (6.9) e (6.10). l'equazione per (6.15) si scrive

$$-\omega^2 \rho_0 \boldsymbol{\xi} = \boldsymbol{\nabla}(\boldsymbol{\xi} \cdot \boldsymbol{\nabla} P_0) - \boldsymbol{g}(\boldsymbol{\xi} \cdot \boldsymbol{\nabla} \rho_0) + \frac{1}{4\pi} \{ \boldsymbol{\nabla} \times [\boldsymbol{\nabla} \times (\boldsymbol{\xi} \times \boldsymbol{B}_0)] \} \times \boldsymbol{B}_0 + \rho_1 \boldsymbol{g}, \tag{6.19}$$

dove per semplicità di notazione abbiamo indicato con $\boldsymbol{\xi}$ la quantità $\tilde{\boldsymbol{\xi}}(z, k, \omega)$ e si è usata la condizione di incomprimibilità $\boldsymbol{\nabla} \cdot \boldsymbol{\xi} = 0$.

Si osservi che la rappresentazione del vettore $\boldsymbol{\nabla}$ è ora la seguente: $\boldsymbol{\nabla} = [ik,\ 0,\ \partial/\partial z]$.

Il termine magnetico nella (6.19) può essere trasformato in:

$$\frac{1}{4\pi} \{ \boldsymbol{\nabla} \times [\boldsymbol{\nabla} \times (\boldsymbol{\xi} \times \boldsymbol{B}_0)] \} \times \boldsymbol{B}_0 = \frac{1}{4\pi} \{ \boldsymbol{\nabla}[\boldsymbol{\nabla} \cdot (\boldsymbol{\xi} \times \boldsymbol{B}_0)] - \nabla^2 (\boldsymbol{\xi} \times \boldsymbol{B}_0) \} \times \boldsymbol{B}_0.$$

Una valutazione (lunga, ma senza difficoltà) della precedente espressione mostra che il termine magnetico vale:

$$B_{0x}^2 (-k^2 \xi_z + \xi_z'') \, \boldsymbol{e}_z,$$

dove l'apice indica la differenziazione rispetto a $z$.

L'equazione finale per $\boldsymbol{\xi} = \boldsymbol{\xi}(z, k, \omega)$ è dunque:

$$-\omega^2 \rho_0 \boldsymbol{\xi} = \boldsymbol{\nabla}(\xi_z P_0') - \boldsymbol{g}(\xi_z \rho_0') + (B_{0x}^2 / 4\pi)(-k^2 \xi_z + \xi_z'') \boldsymbol{e}_z, \tag{6.20}$$

le cui componenti $x$ e $z$ sono

$$-\omega^2 \rho_0 \xi_x = ik(\xi_z P_0') \tag{6.21a}$$
$$-\omega^2 \rho_0 \xi_z = (\xi_z P_0')' + (B_{0x}^2/4\pi)(-k^2\xi_z + \xi_z'') + g(\rho_0'\xi_z). \tag{6.21b}$$

Alle (6.21) va aggiunta la condizione di incomprimibilità:

$$ik\xi_x + \xi_z' = 0. \tag{6.22}$$

Utilizzando quest'ultima relazione e la (6.21a) per eliminare $(\xi_z P_0')'$ si ottiene infine:

$$\begin{aligned}\omega^2\left[(\rho_0\xi_z')' - \rho_0 k^2\xi_z\right] &= \frac{B_{0x}^2 k^2}{4\pi}(\xi_z'' - k^2\xi_z) + k^2 g(\rho_0'\xi_z)\\ &= \frac{(\boldsymbol{k}\cdot\boldsymbol{B}_0)^2}{4\pi}(\xi_z'' - k^2\xi_z) + k^2 g(\rho_0'\xi_z).\end{aligned} \tag{6.23}$$

Esamineremo ora alcune conseguenze di questa equazione agli autovalori.

### 6.2.1 Instabilità di Rayleigh-Taylor: $\boldsymbol{B}_0 = 0$

Consideriamo dapprima l'instabilità che può prodursi quando il campo magnetico sia nullo, $\boldsymbol{B}_0 = 0$, nota col nome di instabilità di Rayleigh-Taylor. Una tecnica utile per ottenere rapidamente una condizione di stabilità è la seguente.

Moltiplicando la (6.23) per $\xi_z$ e integrando in $\mathrm{d}z$ tra $-\infty$ e $\infty$ si ottiene:

$$\omega^2\left[\int_{-\infty}^{\infty}[\rho_0\xi_z']'\,\xi_z\,\mathrm{d}z - k^2\int_{-\infty}^{\infty}\rho_0\xi_z^2\,\mathrm{d}z\right] = k^2 g\int_{-\infty}^{\infty}\rho_0'\xi_z^2\,\mathrm{d}z.$$

Eseguendo un'integrazione per parti sul primo integrale in parentesi quadra e supponendo che $\xi_z$ e/o $\xi_z'$ si annullino in $z = \pm\infty$ si ottiene:

$$\omega^2 = -k^2 g\frac{\displaystyle\int_{-\infty}^{\infty}\rho_0'\xi_z^2\,\mathrm{d}z}{\displaystyle\int_{-\infty}^{\infty}\rho_0\left[\xi_z'^2 + k^2\xi_z^2\right]\mathrm{d}z}. \tag{6.24}$$

La stessa equazione può essere ottenuta applicando il metodo dell'energia che, come già detto, è un metodo variazionale. Dalla (6.24) risulta chiaro che tutti i termini che appaiono negli integrali sono definiti positivi, tranne $\rho_0'$. La condizione *sufficiente* per avere stabilità, cioè $\omega^2 > 0$, è quindi $\rho_0' < 0$ per ogni $z$, cioè una densità ovunque decrescente con l'altezza. A prima vista si potrebbe pensare che questa condizione non sia *necessaria*. Infatti, $\omega^2 > 0$ non implica $\rho_0' < 0$ *ovunque* perché $\rho_0'$ è pesato nell'integrale con $\xi_z^2$ e se $\rho_0'$ fosse positivo soltanto in un certo intervallo l'integrale a numeratore della (6.24) potrebbe ancora essere negativo.Tuttavia si può dimostrare che la condizione $\rho_0' < 0$ per ogni $z$ è anche necessaria, come ora vedremo. Si osservi per prima cosa che l'espressione per $\omega^2$ nella (6.24) è in realtà soltanto una soluzione formale della (6.23), in quanto essa contiene le quantità $\xi_z$ e $\xi_z'$ che sono delle incognite fin quando le (6.21) non sono state esplicitamente risolte. Nella teoria del calcolo delle variazioni si dimostra che se nella (6.24) si sostituiscono le funzioni $\xi_z$ e $\xi_z'$, soluzioni dell'equazione di partenza, con delle funzioni *arbitrarie*, purché con le corrette proprietà di convergenza all'infinito, la (6.24) produce un valore $\tilde{\omega}^2$ *maggiore* del valore corretto:

$$\tilde{\omega}^2 \geqslant \omega^2,$$

con il segno uguale valido solo quando vengano usate le effettive soluzioni del problema. Nel caso in cui fosse $\rho_0' > 0$ soltanto in un intervallo finito, potremmo sempre scegliere come funzioni arbitrarie delle funzioni che siano diverse da zero solo all'interno di tale intervallo. In questo caso, otterremmo un valore di $\tilde{\omega}^2$ negativo e quindi, a causa della precedente diseguaglianza, anche $\omega^2$ sarebbe negativo. Non è quindi possibile avere $\omega^2 > 0$ neppure limitando l'intervallo in cui $\rho_0' > 0$ e la condizione $\rho_0' < 0$ per ogni $z$ è quindi anche necessaria per la stabilità.

Un caso semplice ed interessante è quello di due fluidi incomprimibili di densità diverse sovrapposti l'uno all'altro. Si avrà quindi:

$$\begin{aligned} \rho = \rho_1 = cost. \quad &, \quad z > 0 \\ \rho = \rho_2 = cost. \quad &, \quad z < 0. \end{aligned}$$

In questo caso la derivata della densità sarà rappresentabile nella forma: $\rho_0' = (\rho_1 - \rho_2)\,\delta(z)$. Di conseguenza la (6.23) si scriverà, per $z \neq 0$,

$$\xi_z'' = k^2 \xi,$$

le cui soluzioni sono:

$$\xi_z = \xi_z(0)\mathrm{e}^{-kz} \quad , \quad z > 0 \tag{6.25}$$

$$\xi_z = \xi_z(0)\mathrm{e}^{kz} \quad , \quad z < 0. \tag{6.26}$$

Siamo ora in grado di valutare esplicitamente $\omega^2$ utilizzando la (6.24). L'integrale a numeratore dà semplicemente

$$(\rho_1 - \rho_2)\,\xi_z^2(0).$$

Per l'integrale a denominatore scriveremo

$$\begin{aligned} \int_{-\infty}^{\infty} [\xi_z'^2 + k^2\xi_z^2]\,\mathrm{d}z &= \rho_2 \int_{-\infty}^{0-} [\xi_z'^2 + k^2\xi_z^2]\,\mathrm{d}z + \rho_1 \int_{0+}^{\infty} [\xi_z'^2 + k^2\xi_z^2]\,\mathrm{d}z \\ &= 2(\rho_1 + \rho_2)\,k^2 \int_{0+}^{\infty} \mathrm{e}^{-2kz}\mathrm{d}z = k(\rho_1 + \rho_2)\,\xi_z^2(0) \end{aligned}$$

dove si sono usate le corrette espressioni per $\xi_z$ e $\xi'_z$ in ciascun intervallo d'integrazione. Otteniamo così:

$$\omega^2 = -kg\frac{\rho_1 - \rho_2}{\rho_1 + \rho_2}. \tag{6.27}$$

Come si vede, si avrà instabilità quando il fluido di densità maggiore è sovrapposto a quello di densità minore, in accordo con il criterio generale già discusso. Nel caso $\rho_1 < \rho_2$ il sistema sarà stabile e la frequenza delle oscillazioni sarà ancora data dall'(6.27). Il massimo valore di $\omega$ si ottiene per $\rho_1 \ll \rho_2$ nel qual caso

$$\omega = \sqrt{kg}.$$

Come sarà meglio illustrato nel capitolo seguente, si tratta quindi di onde *dispersive* con velocità di fase $v_\varphi = \frac{1}{2}\sqrt{g/k}$. Questo caso si applica allo studio delle onde del mare, cioè delle onde all'interfaccia acqua-aria. Può venire il dubbio che la descrizione dell'aria come un mezzo incomprimibile non sia applicabile, ma in realtà qualunque mezzo si comporta come incomprimibile se la velocità delle particelle fluide è trascurabile rispetto alla velocità del suono. Si noti che le relazione di dispersione che abbiamo ricavato si riferisce al caso di acqua profonda, in quanto abbiamo posto come condizione al contorno l'annullarsi di $\xi_z$ per $z \to -\infty$. Nel caso di acqua di profondità $h$ tale condizione va posta in $z = -h$ e questo modifica la relazione di dispersione.

Anche se l'analisi lineare non consente di determinare l'evoluzione temporale completa del sistema, possiamo facilmente visualizzare la fasi iniziali di tale evoluzione. Nel nostro caso infatti, la superficie di separazione tra i due fluidi non è più piana, ma risulta deformata in una superficie ondulata, con porzioni di gas leggero che salgono al disopra del livello di equilibrio ($z = 0$) e porzioni di gas denso che scendono al disotto di tale livello. La distanza tra due successive regioni di gas denso è dell'ordine di $\lambda = 2\pi/k$. Nelle fasi successive l'estensione verticale di tali regioni aumenta e la struttura del gas si modifica fino a giungere al completo sovvertimento della configurazione iniziale, con il gas leggero sopra quello denso, in un configurazione stabile. Lo studio della fase non lineare dell'instabilità di Rayleigh-Taylor, e in genere quello di qualunque instabilità può esser fatto solo facendo ricorso a simulazioni numeriche. Un esempio del risultato di queste simulazioni nel caso dell'instabilità di Rayleigh-Taylor mostrato in Fig. 6.1.

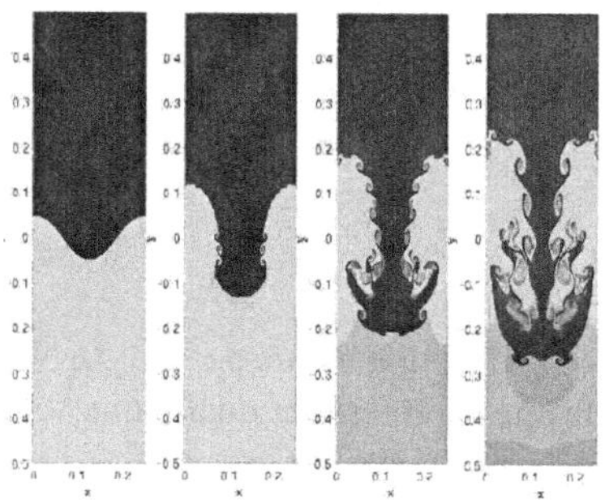

**Fig. 6.1** Simulazione dello sviluppo non lineare dell'instabilità di Rayleigh-Taylor

### 6.2.2 *Instabilità di Kruskal-Shafranov:* $\boldsymbol{B}_0 \neq 0$

La presenza contemporanea di un campo magnetico e della gravità dà luogo ad una serie di dinamiche nuove che andremo brevemente a descrivere. La fisica di base di questi fenomeni è semplice ed è legata al fatto che mentre nel plasma densità e pressione sono collegate tra loro, il campo magnetico altera la pressione, ma non la densità. La natura dell'instabilità gravitazionale trattata nel precedente paragrafo viene quindi modificata e, poiché in un plasma ideale il campo magnetico è accoppiato alla materia, anche la struttura magnetica viene profondamente alterata. Per illustrare in maniera semplice la natura dell'instabilità, consideriamo il caso di un campo magnetico $\boldsymbol{B}$ che occupi solo una porzione dello spazio, mentre la materia è presente ovunque. Questa situazione potrebbe essere quella di un campo magnetico confinato al disotto della superficie visibile di una stella. Supponiamo che $\boldsymbol{B}$ sia costante e disposto orizzontalmente al disotto del piano $z = 0$ e che il suo valore diminuisca rapidamente fino ad annullarsi in un sottile strato al disopra di tale piano. Supponiamo inoltre che la temperatura del gas sia la stessa ovunque. La condizione di equilibrio locale richiede che:

$$\frac{\mathrm{d}}{\mathrm{d}z}\left(P + B^2/8\pi\right) = -\rho g.$$

Si ha quindi una brusca variazione di pressione magnetica al passaggio della superficie di separazione tra la zona col campo e quella senza, variazione che deve essere compensata da un aumento della pressione del gas, $\Delta P = B^2/8\pi$, per mantenere la continuità della pressione totale. Ma a questa variazione di pressione corrisponde necessariamente una variazione della densità del gas, $\Delta\rho = (m/k_B T)\Delta P = (m/k_B T)(B^2/8\pi)$, che, di conseguenza, viene ad avere una densità maggiore di quello della regione sottostante. Il sistema è quindi soggetto ad una instabilità di Rayleigh-Taylor e regioni di gas denso e privo di campo magnetico cominciano a scendere verso il basso. A sua volta il plasma magnetizzato sale verso l'alto trascinando con sé il campo magnetico che risulta quindi concentrato in una serie di strati verticali emergenti dalla superficie di separazione originaria. Questa dinamica viene spesso descritta dicendo che il campo magnetico tende a *galleggiare* sul gas.

Per ricavare la relazione di dispersione, considereremo anche in questo caso una situazione con due fluidi incomprimibili di densità differente, sovrapposti l'uno all'altro. Possiamo ripetere il procedimento già seguito nel caso di campo nullo, ripartendo dalla (6.23) dove ora manteniamo il termine proporzionale a $(\boldsymbol{k} \cdot \boldsymbol{B}_0)^2$.

Per $z \neq 0$ la (6.23) diviene:

$$[\omega^2\rho_0 - \frac{(\boldsymbol{k} \cdot \boldsymbol{B}_0)^2}{4\pi}](\xi_z'' - k^2\xi_z) = 0,$$

con $\rho_0 = \rho_1$ oppure $\rho_0 = \rho_2$, rispettivamente per $z \gtrless 0$. Non esiste quindi un valore unico di $\omega$ che annulli la prima parentesi per qualunque valore di $z$. Di conseguenza la $\xi_z$ obbedirà ancora all'equazione

$$\xi_z'' = k^2 \xi,$$

le cui soluzioni sono date dalle (6.25). Procedendo come nel caso precedente, si ottiene facilmente

$$\omega^2 \int_{-\infty}^{\infty} \rho_0 (\xi_z'^2 + k^2 \xi_z^2)\, \mathrm{d}z = -k^2 g\, (\rho_1 - \rho_2) \xi_z(0)^2 + \frac{(\boldsymbol{k}\cdot\boldsymbol{B}_0)^2}{4\pi} \int_{-\infty}^{\infty} (\xi_z'^2 + k^2 \xi_z^2)\, \mathrm{d}z. \tag{6.28}$$

Gli integrali che appaiono nella (6.28) si possono valutare usando le (6.25), e la relazione di dispersione risulta quindi:

$$\omega^2 = -|\boldsymbol{k}|\, g \frac{\rho_1 - \rho_2}{\rho_1 + \rho_2} + 2 \frac{(\boldsymbol{k}\cdot\boldsymbol{B}_0)^2}{4\pi(\rho_1 + \rho_2)}, \tag{6.29}$$

dove $k$ è stato scritto come $|\boldsymbol{k}|$ per svincolare l'espressione di $\omega^2$ dal particolare sistema di riferimento scelto. Nel limite $\boldsymbol{B}_0 \to 0$ ritroviamo la condizione di instabilità di Rayleigh-Taylor, mentre nel caso di un plasma omogeneo, $\rho_1 = \rho_2 = \rho_0$ abbiamo

$$\omega^2 = \frac{(\boldsymbol{k}\cdot\boldsymbol{B}_0)^2}{4\pi\rho_0},$$

che, come vedremo, corrisponde alla propagazione di onde di Alfvén. Dalla (6.29) si vede che la presenza di un campo magnetico può avere un effetto stabilizzante. Infatti, anche se $\Delta\rho = \rho_1 - \rho_2 > 0$, $\omega^2$ può ancora essere positivo, purchè il secondo termine della (6.29) sia maggiore del primo, cioè quando

$$\lambda = \frac{2\pi}{k} < \frac{B_0^2}{g\Delta\rho} \cos^2\theta,$$

dove $\theta$ è l'angolo tra $\boldsymbol{k}$ e $\boldsymbol{B}_0$. Si vede dunque che la miglior stabilizzazione si ottiene quando $\boldsymbol{k}$ è parallelo a $\boldsymbol{B}_0$, mentre l'effetto stabilizzante scompare quando $\boldsymbol{k}$ e $\boldsymbol{B}_0$ sono ortogonali tra loro. Questo si capisce facilmente perchè nel primo caso la perturbazione deforma le linee di forza del campo e la tensione magnetica si oppone alla deformazione, mentre nel secondo caso le linee di forza rimangono rettilinee e la tensione non è in grado di agire.

È particolarmente interessante il caso in cui si abbia un plasma solo nella regione $z > 0$, mentre nella regione $z < 0$ sia presente solo un campo magnetico. In tal caso, con procedura analoga a quella precedentemente seguita, si ottiene:

$$\omega^2 = -|\boldsymbol{k}| g + \frac{(\boldsymbol{k}\cdot\boldsymbol{B}_0)^2}{4\pi\rho_1},$$

che dimostra come sia possibile sostenere un plasma utilizzando un campo magnetico. Questa possibilità è invocata per spiegare la presenza e la stabilità delle protuberanze solari, cioè di strutture di plasma più dense dell'ambiente circostante.

### 6.2.3 *Instabilità di Parker*

Un ulteriore esempio di instabilità in presenza di gravità è la cosiddetta *instabilità di Parker*. Questa instabilità, che ora descriveremo, rappresenta una interessante applicazione astrofisica della teoria delle instabilità nei plasmi e permette di apprezzare non soltanto le tecniche utilizzate, ma anche le considerazioni fisiche che permettono di giudicare l'effettivo interesse dei risultati raggiunti.

Il problema che ha dato origine a questo studio, compiuto da E. N. Parker [11] nel 1966, è quello della struttura del campo magnetico della Galassia e della sua influenza nella configurazione e nella dinamica della Galassia stessa. I dati osservativi essenziali sono i seguenti:

- nella Galassia è presente un campo magnetico su grande scala, il cui valore indicativo è di qualche unità in $10^{-6}$ G;
- il campo appare essere confinato nel piano galattico;
- il campo magnetico (e i raggi cosmici intrappolati in esso) non possono essere confinati dalla debole pressione del mezzo extragalattico esterno.

In questa situazione è ragionevole supporre che il confinamento all'interno del disco sia dovuto al peso del gas interstellare di cui il disco stesso è composto. La condizione di congelamento del campo nella materia fa sì che l'autogravità del gas trattenga il campo magnetico all'interno del disco. Si può infatti dimostrare che la gravità dovuta al nucleo galattico non potrebbe dar luogo all'azione di contenimento richiesta e che, al contrario, produrrebbe effetti non osservati. Per verificare la correttezza dell'ipotesi enunciata cominciamo col calcolare le proprietà del disco galattico in condizioni di equilibrio.

Consideriamo un modello semplificato bidimensionale, in cui il campo magnetico sia diretto parallelamente al disco e identifichiamo tale direzione con quella dell'asse $y$, $\boldsymbol{B}_0 = B_0(z)\boldsymbol{e}_y$, mentre l'asse $z$ coincide con quella della gravità. L'equazione dell'equilibrio risulta quindi:

$$\frac{\mathrm{d}}{\mathrm{d}z}\left(P_0 + \frac{B_0^2}{8\pi}\right) = -\rho(z)g,$$

dove, per semplicità, si è supposto $g = cost.$ A rigore si dovrebbe considerare anche il contributo alla pressione dovuto ai raggi cosmici. Questo contributo è stato incluso nella trattazione originale di Parker, ma noi lo trascureremo poiché la sua assenza non altera la fisica del sistema considerato. Supporremo inoltre che il gas interstellare sia isotermo, ciò che ci consente di scrivere:

$$P_0 = \frac{k_B T_0}{\bar{m}}\rho_0 = c_0^2\rho_0,$$

e che valga la relazione

$$\frac{B_0^2}{8\pi} = \alpha P_0 = \alpha c_0^2 \rho_0 \quad , \qquad \alpha = cost. \tag{6.30}$$

che equivale a postulare che la velocità di Alfvén: $c_a^2 = B_0^2/(4\pi\rho_0)$ sia costante. In queste ipotesi, la soluzione dell'equazione dell'equilibrio è

$$\rho_0(z) = \rho_0(0)\exp(-z/H),$$

dove $H$ è la scala d'altezza,

$$H = \frac{c_0^2(1+\alpha)}{g},$$

mentre la definizione (6.30) implica che

$$B_0(z) = B_0(0)\exp(-z/2H).$$

Avremo quindi

$$\frac{1}{\rho_0}\frac{\mathrm{d}\rho_0}{\mathrm{d}z} = \frac{1}{P_0}\frac{\mathrm{d}P_0}{\mathrm{d}z} = \frac{2}{B_0}\frac{\mathrm{d}B_0}{\mathrm{d}z} = -\frac{1}{H}. \tag{6.31}$$

Le osservazioni suggeriscono che $H$ sia dell'ordine di qualche centinaio di parsec ($H = 1 \div 3 \times 10^{20} cm$) e $c_0$ dell'ordine di qualche $km\, s^{-1}$ ($c_0 = 3 \div 8 \times 10^8 cm\, s^{-1}$) corrispondente a temperature di qualche migliaio di gradi, con $g = 1 \div 3 \times 10^{-9} cm\, s^{-2}$. Dalla definizione di $H$ risulta che presumibilmente $\alpha \lesssim 1$. Il valore del campo magnetico ottenuto dalle osservazioni risulta $B_0 = 1 \div 5 \times 10^{-6} G$ e la (6.30) suggerisce quindi valori di $\rho$ nell'intorno di qualche atomo d'idrogeno per $cm^3$, dello stesso ordine di quelli osservati.

Il modello proposto sembra quindi fornire una ragionevole rappresentazione della configurazione di equilibrio del sistema gas interstellare-campo magnetico nel disco galattico. Il punto fondamentale tuttavia è quello della stabilità di tale equilibrio, problema che adesso andremo ad affrontare.

Nel caso presente è conveniente ripartire dal sistema di equazioni linearizzate, (6.3) - (6.6), piuttosto che utilizzare l'Eq. (6.23). Esprimeremo $\boldsymbol{B}_1(y,z,t)$ in termini del suo potenziale vettore $\boldsymbol{A}_1(y,z,t)$: $\boldsymbol{B}_1 = \boldsymbol{\nabla} \times \boldsymbol{A}_1$. Poiché $B_{1x} = 0$ potremo scrivere ($y$ e $t$ sono entrambe coordinate ignorabili, le grandezze d'equilibrio dipendono dalla sola $z$):

$$\boldsymbol{A}_1(y,z,t) = a(z)\mathrm{e}^{\mathrm{i}(ky-\omega t)}\boldsymbol{e}_x, \tag{6.32}$$

e analogamente:

$$\boldsymbol{B}_1(y,z,t) = \boldsymbol{b}(z)\mathrm{e}^{\mathrm{i}(ky-\omega t)}. \tag{6.33}$$

Poiché

$$B_{1y} = \frac{\partial A_{1x}}{\partial z}, \qquad B_{1z} = -\frac{\partial A_{1x}}{\partial y},$$

si avrà:

$$b_y = \frac{\mathrm{d}a}{\mathrm{d}z} \equiv a'(z) \quad , \qquad b_z = -\mathrm{i}ka. \tag{6.34}$$

Tenendo conto che $U_x = -\mathrm{i}\omega\xi_x = 0$ ed adottando per tutte le grandezze del primo ordine una rappresentazione di Fourier analoga alla (6.32), dalla (6.6) otteniamo,

$$\boldsymbol{\nabla} \times (\boldsymbol{A}_1 - \boldsymbol{\xi} \times \boldsymbol{B}_0) = 0.$$

La quantità in parentesi può quindi essere espressa come il gradiente di un potenziale che, sfruttando le proprietà di invarianza di *gauge* delle equazioni di Maxwell, può essere posto a zero. Scriveremo dunque

$$\boldsymbol{A}_1 = \boldsymbol{\xi} \times \boldsymbol{B}_0,$$

la cui componente $z$ fornisce la relazione:

$$\xi_z = -\frac{a}{B_0}, \qquad \xi'(z) = -\frac{1}{B_0}\left(a' + \frac{a}{2H}\right). \tag{6.35}$$

La (6.35) suggerisce di esprimere tutte le quantità del primo ordine in termini di $a(z)$. La (6.8), tenuto conto delle (6.31) e (6.35), diviene

$$\rho_1 = -\frac{\rho_0}{H}\frac{a}{B_0} - \rho_0 \mathrm{i}k\xi_y + \frac{\rho_0}{B_0}\left(a' + \frac{a}{2H}\right) = \frac{\rho_0}{B_0}\left(a' - \frac{a}{2H}\right) - \rho_0 \mathrm{i}k\xi_y.$$

Analogamente, la (6.9) si può scrivere

$$P_1 = \frac{\rho_0 c_0^2}{B_0}\left[\gamma a' + \left(\gamma/2 - 1\right)\frac{a}{H}\right] - \gamma\rho_0 c_0^2(\mathrm{i}k\xi_y).$$

Per eliminare $\xi_y$, consideriamo la componente $y$ dell'equazione di moto (6.11) con il termine di forza, (6.12), scritto nella forma

$$\begin{aligned}
\boldsymbol{F}(\boldsymbol{\xi}) &= -\boldsymbol{\nabla}P_1 + \frac{1}{4\pi}[(\boldsymbol{\nabla} \times \boldsymbol{B}_0) \times \boldsymbol{B}_1 + (\boldsymbol{\nabla} \times \boldsymbol{B}_1) \times \boldsymbol{B}_0] + \rho_1\boldsymbol{g} \\
&= -\boldsymbol{\nabla}(P_1 + \frac{1}{8\pi}\boldsymbol{B}_0 \cdot \boldsymbol{b}) + \frac{1}{4\pi}[\boldsymbol{B}_0 \cdot \boldsymbol{\nabla})\boldsymbol{b} + (\boldsymbol{b} \cdot \boldsymbol{\nabla})\boldsymbol{B}_0] + \rho_1\boldsymbol{g},
\end{aligned}$$

ottenendo

$$\omega^2\rho_0\xi_y = \mathrm{i}kP_1 - \imath k\frac{B_0}{8\pi}\frac{a}{H}.$$

Utilizzando ora la precedente espressione per $P_1$ si ricava la relazione:

$$\Omega^2\xi_y = \mathrm{i}\frac{kc_0^2}{B_0}[\gamma a' + (\gamma/2 - 1 - \alpha)\frac{a}{H}], \tag{6.36}$$

dove si è definito

$$\Omega^2 = \omega^2 - \gamma k^2 c_0^2.$$

Utilizzando la (6.36) è ora possibile ricavare delle espressioni per $\rho_1$ e $P_1$ in termini di $a$ e della sua derivata:

$$\Omega^2\rho_1 = \frac{\rho_0}{B_0}\left\{\omega^2 a' - [\omega^2/2 + (1 - \alpha - \gamma)k^2c_0^2]\frac{a}{H}\right\}, \tag{6.37}$$

$$\Omega^2 P_1 = \frac{\rho_0 c_0^2}{B_0}\left\{\gamma\omega^2 a' + [(\gamma/2 - 1)\omega^2 - \alpha\gamma k^2 c_0^2]\frac{a}{H}\right\}. \tag{6.38}$$

Infine, la componente $z$ dell'equazione di moto, moltiplicata per $\Omega^2$, dà:

$$\omega^2 \rho_0(\Omega^2 \xi_z) = [(\Omega^2 P_1) + \frac{B_0}{4\pi}\Omega^2 a')]' - \frac{B_0}{4\pi}k^2 \Omega^2 a + \frac{(1+\alpha)c_0^2}{H}(\Omega^2 \rho_1),$$

dove $g$ è stato espresso in termini di $H$ utilizzando la definizione di quest'ultima quantità. Inserendo nella precedente equazione le espressioni precedentemente ricavate per $\Omega^2 \rho_1$ e $\Omega^2 P_1$ ed eseguendo le derivate, si ottiene la forma finale dell'equazione differenziale a cui deve soddisfare $a$, che si può scrivere nella forma:

$$a''(z) = k^2 \frac{N}{D} a(z), \tag{6.39}$$

dove

$$\begin{aligned} N = {} & \Big(\frac{\omega}{kc_0}\Big)^4 - (\gamma + 2\alpha)\Big(1 + \frac{1}{4k^2H^2}\Big)\Big(\frac{\omega}{kc_0}\Big)^2 + \\ & + 2\alpha\gamma - \frac{(1+\alpha)(1+\alpha-\gamma) - \alpha\gamma/2}{k^2H^2}, \end{aligned} \tag{6.40}$$

e

$$D = 2\alpha\gamma - (\gamma + 2\alpha)\Big(\frac{\omega}{kc_0}\Big)^2. \tag{6.41}$$

Le condizioni al contorno che devono essere imposte alla $a(z)$ sono che $a$ rimanga finita per tutti i valori di $z$ e che si annulli nell'origine. Questo implica che $N/D$ debba essere una quantità negativa, nel qual caso la soluzione della (6.39) si può scrivere nella forma:

$$a(z) = (\epsilon \bar{b} H) \sin Kz, \tag{6.42}$$

dove

$$K^2 = k^2 \Big|\frac{N}{D}\Big|,$$

e la costante d'integrazione è stata scritta nella forma $\epsilon \bar{b} H$ per tener conto delle dimensioni e del fatto che $a$ è una quantità del primo ordine. $\bar{b}$ è una costante arbitraria con le dimensioni di un campo magnetico che sarà scelta in seguito.

Poiché siamo interessati al caso instabile, $\omega^2 < 0$, poniamo $\omega = \mathrm{i}/\tau$, con $\tau$ che rappresenta quindi il tempo di crescita dell'instabilità, e definiamo

$$\nu^2 = -\Big(\frac{\omega}{k^2c_0^2}\Big)^2 = \frac{1}{\tau^2 k^2 c_0^2} = \Big(\frac{H}{c_0\tau}\Big)^2\Big(\frac{1}{kH}\Big)^2.$$

Poiché $H/c_0$ rappresenta il tempo di transito della scala d'altezza per un'onda sonora, $n = H/(c_0\tau)$ è il tasso di crescita dell'instabilità misurato in unità dell'inverso di tale tempo di transito. Per le soluzioni instabili, il termine

$$D = 2\alpha\gamma + (\gamma + 2\alpha)\nu^2 > 0,$$

e le condizioni al contorno si riducono alla richiesta che sia $N < 0$. Posto $x = 1/(k^2 H^2)$, l'esistenza di soluzioni instabili è garantita se

$$N(x, n^2) = q\, x^2 - r\, x + 2\alpha\gamma < 0\,, \tag{6.43}$$

con

$$q = \frac{1}{4} n^2 (4n^2 + 2\alpha + \gamma),$$
$$r = \Delta - n^2 (2\alpha + \gamma),$$
$$\Delta = (1+\alpha)(1+\alpha-\gamma) - \alpha\gamma/2 = (1+\alpha)^2 - \gamma(1+3\alpha/2).$$

Condizione necessaria perché la (6.43) sia soddisfatta è che $r > 0$, ciò che implica $\Delta > 0$. Inoltre $x$ deve essere compreso tra le due soluzioni positive dell'equazione $N = 0$,

$$x = \frac{1}{2q}\left(r \pm \sqrt{r^2 - 8\alpha\gamma\, q}\right), \tag{6.44}$$

ciò che richiede che sia

$$r^2 > 8\alpha\gamma\, q.$$

Tenendo conto delle definizioni di $q$ e $r$, la precedente condizione diviene:

$$n^4 - 2\lambda n^2 + \mu^2 > 0, \tag{6.45}$$

con

$$\lambda = \frac{(2\alpha+\gamma)(\Delta+\alpha\gamma)}{(\gamma-2\alpha)^2} \quad , \quad \mu = \frac{\Delta}{\gamma - 2\alpha}.$$

La (6.45) è soddisfatta in $n = 0$ e quindi esistono stati di stabilità marginale per qualunque valore di $\alpha$ e $\gamma$. Il massimo valore di $n^2$ in accordo con la (6.45) corrisponde dunque alla più piccola delle due soluzioni positive dell'equazione $n^4 - 2\lambda n^2 + \mu^2 = 0$,

$$n^2_{max} = \lambda - \sqrt{\lambda^2 - \mu^2}.$$

Verificheremo in seguito che nei casi di interesse $\lambda^2 \gg \mu^2$; quindi potremo sviluppare la radice ottenendo

$$n^2_{max} \simeq \frac{\mu^2}{2\lambda},$$

cioè, esplicitamente,

$$n_{max} \simeq \frac{\Delta}{[2(\gamma+2\alpha)(\Delta+\alpha\gamma)]^{1/2}}. \tag{6.46}$$

Si osservi tuttavia che $n = n_{max}$ implica $r^2 = 8\alpha\gamma\, q$, la (6.44) ci dice che $x_{max} \equiv x(n_{max}) = r/2q$ e quindi

$$N(x_{max}, n_{max}) = 0 \quad \rightarrow \quad K = 0.$$

In questo caso la soluzione avrebbe una lunghezza d'onda verticale infinita ed è quindi chiaro che il valore $n_{max}$ vada considerato un limite piuttosto che un valore effettivamente raggiungibile.

Riassumendo la precedente discussione, possiamo affermare che il sistema gas - campo magnetico è sempre instabile, qualunque siano i valori di $\alpha$ e $\gamma$, purché sia $\Delta > 0$, condizione che può essere scritta nella forma

$$\gamma - 1 < \frac{\alpha(\alpha + 1/2)}{1 + 3\alpha/2}. \qquad (6.47)$$

In assenza di campo magnetico $\alpha = 0$, il gas ha valori di $\gamma > 1$ e la precedente condizione di instabilità non può mai essere soddisfatta: il sistema è stabile. In presenza di campo magnetico la (6.47) individua semplicemente un limite superiore per $\gamma$. Tipicamente nel mezzo interstellare $\gamma \lesssim 1$ e la (6.47) è sempre soddisfatta, qualunque sia il valore di $\alpha$. La presenza di un campo magnetico induce quindi inevitabilmente un'instabilità, detta appunto *instabilità di Parker*.

Per comprendere se l'instabilità trovata abbia davvero un'influenza sulla struttura e la dinamica del gas interstellare della Galassia è necessario valutare il tempo di crescita nelle condizioni reali e confrontarlo con le scale di tempi tipici delle galassie, dell'ordine di $10^8 \div 10^9 anni$.

Scegliamo come valori indicativi: $B_0 = 5 \times 10^{-6} G$, $\rho_0 = 5 \times 10^{-24}\, g\, cm^{-3}$ (circa 3 atomi d'idrogeno per $cm^3$), $g = 1.3 \times 10^{-9}\, cm\, s^{-2}$ e $\gamma = 1$. Il tempo di crescita minimo sarà:

$$\tau_{min} = \frac{H}{c_0\, n_{max}} \simeq \frac{c_0}{g}\frac{1+\alpha}{n_{max}}.$$

Ricavando $c_0$ dalla (6.30),

$$c_0 = \frac{B_0}{\sqrt{8\pi\rho_0\alpha}} = \frac{c_a}{\sqrt{2\alpha}},$$

e utilizzando le (6.31) e (6.46) (con $\gamma = 1$) si ottiene:

$$\tau_{min} = \frac{c_a}{g}\frac{(1+\alpha)}{\alpha}\left[\frac{2(2\alpha+3)}{(2\alpha+1)}\right]^{1/2}. \qquad (6.48)$$

Con i valori da noi scelti e valutando la funzione di $\alpha$ che compare al secondo membro della (6.48) si vede che $\tau_{min} < 10^8\, anni$ per $\alpha > 0.5$.
$\tau_{min}$ è una funzione decrescente di $\alpha$, cosa non sorprendente perché l'instabilità è dovuta alla presenza del campo magnetico, la cui importanza cresce all'aumentare di $\alpha$. A titolo di esempio, se $\alpha = 0.6$, la (6.48) dà $\tau_{min} \simeq 8 \times 10^7\, anni$. Inoltre risulta $c_0 \simeq 5.8\, km\, s^{-1}$, corrispondente ad una temperatura $T_0 \simeq 4000\, K$ e $H \simeq 130\, pc$, tutti valori in accordo con le proprietà media del disco galattico.

Come indicato in precedenza, bisognerebbe anche tener conto degli effetti della presenza dei raggi cosmici e della pressione ad essi associata. Si può dimostrare che questi effetti vanno nella stessa direzione di quelli del campo magnetico e quindi favoriscono l'insorgere dell'instabilità. Per ottenere alti tassi di crescita sono quindi sufficienti valori di $\alpha$ più piccoli di quelli precedentemente calcolati. Riassumendo quanto trovato fin qui, possiamo dire che la presenza di un campo magnetico provoca un'instabilità i cui tempi di crescita possono essere significativamente inferiori alla vita della Galassia.

Cerchiamo ora di vedere quali sono le conseguenze dell'instabilità di Parker sulla struttura e l'evoluzione del disco galattico. Per semplificare la trattazione, supporremo ancora di trascurare i raggi cosmici e di considerare un gas "freddo", $c_0 \simeq 0$. L'apparente difficoltà che nasce inserendo questa posizione nelle espressioni di $N$ e $D$ [Eq. (6.40) e (6.41)] è facilmente risolta moltiplicando tali espressioni per $k^4 c_0^4$ e osservando che $\alpha c_0^2 = \frac{1}{2} c_a^2 = B_0^2/(8\pi\rho_0) \neq 0$. La soluzione per $a(z)$ è ancora data dalla (6.42), con

$$K^2 = \tfrac{1}{4} k^2 s^2 \left[1 - \frac{4}{s^2}(1 + 4/x) - \frac{4}{s^4} x\right],$$

dove si è posto

$$s = \frac{\tau}{H/c_a} \qquad e \qquad x = 1/(k^2 H^2).$$

La quantità $s$ rappresenta il tempo di crescita misurato in termini del tempo di transito della scala di altezza con la velocità di Alfvén. Se, com'è ragionevole supporre, $s \gg 1$, si avrà $K \simeq \frac{1}{2} k s$.

L'espressione completa del potenziale vettore perturbato, $\boldsymbol{A}_1(y, z, t)$, tenendo conto che le grandezze fisiche sono quantità reali, sarà data quindi da:

$$\begin{aligned} \boldsymbol{A}_1(y, z, t) &= [\epsilon \bar{b} H \exp(t/\tau)\, \mathcal{R}(\exp^{iky}) \sin Kz]\, \boldsymbol{e}_x \\ &= [\epsilon \bar{b} H \exp(t/\tau) \cos ky \sin Kz]\, \boldsymbol{e}_x . \end{aligned}$$

Questo ci permette di calcolare le componenti del campo magnetico, che risultano:

$$B_y(y, z, t) = B_0(z) + \epsilon \bar{b} H K \exp(t/\tau) \cos ky \cos Kz,$$

e

$$B_z(y, z, t) = \epsilon \bar{b} H k \exp(t/\tau) \sin ky \sin Kz.$$

Le linee di forza del campo magnetico sono definite dall'equazione

$$\begin{aligned} \frac{\mathrm{d}z}{\mathrm{d}y} = \frac{B_z}{B_y} &= \frac{\epsilon \bar{b} H k \exp(t/\tau) \sin ky \sin Kz}{B_0(z) + \epsilon \bar{b} H K \exp(t/\tau) \cos ky \cos Kz} \simeq \\ &\simeq \frac{\epsilon \bar{b} H k \exp(t/\tau) \sin ky \sin Kz}{B_0(z)}, \end{aligned}$$

dove nel denominatore si è trascurato il termine in $\epsilon$ rispetto a $B_0$. Se integriamo la precedente equazione nell'intorno del punto $z_0$ in cui la linea di forza attraversa l'asse delle $z$ $(y = 0)$ avremo

$$\int_{z_0}^{z} \frac{B_0(z)}{\sin Kz} \mathrm{d}z = \epsilon \bar{b} H k \exp(t/\tau) \int_0^y \sin ky \, \mathrm{d}y = \epsilon \bar{b} H \exp(t/\tau)(1 - \cos ky).$$

Poiché il secondo membro è di ordine $\epsilon$ anche il primo membro deve essere dello stesso ordine e quindi potremo sostituire $B_0(z)$ e $\sin Kz$ con i loro valori in $z = z_0$. Si ottiene in questo modo:

$$z - z_0 \simeq \epsilon H \exp(t/\tau)(\sin Kz_0)(1 - \cos ky),$$

dove si è scelta la costante arbitraria $\bar{b} = B_0(z_0)$. L'instabilità deforma quindi le linee di forza, che erano delle rette all'equilibrio, formando una successione di creste e di valli.

Gli effetti dell'instabilità sono ben illustrati dall'andamento di $\rho_1(y, z, t)$, che ora determineremo. Calcoliamo dapprima le componenti fisiche degli spostamenti, ponendoci, in accordo con quanto fatto nel calcolo delle linee di forza, nell'intorno di $z = z_0$.

Dalla (6.35) avremo

$$\xi_z = -\frac{A_1}{B_0} = -\epsilon H \exp(t/\tau) \cos ky \sin Kz_0,$$

mentre la (6.36) ci dà

$$\begin{aligned}\xi_y &= \epsilon(kc_a^2\tau^2)\exp(t/\tau)\sin Kz_0\,[\mathcal{R}(\mathrm{i}\exp^{iky})] \\ &= -\epsilon(kc_a\tau)^2\exp(t/\tau)\sin Kz_0\sin ky = -\epsilon H(s^2kH)\exp(t/\tau)\sin ky\sin Kz_0.\end{aligned}$$

Vediamo dunque che $\xi_y \gg \xi_z$ per $s \gg 1$, ciò che significa che il movimento del plasma è essenzialmente orizzontale.

L'equazione di continuità (6.3) si può quindi approssimare come

$$\rho_1 \simeq -\rho_0\frac{\partial \xi_y}{\partial y} = \epsilon H(skH)^2\exp(t/\tau)\cos ky\sin Kz_0. \tag{6.49}$$

La Fig 6.2 mostra nello stesso grafico e in scala arbitraria l'andamento di una linea di forza e quello della densità perturbata.

Come si vede la densità aumenta in corrispondenza delle valli del campo magnetico e diminuisce in corrispondenza delle creste. L'effetto dell'instabilità è quindi

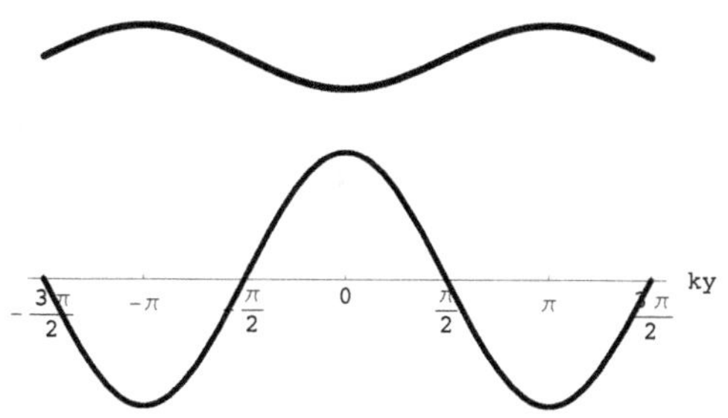


**Fig. 6.2** Linea di forza di B (*sopra*) e $\rho_1$ (*sotto*) in funzione di $ky$ (unità arbitrarie)

quello di far scivolare il plasma lungo le linee di forza di $\boldsymbol{B}$ accumulandolo nei punti più bassi. Non è difficile comprendere ii meccanismo fisico alla base di questo comportamento. Nello stato di equilibrio la gravità trattiene la materia e anche il campo magnetico congelato in essa. Per effetto dell'instabilità il campo magnetico viene deformato e porzioni di esso vengono spostate verticalmente. La materia congelata nel campo dovrebbe salire anch'essa, ma l'azione della gravità tende a far scivolare verso il basso parte del plasma lungo le linee di forza di $\boldsymbol{B}$. Questo fa sì che gli effetti gravitazionali sul plasma che si trova in corrispondenza delle creste diminuiscano, permettendo al campo di deformarsi ulteriormente. Allo stesso tempo aumenta l'effetto della gravità sul plasma che si accumula nelle valli di $\boldsymbol{B}$, favorendo ancora una volta lo sviluppo dell'instabilità. Come risultato, il gas tende a concentrarsi in una serie di condensazioni disposte lungo il disco,come mostrato schematicamente in Fig. 6.3

In effetti le osservazioni mostrano che il gas interstellare non è uniformemente distribuito, ma tende appunto a formare delle nubi più dense del mezzo circostante. In assenza di campo magnetico, la formazione di condensazioni gravitazionali stabili è possibile solo se la loro massa è superiore alla cosiddetta *massa di Jeans* [2]

$$M > M_J = \left(\frac{3}{4\pi}\right)^{1/2} \frac{c_0^3}{G^{3/2}\rho_0^{1/2}}. \tag{6.50}$$

Con i valori precedentemente considerati, $M_J$ risulta dell'ordine di $10^6 M_\odot$, mentre si osservano nubi interstellari con masse minori di $10^4 M_\odot$. È quindi evidente che il collasso gravitazionale non può essere la sola causa della loro formazione. L'instabilità di Parker tuttavia può contribuire a risolvere il problema. Infatti, consideriamo la configurazione di Fig. 6.3 e consideriamo le condensazioni che si formano nelle valli del campo come se fossero composte da una serie di cilindri infinitamente lun-

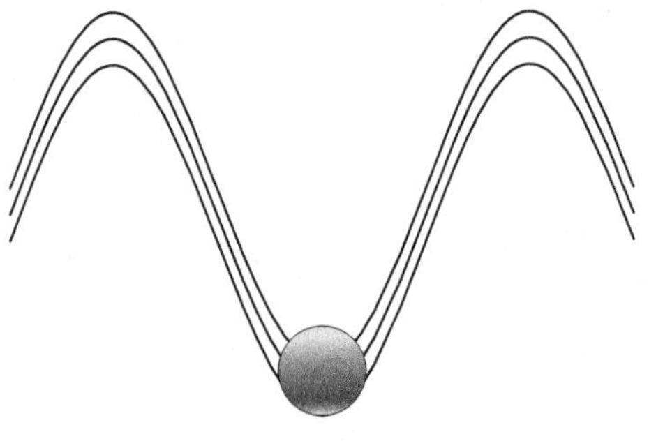

**Fig. 6.3** Rappresentazione schematica di una condensazione in una valle di $\boldsymbol{B}$

[2] La massa di Jeans è determinata dalla condizione che per ottenere una condensazione stabile è necessario che la forza gravitazionale domini sulle forze di pressione (vedi Esercizio 6.2).

ghi, disposti parallelamente all'asse $x$. Il plasma in essi contenuto è soggetto ad un campo magnetico orizzontale ed a un campo gravitazionale verticale. In questa configurazione si genera un moto delle cariche all'interno del plasma, la cui velocità, secondo la (2.6), vale

$$\boldsymbol{v} = \frac{c}{e_0}\frac{m\boldsymbol{g} \times \boldsymbol{B}_0}{B_0^2},$$

dove $m$ e $e_0$ sono la massa e la carica della particella. Si genera quindi una densità di corrente elettrica lungo il cilindro data da

$$J = en_0(v_p - v_e) = cn_0\frac{g}{B_0}(m_p + m_e) \simeq c\frac{g}{B_0}n_0 m_p.$$

Se consideriamo un segmento del nostro cilindro di sezione $S = \pi r^2$ e lunghezza $\ell$, il suo volume sarà $S\ell$. Detta $m_0$ la massa contenuta in esso, $n_0 m_p = m_0/S\ell$. La corrente elettrica $I$ si ottiene calcolando il flusso di $\boldsymbol{J}$ e quindi nel nostro caso avremo

$$I = SJ = c\frac{g}{B_0}\frac{m_0}{\ell} \equiv c\frac{g}{B_0}\mathfrak{m},$$

dove $\mathfrak{m}$ è la massa del cilindro per unità di lunghezza. Le correnti che fluiscono nei cilindri sono tutte parallele tra loro e quindi si attraggono con una forza per unità di lunghezza pari a

$$\mathcal{F}_B = \frac{2I^2}{c^2 d} = \frac{2}{B_0^2}\frac{\mathfrak{m}^2 g^2}{d},$$

dove $d$ è la distanza che separa i due cilindri considerati. Se ora consideriamo la forza gravitazionale per unità di lunghezza tra gli stessi due cilindri, è facile dimostrare che

$$\mathcal{F}_G = \pi\frac{G\mathfrak{m}^2}{d}.$$

Ne segue che il rapporto

$$\frac{\mathcal{F}_B}{\mathcal{F}_G} = \frac{2}{\pi}\frac{g^2}{GB_0^2},$$

può essere maggiore dell'unità nelle regioni in cui il campo magnetico galattico è debole e quello gravitazionale intenso. Se, per esempio, consideriamo la situazione ad una altezza di $\simeq 100\,parsec$ sopra il piano centrale della Galassia, dove il valore di $g$ è stimato dell'ordine di $3 \times 10^{-9}\,cm\,s^{-2}$, e $B_0 = 5 \times 10^{-6} G$, troviamo

$$\frac{\mathcal{F}_B}{\mathcal{F}_G} \gtrsim 3.$$

In conclusione, abbiamo visto come l'azione congiunta della gravità e del campo magnetico, oltre a dar luogo ad un'instabilità, generino una forza attrattiva che va ad aggiungersi all'autogravità del plasma e che può giustificare la formazione di condensazioni di massa considerevolmente inferiore alla massa di Jeans, come quelle osservate.

### *6.2.4 Instabilità in presenza di flussi di plasma: l'instabilità di Kelvin - Helmoltz*

Nei paragrafi precedenti abbiamo sempre supposto che lo stato imperturbato fosse *statico*, cioè che la velocità all'ordine zero fosse nulla, $\boldsymbol{U} = 0$. Vi sono tuttavia molte situazioni, sia in laboratorio che in astrofisica, in cui nello stato imperturbato è presente un flusso di materia. Un esempio classico è quello di un fluido in moto laminare in cui i diversi strati si muovono a velocità differente. Ha quindi interesse lo studio delle eventuali instabilità che si possono sviluppare in questa situazione. È chiaro che, a rigore, la viscosità possa giocare un ruolo nella dinamica del sistema, in quanto la sua azione tende a ridurre la differenza di velocità fra i vari strati del fluido. Nel seguito, tuttavia, ci occuperemo solo di plasmi ideali e quindi trascureremo questo effetto, insieme ad altri che possono modificare la dinamica del sistema, per esempio quelli dovuti alla presenza della tensione superficiale. L'instabilità più importante che si sviluppa in un sistema di fluidi sovrapposti in presenza di un gradiente di velocità nella direzione normale a quella del moto è detta *instabilità di Kelvin - Helmoltz*. Se la stratificazione delle velocità è lungo la direzione della gravità, l'instabilità di Kelvin - Helmoltz può essere pensata come una generalizzazione al caso dinamico di quella di Rayleigh - Taylor.

Per ridurre la complessità algebrica, tratteremo un caso analogo a quello già visto per l'instabilità di Rayleigh - Taylor: due fluidi sovrapposti, omogenei, ma di densità diversa, separati da una superficie orizzontale che si muovono con velocità costanti, parallele tra loro, ma che assumono valori differenti sulle due facce della superficie che li divide. La direzione comune delle velocità individuerà l'asse $x$. Sceglieremo il piano $z = 0$ come superficie di separazione e l'asse $z$ nella direzione della gravità, supposta anch'essa costante, $\boldsymbol{g} = -g\boldsymbol{e}_z$. Supporremo inoltre che i due fluidi siano incomprimibili e che il sistema sia completamente omogeneo nella direzione $y$. Considereremo prima un caso puramente idrodinamico ($\boldsymbol{B} = 0$) e discuteremo in seguito gli effetti legati alla presenza di un campo magnetico.

Lo stato imperturbato sia caratterizzato da:

$$\rho_0 = \rho_+ \qquad (z > 0) \qquad ; \qquad \rho_0 = \rho_- \qquad (z < 0),$$

e

$$\boldsymbol{U}_0 = U_+\boldsymbol{e}_x \qquad (z > 0) \qquad ; \qquad \boldsymbol{U}_0 = U_-\boldsymbol{e}_x \qquad (z < 0).$$

È conveniente scrivere le equazioni fluide in maniera generale, senza cioè considerare separatamente le due regioni $z \gtrless 0$, distinzione che sarà fatta in un secondo tempo. Questo fa sì che nelle equazioni stesse compaiano delle derivate rispetto a $z$ delle quantità discontinue $\rho_0$ e $\boldsymbol{U}_0$, nonostante che queste derivate siano nulle in ciascuno dei due semispazi.

L'unica equazione che interessa all'ordine zero è l'equazione di moto, che per la nostra configurazione è identica a quella statica, cioè

$$0 = -\boldsymbol{\nabla} P_0 + \rho_0\boldsymbol{g}.$$

Indicando con $\boldsymbol{u}$ e $\rho_1$ le perturbazioni rispettivamente di velocità e densità, e imponendo che le quantità perturbate siano proporzionali a $\exp[\mathrm{i}(kx - \omega t)]$, otteniamo le seguenti equazioni al primo ordine:

- *Equazione di continuità*

$$-\mathrm{i}\omega\rho_1 + \boldsymbol{\nabla} \cdot (\rho_0 \boldsymbol{u} + \rho_1 \boldsymbol{U}_0) = \rho_0' u_z + \mathrm{i}kU_0\rho_1,$$

dove si è usata la condizione di incomprimibilità, $\boldsymbol{\nabla} \cdot \boldsymbol{U}_0 = \boldsymbol{\nabla} \cdot \boldsymbol{u} = 0$ e si è indicata con l'apice la derivazione rispetto a $z$. Posto

$$\Omega = \omega - kU_0,$$

ricaviamo dalla precedente l'espressione per $\rho_1$

$$\rho_1 = \mathrm{i}\frac{\rho_0'}{\Omega} u_z. \tag{6.51}$$

- *Equazione di moto*

$$-\mathrm{i}\rho_0 \Omega \boldsymbol{u} + \rho_0 U_0' u_z \boldsymbol{e}_x = -\boldsymbol{\nabla} P_1,$$

che, scritta per componenti diviene:

$$-\mathrm{i}\rho_0 \Omega u_x + \rho_0 U_0' u_z = -\mathrm{i}kP_1, \tag{6.52}$$

$$-\mathrm{i}\rho_0 \Omega u_z = -P_1' - \rho_1 g\,. \tag{6.53}$$

A queste equazioni vanno aggiunte la condizione di incomprimibilità

$$\mathrm{i}ku_x + u_z' = 0, \tag{6.54}$$

e una condizione che esprima il fatto che la superficie di separazione, anche se deformata, rimane sempre il confine che divide i due fluidi. Le particelle che giacciono su tale superficie debbono quindi muoversi con essa. Questo si traduce nel fatto che la velocità verticale debba essere considerata come la derivata *lagrangiana* del punto che giace sulla superficie di separazione e quindi

$$u_z = \frac{\mathrm{d}\zeta}{\mathrm{d}t} = \frac{\partial \zeta}{\partial t} + (\boldsymbol{U}_0 \cdot \boldsymbol{\nabla})\zeta = -\mathrm{i}\Omega\zeta,$$

dove $\zeta$ rappresenta la deformazione verticale del piano $z = 0$. Poiché $\zeta$ è una quantità continua, la precedente equazione mostra che

$$\frac{u_z}{\Omega} \quad \text{è continua alla superficie di separazione tra i due fluidi.}$$

È ora possibile trovare un'equazione per la sola $u_z$, eliminando $u_x$ per mezzo della (6.54), $\rho_1$ per mezzo della (6.51) e $P_1$ derivando la (6.52) e sostituendo il risultato nella (6.53). Il risultato è il seguente:

$$k^2\rho_0\Omega u_z - [\rho_0(\Omega u_z' + U_0' k u_z)]' = gk^2\rho_0'\frac{u_z}{\Omega}. \tag{6.55}$$

Come già detto, questa equazione è valida per qualunque valore di $z$. Per introdurre le condizioni al contorno, che in questo caso sono semplicemente la continuità di $u_z/\Omega$, integriamo la precedente equazione tra $-\epsilon$ e $+\epsilon$ e osserviamo che i termini che non sono delle derivate rispetto a $z$ danno contributo nullo. Infatti, consideriamo il primo termine al primo membro della (6.55). Dovremo valutare

$$\int_{-\epsilon}^{\epsilon} \rho_0\Omega u_z \mathrm{d}z = \int_{-\epsilon}^{0} \rho_0\Omega u_z \mathrm{d}z + \int_{0}^{\epsilon} \rho_0\Omega u_z \mathrm{d}z.$$

Ma $\rho_0\Omega$ è una quantità costante in ciascuno dei due integrali e quindi

$$\rho_0\Omega \int_{-\epsilon}^{0} u_z \mathrm{d}z = [\rho_0\Omega\langle u_z\rangle]\epsilon \to 0 \quad \text{per} \quad \epsilon \to 0,$$

dove $\langle u_z\rangle$ è un valor medio di $u_z$ nell'intervallo considerato. Analoghe considerazioni valgono per l'altro integrale. In conclusione, introducendo la notazione $\Delta_0(f) = f(\epsilon) - f(-\epsilon)$, il risultato dell'integrazione si può esprimere nella forma

$$\Delta_0[\rho_0(\Omega u_z' + U_0' k u_z)] = -gk^2\Delta_0(\rho_0)\frac{u_z}{\Omega},$$

dove si è tenuto conto della continuità di $u_z/\Omega$. Si noti poi che $\Delta_0(U_0' k u_z) = 0$ perché $U_0' = 0$ in ciascuno dei due semispazi. In conclusione:

$$\Delta_0[\rho_0\Omega u_z'] = -gk^2\Delta_0(\rho_0)\frac{u_z}{\Omega}. \tag{6.56}$$

La (6.56) deve essere considerata una condizione al contorno valida in $z = 0$ mentre la (6.55) è valida per ogni $z \neq 0$.

Specifichiamo ora la (6.55) nelle due regioni $z > 0$ e $z < 0$. Poiché in tali regioni $\rho_0' = U_0' = 0$, essa diviene semplicemente:

$$u_z'' - k^2 u_z = 0,$$

le cui soluzioni, convergenti in $\pm\infty$, possono essere scritte nella forma

$$u_z = A\Omega \mathrm{e}^{+kz} \qquad (z < 0),$$

$$u_z = A\Omega \mathrm{e}^{-kz} \qquad (z > 0),$$

con $A$ costante arbitraria, che mette in evidenza la continuità di $u_z/\Omega$ in $z = 0$.

Utilizzando queste soluzioni, possiamo scrivere esplicitamente la condizione espressa dalla (6.56)ottenendo

$$\rho_+(\omega - kU_+)^2 + (\omega - \mathrm{kU}_-)^2 = gk(\rho_- - \rho_+). \tag{6.57}$$

Supporremo che sia $\rho_- > \rho_+$, in modo tale che in assenza di velocità il sistema sia stabile rispetto all'instabilità di Rayleigh -Taylor (vedi (6.27)). Posto,

$$\alpha_+ = \frac{\rho_+}{\rho_+ + \rho_-} \qquad \text{e} \qquad \alpha_- = \frac{\rho_-}{\rho_+ + \rho_-} \qquad \to \qquad \alpha_+ + \alpha_- = 1,$$

e sviluppando la precedente equazione, si ottiene infine

$$\omega^2 - 2k(\alpha_+ U_+ + \alpha_- U_-)\omega + k^2(\alpha_+ U_+^2 + \alpha_- U_-^2) - gk(\alpha_- - \alpha_+) = 0.$$

Se il discriminante di questa equazione è negativo, $\omega$ possiede una parte immaginaria e quindi la soluzione è instabile. Valutando esplicitamente il discriminante, vediamo che la condizione di instabilità si può scrivere

$$gk(\alpha_- - \alpha_+) - k^2 \alpha_+ \alpha_- (U_- - U_+)^2 \leqslant 0.$$

Questa espressione ci permette di trarre delle interessanti conclusioni. Innanzitutto, il discriminante si annulla per $k = 0$ e quindi in questo caso $\omega$ è reale e il sistema è stabile. Inoltre vediamo che si ha sempre instabilità per

$$k > \frac{g(\alpha_- - \alpha_+)}{\alpha_+ \alpha_- (U_- - U_+)^2}.$$

Quindi l'instaurarsi dell'instabilità non richiede gradienti di velocità molto pronunciati. Qualunque sia il valore di $U_- - U_+$, anche molto piccolo, esistono sempre dei valori di $k$ sufficientemente grandi, cioè lunghezze d'onda sufficientemente piccole, che rendono il sistema instabile.

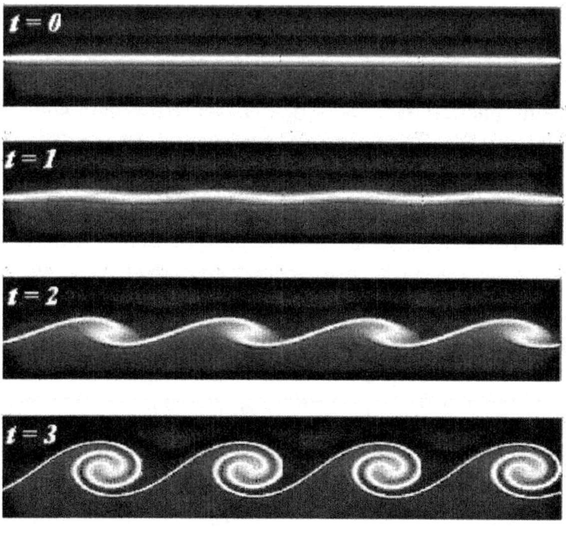


**Fig. 6.4** Simulazione numerica della sviluppo dell'instabilità di Kelvin-Helmholtz

**Fig. 6.5** l'instabilità di Kelvin-Helmholtz osservata nell'atmosfera

Passiamo ora a considerare gli effetti che potrebbero opporsi allo sviluppo dell'instabilità di Kelvin - Helmoltz. Rimanendo nell'ambito di un fluido non magnetizzato, è chiaro che la presenza di una tensione superficiale, che contrasta la deformazione della superficie di separazione, può contribuire, almeno entro certi limiti, a stabilizzare il sistema. Nel caso di un plasma magnetizzato, un analogo ruolo stabilizzante può essere esercitato da un campo magnetico orizzontale e quindi complanare con la velocità. Anche senza sviluppare i calcoli, è facile rendersi conto che un campo magnetico normale a $\boldsymbol{U}$ non può influenzare lo sviluppo dell'instabilità. Infatti, la deformazione della superficie di separazione può solo spostare le linee di forza parallelamente a loro stesse, ma non deformarle. Non si genera quindi nessuna tensione antagonista alla deformazione. Diverso è il caso di un campo magnetico parallelo alla velocità, in cui le linee di campo vengono distorte, con la conseguente nascita di una tensione che tende a limitare la deformazione.

Considereremo quindi che nel sistema imperturbato sia presente, in entrambi i fluidi, un campo magnetico $\boldsymbol{B_0} = B_0 \boldsymbol{e}_x$,che per semplicità supporremo costante ovunque. L'equazione di moto comprende ora anche il termine magnetico:

$$-\mathrm{i}\rho_0 \Omega \boldsymbol{u} + \rho_0 U_0' u_z \boldsymbol{e}_x = -\boldsymbol{\nabla}\left[P_1 + \frac{\boldsymbol{B_0}\cdot\boldsymbol{b}}{4\pi}\right] + \frac{1}{4\pi}(\boldsymbol{B_0}\cdot\boldsymbol{\nabla})\boldsymbol{b}.$$

Poiché abbiamo visto che nel caso precedente tutti i termini con $U_0'$ scompaiono dalle espressioni finali, li ometteremo nel seguito. Di conseguenza scriveremo le due componenti dell'equazione di moto nella forma

$$-\mathrm{i}\rho_0 \Omega u_x = -\mathrm{i}k\Pi + \mathrm{i}\frac{B_0}{4\pi} b_x,$$

$$-\mathrm{i}\rho_0 \Omega u_z = -\Pi' + \mathrm{i}\frac{B_0}{4\pi} b_z - \rho_1 g,$$

dove la quantità $\Pi$ è definita da

$$\Pi = P_1 + \frac{\boldsymbol{B_0} \cdot \boldsymbol{b}}{4\pi}.$$

Dovremo anche tener conto dell'equazione dell'induzione:

$$-\mathrm{i}\Omega\, \boldsymbol{b} = \mathrm{i}k \frac{B_0}{4\pi} \boldsymbol{u}.$$

Le condizioni $\boldsymbol{\nabla} \cdot \boldsymbol{b} = 0$ e $\boldsymbol{\nabla} \cdot \boldsymbol{u} = 0$ cioè $\mathrm{i}kb_x + b'_z = 0$ e $\mathrm{i}ku_x + u'_z = 0$, ci permettono di eliminare dalle equazioni le quantità $u_x$ e $b_x$, e di scrivere la componente $z$ dell'equazione dell'induzione nella forma

$$\Omega b_z = -kB_0 u_z, \tag{6.58}$$

mentre la componente $x$ è semplicemente la derivata della precedente relazione. La componente $x$ dell'equazione di moto (moltiplicata per $k$) diviene

$$\left(\rho_0 \Omega - \frac{k^2}{\Omega} \frac{B_0^2}{4\pi}\right) u'_z = -\mathrm{i}k^2 \Pi, \tag{6.59}$$

mentre la componente $z$ si può scrivere nella forma

$$\left(\rho_0 \Omega^2 - \frac{k^2 B_0^2}{4\pi} - g\rho'_0\right)\left(\frac{u_z}{\Omega}\right) = -\mathrm{i}\Pi', \tag{6.60}$$

dove si è usata la (6.51). Si noti che nelle precedenti equazioni si è esplicitato il termine $u_z/\Omega$, che, come sappiamo dalla discussione del caso puramente idrodinamico, è una quantità continua attraverso la superficie di separazione. Derivando la (6.59) e inserendo il risultato nella (6.60), si ottiene infine

$$\left\{\left(\rho_0 \Omega^2 - \frac{k^2 B_0^2}{4\pi}\right)\left(\frac{u'_z}{\Omega}\right)\right\}' = k^2 \left(\rho_0 \Omega^2 - \frac{k^2 B_0^2}{4\pi} - g\rho'_0\right)\left(\frac{u_z}{\Omega}\right). \tag{6.61}$$

Per imporre le condizioni al contorno, integriamo la (6.61) tra $-\epsilon$ e $+\epsilon$ e otteniamo

$$\Delta_0\left[(\rho_0 \Omega^2 - \frac{k^2 B_0^2}{4\pi}\right)\left(\frac{u'_z}{\Omega}\right)\right] = -k^2 g \Delta_0(\rho_0)\left(\frac{u_z}{\Omega}\right). \tag{6.62}$$

In ciascuno dei due semispazi $z > 0$ e $z < 0$, lla $u_z$ obbedisce all'equazione

$$u''_z - k^2 u_z = 0,$$

e quindi si avrà ancora una volta

$$u_z = A\Omega \mathrm{e}^{+kz} \qquad (z < 0),$$

$$u_z = A\Omega \mathrm{e}^{-kz} \qquad (z > 0).$$

Utilizzando queste espressioni nella (6.62) otteniamo

$$\rho_+(\omega - kU_+)^2 + \rho_-(\omega - kU_-)^2 = gk(\rho_- - \rho_+) + k^2\frac{B_0^2}{2\pi},$$

che, confrontata con la (6.57), mette in evidenza l'effetto del campo magnetico. Procedendo come nel caso precedente, troviamo le seguente equazione per $\omega$

$$\omega^2 - 2k(\alpha_+U_+ + \alpha_-U_-)\omega + k^2(\alpha_+U_+^2 + \alpha_-U_-^2) - gk(\alpha_- - \alpha_+) - \frac{k^2B_0^2}{2\pi(\rho_+ + \rho_-)} = 0. \quad (6.63)$$

La condizione di instabilità (cioè che il discriminante della (6.63) sia $< 0$) diviene ora

$$gk(\alpha_- - \alpha_+) - k^2\alpha_+\alpha_-(U_- - U_+)^2 + \frac{k^2B_0^2}{2\pi(\rho_+ + \rho_-)} \leqslant 0.$$

Questa espressione mostra chiaramente che il campo magnetico ha un effetto stabilizzante. Infatti se

$$\frac{B_0^2}{2\pi(\rho_+ + \rho_-)} \geqslant \alpha_+\alpha_-(U_- - U_+)^2$$

l'instabilità di Kelvin -Helmoltz non può svilupparsi.

## 6.3 Instabilità in geometria cilindrica

Finora abbiamo esaminato vari tipi di instabilità supponendo che il sistema possa essere descritto utilizzando una geometria piana. Ci sono tuttavia non poche situazioni in cui è più appropriato adottare una geometria cilindrica. Per esempio, nel caso di plasmi di laboratorio le macchine per la fusione termonucleare controllate del tipo detto *Zeta-pinch* sono sostanzialmente dei cilindri. Il tipo di macchina più diffuso, detta *Tokamak*, ha una geometria toroidale che, in prima approssimazione, può essere trattata come una geometria cilindrica (introducendo una periodicità nella direzione assiale) se il rapporto tra il raggio maggiore e quello minore, detto "rapporto d'aspetto" (*aspect ratio* in inglese) è molto grande. In astrofisica, è spesso utile descrivere il campo magnetico in termini di "tubi di flusso", ciò che conduce, in modo del tutto naturale, a considerare la geometria cilindrica come la più adatta a descrivere strutture come i getti stellari o galattici o gli archi coronali del Sole.

### 6.3.1 Instabilità di una colonna di plasma

Come modello schematico di base, considereremo una colonna di plasma di raggio $a$ e di lunghezza infinita e trascureremo gli effetti della gravità. In questa situazione, tutte le grandezze dipenderanno dalla sola coordinata $r$, distanza dall'asse del cilindro. Il campo magnetico avrà solo le componenti $B_\theta$ e $B_z$. Infatti, l'equazione $\boldsymbol{\nabla} \cdot \boldsymbol{B} = 0$, implica

$$\frac{1}{r}\frac{\partial}{\partial r}(rB_r) = 0 \quad \rightarrow \quad B_r = \frac{cost}{r} = 0,$$

se vogliamo che il campo sia finito sull'asse del cilindro. Come già osservato nel Capitolo 5, il campo avrà una struttura elicoidale.

L'equazione dell'equilibrio è (vedi (5.39))

$$0 = -\boldsymbol{\nabla}\Big(P_0 + \frac{B_0^2}{8\pi}\Big) + \frac{1}{4\pi}(\boldsymbol{B}_0 \cdot \boldsymbol{\nabla})\boldsymbol{B}_0,$$

che in geometria cilindrica si riduce alla sola componente $r$:

$$\frac{\mathrm{d}}{\mathrm{d}r}\Big[P_0 + \frac{B_{0\theta}^2 + B_{0z}^2}{8\pi}\Big] + \frac{1}{4\pi}\frac{B_{0\theta}^2}{r} = 0. \tag{6.64}$$

Come si vede, l'equilibrio è completamente determinato dai profili della pressione e del campo. La densità, che non entra nell'equazione dell'equilibrio perché si è trascurata la gravità, può essere scelta arbitrariamente. Alla precedente equazione si debbono associare le condizioni al contorno appropriate al modello considerato: è proprio la scelta di tali condizioni che determina la relazione di dispersione e quindi le condizioni di stabilità del sistema.

Il modello che abbiamo scelto si presta a rappresentare in prima approssimazione il comportamento di un *$\theta$-pinch*: una colonna di plasma contenuta all'interno di una parete cilindrica, perfettamente conduttrice e rigida. Il plasma tuttavia non entra in contatto direttamente con la parete conduttrice, ma è separato da questa da una zona in cui c'è il vuoto. La presenza della regione senza plasma è necessaria per evitare che quest'ultimo, venendo a contatto con la parete conduttrice, ricombini, cessando dunque di essere un plasma. Sia $a$ il raggio della colonna di plasma e $b\ (\gg a)$, quello del cilindro conduttore.

Definiamo ora le condizioni che devono essere applicate all'interfaccia plasma - vuoto. Indicando con $\tilde{\boldsymbol{B}}$ il campo magnetico nella zona di vuoto esterna alla colonna di plasma, le condizioni al contorno sulla superficie del cilindro di plasma sono

$$\Big[\boldsymbol{n} \cdot \boldsymbol{B}\Big]_{S-} = \Big[\boldsymbol{n} \cdot \tilde{\boldsymbol{B}}\Big]_{S+} = 0, \tag{6.65}$$

$$\Big[P + \frac{B^2}{8\pi}\Big]_{S-} = \Big[\frac{\tilde{B}^2}{8\pi}\Big]_{S+}, \tag{6.66}$$

dove $\boldsymbol{n}$ è la normale esterna alla superficie della colonna di plasma e le notazioni $S-$ e $S+$ indicano che le quantità in parentesi quadra vanno calcolate rispettivamente all'interno e all'esterno della superficie di separazione tra il plasma e il vuoto. È importante realizzare che le condizioni al contorno vanno applicate alla configurazione **istantanea** della superficie di separazione e non alla configurazione **iniziale**, poiché la colonna di plasma si deforma come effetto dell'instabilità. Per esempio, la normale esterna $\boldsymbol{n}$ che compare nella (6.65), è uguale a $\boldsymbol{e}_r$ nella configurazione di equilibrio, ma ha una direzione diversa agli istanti successivi.

Queste condizioni al contorno sono facilmente interpretabili. Se la prima non fosse soddisfatta, cioè se esistesse una componente del campo magnetico normale alla superficie di separazione, la regione vuota non potrebbe esistere perché nulla impedirebbe al plasma di fluire liberamente lungo tale componente. Se invece non fosse verificata la seconda condizione, si genererebbe un forte scompenso di pressione e la superficie di separazione verrebbe semplicemente spazzata via.

Per quanto le condizioni (6.65) e (6.66) siano sufficienti a determinare la soluzione del problema, è utile aggiungere anche la condizione che esprime la continuità della componente tangenziale del campo elettrico attraverso la superficie di separazione tra due mezzi:

$$\boldsymbol{n} \times [\boldsymbol{E} + \frac{1}{c}\boldsymbol{U} \times \boldsymbol{B}]_{S-} = \boldsymbol{n} \times [\tilde{\boldsymbol{E}} + \frac{1}{c}\boldsymbol{U} \times \tilde{\boldsymbol{B}}]_{S+}, \tag{6.67}$$

dove abbiamo indicato con $\tilde{\boldsymbol{E}}$ il campo elettrico nella zona di vuoto.

Poiché i calcoli algebrici nei problemi di stabilità tendono a divenire lunghi e complicati, faremo alcune ipotesi semplificatrici, che permettono comunque di apprezzare la fisica coinvolta. Supponiamo dunque di scegliere per $\boldsymbol{B}_0$ un campo magnetico costante e diretto lungo l'asse $z$, $\boldsymbol{B}_0 \equiv (0, 0, B_0)$. La (6.64) implica dunque $P_0 = costante$.

Questa configurazione è generata da correnti azimutali che circolano nella colonna di plasma, o, per meglio dire, in uno strato superficiale di spessore che tende a zero per un plasma perfetto. Infatti, all'interno del plasma avremo $\boldsymbol{J} \propto \boldsymbol{\nabla} \times B_0 = 0$, mentre sulla superficie dovranno necessariamente scorrere delle correnti in modo da soddisfare le condizioni al contorno. La (6.65) vincola soltanto la componente radiale del campo magnetico e quindi nulla vieta che siano presenti delle discontinuità nelle componenti tangenziali $B_\theta$ e $B_z$. Per tener conto di quanto sopra, scriviamo: $J_\theta = J_\theta(r)\delta(r-a)$ e $J_z = J_z(r)\delta(r-a)$. Poiché:

$$J_\theta = J_\theta(r)\delta(r-a) = -\frac{c}{4\pi}\frac{\mathrm{d}B_z}{\mathrm{d}r},$$

possiamo integrare la precedente equazione:

$$\begin{aligned} \int_{a-\epsilon}^{a+\epsilon} J_\theta(r)\delta(r-a)\mathrm{d}r = J_\theta(a) &= -\frac{c}{4\pi}\int_{a-\epsilon}^{a+\epsilon}\frac{\mathrm{d}B_z}{\mathrm{d}r}\mathrm{d}r \\ &= -\frac{c}{4\pi}[B_z(a+\epsilon) - B_z(a-\epsilon)] = -\frac{c}{4\pi}[\tilde{B}_z(a) - B_0]. \end{aligned}$$

Se la componente $z$ del campo magnetico è discontinua, ne segue che $J_\theta(a)$ ha un valore diverso da zero. Analogamente, integrando

$$J_z = J_z(r)\delta(r-a) = \frac{c}{4\pi}\frac{1}{r}\frac{\mathrm{d}(rB_\theta)}{\mathrm{d}r},$$

otteniamo

$$J_z(a) = \frac{c}{4\pi}[B_\theta(a+\epsilon) - B_\theta(a-\epsilon)] = \tilde{B}_\theta(a),$$

e quindi anche $J_z(a) \neq 0$ in presenza di discontinuità di $B_\theta$.

Per quanto riguarda il campo nel vuoto, questo sarà determinato dalle correnti che circolano nella colonna di plasma. In particolare, detta $I$ l'intensità di corrente che fluisce globalmente nello strato superficiale, avremo $\tilde{B}_\theta = (2\,I)/r$. Supporremo inoltre che sia $\tilde{B}_z = 0$. Questo implica che ci sarà una discontinuità di $B_z$ sulla superficie e quindi $J_\theta(a) \neq 0$. La componente $z$ del campo nel vuoto non viene influenzata, perché solo la componente $J_z$ contribuisce alla corrente $I$.

L'equazione che descrive la dinamica delle perturbazioni del sistema è data dalla (6.11),

$$\rho_0 \frac{\partial^2 \boldsymbol{\xi}}{\partial t^2} = \boldsymbol{F}(\boldsymbol{\xi}),$$

con

$$\boldsymbol{F}(\boldsymbol{\xi}) = -\boldsymbol{\nabla} P_1 + \frac{1}{4\pi}[(\boldsymbol{\nabla}\times\boldsymbol{B}_0)\times\boldsymbol{B}_1 + (\boldsymbol{\nabla}\times\boldsymbol{B}_1)\times\boldsymbol{B}_0],$$

dove, nel nostro caso,

$$P_1 = -\rho_0 c_s^2(\boldsymbol{\nabla}\cdot\boldsymbol{\xi}) \tag{6.68}$$

e

$$B_1 = \boldsymbol{\nabla}\times(\boldsymbol{\xi}\times\boldsymbol{B}_0). \tag{6.69}$$

La (6.11) diviene quindi:

$$\rho_0 \frac{\partial^2 \boldsymbol{\xi}}{\partial t^2} = \gamma P_0 \boldsymbol{\nabla}(\boldsymbol{\nabla}\cdot\boldsymbol{\xi}) + \frac{1}{4\pi}(\boldsymbol{\nabla}\times\boldsymbol{B}_1)\times\boldsymbol{B}_0]. \tag{6.70}$$

Poiché i termini di ordine zero sono costanti, possiamo effettuare uno sviluppo di Fourier rispetto alle variabili $t$, $\theta$ e $z$. Non possiamo tuttavia sviluppare anche rispetto a $r$ perché in coordinate cilindriche gli operatori differenziali non contengono solo derivate, ma anche termini dipendenti da $r$. Per esempio, $\boldsymbol{\nabla} \equiv [\partial/\partial r, (1/r)\partial/\partial\theta, \partial/\partial z]$. Porremo dunque

$$\boldsymbol{\xi} \equiv \Big[\xi_r(r), \xi_\theta(r), \xi_z(r)\Big]\mathrm{e}^{\mathrm{i}(m\theta+kz)}\mathrm{e}^{-\mathrm{i}\omega t},$$

con $m$ intero, per preservare la periodicità nella coordinata $\theta$. Ancora una volta, per semplificare i calcoli, supporremo che sia $m = 0$, cioè ci limiteremo a considerare perturbazioni che mantengono la simmetria assiale. Utilizzando le precedenti espressioni otteniamo facilmente:

$$\boldsymbol{B}_1 = \mathrm{i}kB_0\xi_r\boldsymbol{e}_r + \mathrm{i}kB_0\xi_\theta\boldsymbol{e}_\theta + B_0[\mathrm{i}k\xi_z - (\boldsymbol{\nabla}\cdot\boldsymbol{\xi})]\boldsymbol{e}_z. \tag{6.71}$$

In coordinate cilindriche l'espressione di $\nabla \cdot \boldsymbol{\xi}$ è data da

$$\nabla \cdot \boldsymbol{\xi} = \frac{1}{r}\frac{\mathrm{d}}{\mathrm{d}r}(r\xi_r) + \mathrm{i}k\xi_z = f(r) + \mathrm{i}k\xi_z,$$

dove si è posto

$$f(r) = \frac{1}{r}\frac{\mathrm{d}}{\mathrm{d}r}(r\xi_r).$$

Scrivendo per componenti la (6.70) abbiamo

$$\begin{aligned}
-\omega^2\rho_0\,\xi_r &= \gamma P_0\frac{\mathrm{d}}{\mathrm{d}r}[f(r) + \mathrm{i}k\xi_z] + \frac{B_0^2}{4\pi}\Big(\frac{\mathrm{d}f}{\mathrm{d}r} - k^2\xi_r\Big)\\
-\omega^2\rho_0\,\xi_\theta &= -\frac{k^2B_0^2}{4\pi}\xi_\theta\\
-\omega^2\rho_0\,\xi_z &= \mathrm{i}k\gamma P_0\,[f(r) + \mathrm{i}k\xi_z].
\end{aligned}$$

Introducendo ora le velocità caratteristiche

$$c_s^2 = \gamma\frac{P_0}{\rho_0} \qquad , \qquad c_a^2 = \frac{B_0^2}{4\pi\rho_0},$$

le precedenti equazioni diventano

$$(k^2c_a^2 - \omega^2)\xi_r = (c_s^2 + c_a^2)\frac{\mathrm{d}f}{\mathrm{d}r} + \mathrm{i}kc_s^2\frac{\mathrm{d}\xi_z}{\mathrm{d}r} \tag{6.72a}$$

$$(k^2c_a^2 - \omega^2)\xi_\theta = 0 \tag{6.72b}$$

$$(k^2c_s^2 - \omega^2)\xi_z = \mathrm{i}kc_s^2 f. \tag{6.72c}$$

Come si vede, l'equazione per $\xi_\theta$ è disaccoppiata e le sue soluzioni sono $\xi_\theta = 0$, oppure $\omega^2 = k^2c_a^2$. Inserendo quest'ultima relazione nelle altre due equazioni, si trova facilmente che in questo caso $\xi_z = cost$ mentre $\xi_r$ è una funzione lineare di $r$. Se $\xi_r = \xi_z = 0$, questa soluzione rappresenta delle pure oscillazioni torsionali.

Tornando ora alle equazioni per $\xi_r$ e $\xi_z$ e ponendo $\xi_\theta = 0$, è possibile eliminare $\xi_r$, ottenendo infine un equazione per la sola $\xi_z$:

$$\frac{\mathrm{d}^2\xi_z}{\mathrm{d}r^2} + \frac{1}{r}\frac{\mathrm{d}\xi_z}{\mathrm{d}r} - K^2\xi_z = 0, \tag{6.73}$$

con

$$K^2 = \frac{(k^2c_a^2 - \omega^2)(k^2c_s^2 - \omega^2)}{k^2c_s^2c_a^2 - \omega^2(c_s^2 + c_a^2)} = k^2\Big[1 + \frac{(\omega/k)^4}{c_s^2c_a^2 - (\omega/k)^2(c_s^2 + c_a^2)}\Big]. \tag{6.74}$$

Questa è l'equazione per le funzioni di Bessel di ordine zero. La scelta di una specifica funzione di Bessel dipende dal segno di $K^2$. Se $K^2 > 0$, la soluzione, compatibile con la condizione che $\xi_z(0)$ sia una quantità finita, è

$$\xi_z = I_0(Kr), \tag{6.75}$$

dove $I_0$ è la funzione modificata di Bessel di prima specie. Se invece $K^2 < 0$ va scelta la funzione di Bessel di prima specie, $J_0(Kr)$. Supponendo che sia $K^2 > 0$ e utilizzando la soluzione (6.75) nelle (5.14a) e (5.14c) si trova

$$\xi_r = \frac{K}{ik}\left[\frac{c_s^2(k^2c_a^2 - \omega^2) - \omega^2 c_a^2}{c_s^2(k^2c_a^2 - \omega^2)}\right] I_0'(Kr), \tag{6.76}$$

dove con l'apice abbiamo indicato la derivazione rispetto all'argomento.

In conclusione, abbiamo trovato che $\xi_z \propto I_0(Kr)$ e $\xi_r \propto I_0'(Kr) = I_1(Kr)$, ma questo non risolve completamente il problema perché l'autovalore $\omega^2$ è ancora incognito. Per determinarlo è necessario imporre le condizioni al contorno, ovviamente nella loro versione linearizzata. L'operazione di linearizzazione richiede una certa attenzione, perché termini del primo ordine possono provenire sia dalle perturbazioni delle varie quantità, sia dalla variazione della posizione della superficie di separazione tra il plasma e il vuoto. Questo fa sì che una generica quantità $f(\boldsymbol{r}, t)$ che compaia nelle condizioni al contorno debba essere scritta come

$$f(\boldsymbol{r}, t) = f_0(\boldsymbol{r}, t) + f_1(\boldsymbol{r}, t) \simeq f_0(\boldsymbol{r}_0) + \boldsymbol{\xi} \cdot \boldsymbol{\nabla} f_0(r_0, t) + f_1(\boldsymbol{r}_0, t).$$

La (6.66) si scriverà dunque

$$P_1 + \frac{1}{4\pi}\boldsymbol{B}_0 \cdot \boldsymbol{B}_1 = \frac{1}{4\pi}\tilde{\boldsymbol{B}}_0 \cdot \tilde{\boldsymbol{B}}_1 + (\boldsymbol{\xi} \cdot \boldsymbol{\nabla})\frac{\tilde{B}_0^2}{8\pi}.$$

Nel nostro caso è conveniente usare come condizioni la (6.66) e la (6.67). Cominciando da quest'ultima esprimiamo i campi elettrico e magnetico nel vuoto, $\tilde{\boldsymbol{E}}$ e $\tilde{\boldsymbol{B}}$ attraverso il potenziale vettore. Poiché nello stato di equilibrio il campo elettrico nel vuoto è nullo, $\tilde{\boldsymbol{E}}$ è una quantità del primo ordine e quindi

$$\tilde{\boldsymbol{E}} = -\frac{1}{c}\frac{\partial \tilde{\boldsymbol{A}}}{\partial t},$$

dove $\tilde{\boldsymbol{A}}$ è anch'essa una quantità del primo ordine. Inoltre il campo magnetico totale nel vuoto sarà

$$\tilde{\boldsymbol{B}} = \tilde{\boldsymbol{B}}_0 + \tilde{\boldsymbol{B}}_1 = \tilde{\boldsymbol{B}}_0 + \boldsymbol{\nabla} \times \tilde{\boldsymbol{A}}.$$

Tenendo conto del fatto che $\boldsymbol{E}$, $\boldsymbol{U} = \partial\boldsymbol{\xi}/\partial t$ e $\tilde{\boldsymbol{E}}$ sono quantità del primo ordine e che l'ipotesi che il plasma sia un plasma perfetto implica che il primo membro della (6.67) si annulli, questa condizione riduce a

$$\boldsymbol{n}_0 \times \frac{\partial \boldsymbol{A}}{\partial t} = \boldsymbol{n}_0 \times \left(\partial\boldsymbol{\xi}/\partial t \times \tilde{\boldsymbol{B}}_0\right),$$

che può essere integrata rispetto al tempo, col risultato

$$\boldsymbol{n}_0 \times \boldsymbol{A} = \boldsymbol{n}_0 \times (\boldsymbol{\xi} \times \tilde{\boldsymbol{B}}_0) = (\boldsymbol{n}_0 \cdot \tilde{\boldsymbol{B}}_0)\boldsymbol{\xi} - (\boldsymbol{n}_0 \cdot \boldsymbol{\xi})\tilde{\boldsymbol{B}}_0 = -(\boldsymbol{n}_0 \cdot \boldsymbol{\xi})\tilde{\boldsymbol{B}}_0, \tag{6.77}$$

poiché $\tilde{\boldsymbol{B}}_0$ ha la sola componente $\theta$ ed è quindi normale a $\boldsymbol{n}_0 = \boldsymbol{e}_r$.

Passando ora alla condizione (6.66), la sua versione linearizzata diviene:

$$-\gamma P_0(\boldsymbol{\nabla}\cdot\boldsymbol{\xi}) + \frac{1}{4\pi}\boldsymbol{B_0}\cdot[\boldsymbol{B}_1 + (\boldsymbol{\xi}\cdot\boldsymbol{\nabla})\boldsymbol{B_0}] = \frac{1}{4\pi}\tilde{\boldsymbol{B}}_0\cdot[\tilde{\boldsymbol{B}}_1 + (\boldsymbol{\xi}\cdot\boldsymbol{\nabla})\tilde{\boldsymbol{B}}_0],$$

dove si è usata la condizione di equilibrio

$$P_0 + \frac{B_0^2}{8\pi} = \frac{\tilde{B}_0^2}{8\pi}.$$

Dalla (6.71) otteniamo

$$B_{1z} = -\frac{B_0}{r}\frac{\mathrm{d}}{\mathrm{d}r}(r\xi_r),$$

e di conseguenza la precedente condizione al contorno può essere scritta nella forma:

$$-\gamma P_0(\boldsymbol{\nabla}\cdot\boldsymbol{\xi}) - \frac{B_0^2}{4\pi\, r}\frac{\mathrm{d}}{\mathrm{d}r}(r\xi_r) = \frac{1}{4\pi}\tilde{\boldsymbol{B}}_0\cdot[\boldsymbol{\nabla}\times\tilde{\boldsymbol{A}} + \xi_r\frac{\mathrm{d}\tilde{B}_0}{\mathrm{d}r}]. \tag{6.78}$$

D'altra parte la (6.77) implica che $\tilde{\boldsymbol{A}}$ non abbia componenti lungo $\boldsymbol{e}_\theta$ e quindi potremo porre

$$\tilde{\boldsymbol{A}} = q(r)\boldsymbol{e}_r + \xi_r\tilde{B}_0\boldsymbol{e}_z,$$

con $q(r)$ funzione arbitraria. Pertanto,

$$\tilde{\boldsymbol{B}}_1 = \boldsymbol{\nabla}\times\tilde{\boldsymbol{A}} = \Big[\frac{\partial q}{\partial z} - \frac{\partial}{\partial r}(\xi_r\tilde{B}_0)\Big]. \tag{6.79}$$

Poiché inoltre $\boldsymbol{\nabla}\times\tilde{\boldsymbol{B}}_1 = 0$ (nel vuoto la corrente è nulla) avremo

$$\boldsymbol{\nabla}\times(\boldsymbol{\nabla}\times\tilde{\boldsymbol{A}}) = \Big[-\frac{\partial^2 q}{\partial z^2}\Big]\boldsymbol{e}_r + \Big[-\frac{\partial^2 q}{\partial r\partial z} - \frac{\partial^2}{\partial r^2}(\xi_r\tilde{B}_0)\Big]\boldsymbol{e}_z = 0.$$

Uguagliando a zero le componenti della precedente equazione e integrando una volta abbiamo:

$$\frac{\partial q}{\partial z} = g(r),$$

e

$$\frac{\partial q}{\partial z} - \frac{\partial}{\partial r}(\xi_r\tilde{B}_0) = h(z),$$

con $g$ e $h$ funzioni arbitrarie dei loro argomenti. Combinando le due equazioni otteniamo

$$g(r) - \frac{\partial}{\partial r}(\xi_r\tilde{B}_0) = h(z).$$

Ma il primo membro è una funzione di $r$ soltanto e quindi $h(z)$ = cost. La (6.79) ci dice allora che $\tilde{\boldsymbol{B}}_1 = h(z)\boldsymbol{e}_\theta$ è un vettore costante, in realtà un vettore nullo, poiché inizialmente $\tilde{\boldsymbol{B}}_1 = 0$. Possiamo quindi riscrivere la (6.78) nella forma

$$\frac{\gamma\omega^2 P_0}{\mathrm{i}kc_s^2}\xi_z - \frac{B_0^2(k^2c_s^2 - \omega^2)}{4\pi\mathrm{i}kc_s^2}\xi_r = -\frac{\tilde{B}_0^2}{4\pi\, r}\xi_r,$$

dove nell'effettuare la derivata di $\tilde{\boldsymbol{B}}_0$ a secondo membro si è tenuto conto che $\tilde{B}_0 \propto 1/r$. A questo punto non ci resta che sostituire in questa equazione le espressioni precedentemente trovate per $\xi_r$ e $\xi_z$ e valutare il risultato all'interfaccia (iniziale!) tra plasma e vuoto:

$$[c_s^2\omega^2 - c_a^2(k2c_s^2 - \omega^2)]I_0(Ka) = -\frac{\tilde{B}_0^2}{B_0^2}c_a^2\frac{K}{a}\frac{I_0'(Ka)}{I_o(Ka)}.$$

Questa equazione ci permette finalmente di ricavare la relazione di dispersione:

$$\omega^2 = k^2c_a^2 - \frac{\tilde{c_a}^2}{a^2}\left[\frac{Ka\, I_o'(Ka)}{I_0(Ka)}\right], \tag{6.80}$$

dove si è introdotta la notazione $\tilde{c_a}^2 = \tilde{B}_0^2/(4\pi\rho_0)$.

La determinazione della relazione di dispersione è stata piuttosto laboriosa, nonostante le numerose semplificazioni introdotte. Inoltre, la (6.80) è ancora una definizione *implicita* per $\omega^2$, poiché questa quantità compare anche in $K$ e quindi l'effettivo valore di $\omega^2$ in funzione di $k$ può essere ricavato solo numericamente. Si osservi che il limite incomprimibile della (6.6) si può ricavare semplicemente facendo tendere $\gamma$ (e quindi $c_s^2$) all'infinito, nel qual caso $K = k$ e la (6.80) diventa una definizione *esplicita* di $\omega^2$.

La relazione di dispersione ricavata dimostra che una colonna di plasma può essere *instabile* per perturbazioni con simmetria assiale purché

$$B_0^2 \leqslant \frac{\tilde{B}_0^2}{(ka)^2}\left[\frac{Ka\, I_o'(Ka)}{I_0(Ka)}\right].$$

Inoltre, per valori di $K$ reali, la quantità $[Ka\, I_o'(Ka)/I_0(Ka)] > 0$ e cresce con $|K|$. Dalla definizione di quest'ultima quantità appare evidente che quando $B_0^2 = 0$ e quindi $c_a^2 = 0$ è sempre possibile trovare delle soluzioni della (6.80) che soddisfino la condizione di instabilità. Ne segue che, in assenza di un campo longitudinale al suo interno, il plasma è sempre instabile. L'introduzione di un campo longitudinale stabilizza la situazione, almeno per un certo intervallo di valori di $B_0$. Infatti $B_0$ è limitato superiormente dalla condizione di equilibrio, che implica che $B_0^2 = \tilde{B}_0^2 - 8\pi P_0$ e quindi

$$B_0^2 < \tilde{B}_0^2.$$

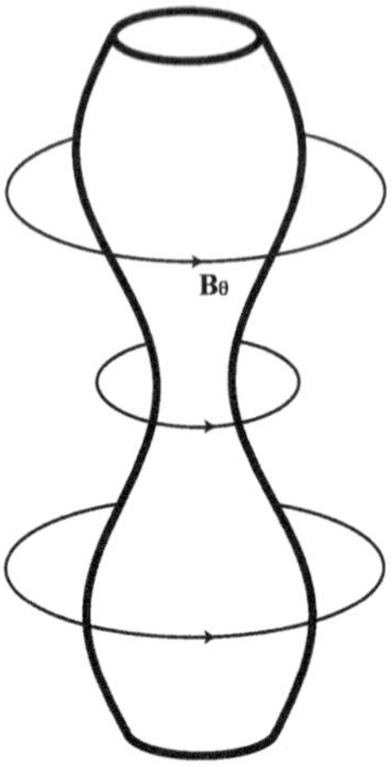


**Fig. 6.6** Instabilità di una colonna di plasma (m=0)

Introducendo questa limitazione nella condizione di *stabilità*, otteniamo

$$(ka)^2 > \left[\frac{Ka\, I_o'(Ka)}{I_0(Ka)}\right],$$

cioè in ultima analisi una limitazione sui valori di $k$ per cui la stabilità è possibile. I risultati ottenuti sono facilmente interpretabili da un punto di vista fisico. Come mostra la Fig. 6.6 una perturbazione con simmetria assiale, deforma la colonna di plasma creando una serie di rigonfiamenti e di strozzature, da cui il nome instabilità *a salsiccia* (*sausage instability*) con cui viene spesso indicata.

Nelle regioni corrispondenti alle strozzature la regione di vuoto è più vicina all'asse del cilindro e $\tilde{B}_0 \propto 1/r$ ha quindi un valore maggiore che in corrispondenza dei rigonfiamenti. La forza $\boldsymbol{J} \times \tilde{\boldsymbol{B}}_0$ è quindi maggiore e tende a ridurre ancor più la sezione della colonna. L'introduzione di un campo magnetico longitudinale all'interno della colonna, aumenta la pressione magnetica esercitando quindi un'azione che si oppone all'effetto compressivo e quindi stabilizza, almeno in parte l'instabilità.

La discussione dei modi con $m \neq 0$ si sviluppa su linee analoghe, seppure con maggiori complicazioni. Di particolare interesse sono i modi con $m = 1$, vedi Fig. 6.7. In questo caso l'instabilità è dovuta al fatto che nella zona in cui la colonna di plasma presenta una concavità rispetto al vuoto, le linee di forza di $\tilde{B}_0$ si avvicinano, e quindi il valore di $\tilde{B}_0$ aumenta, mentre il contrario avviene dove la colonna è convessa verso l'esterno. Anche in questo caso è la presenza di un campo magnetico nella zona di vuoto che favorisce l'instabilità, mentre l'introduzione di un campo

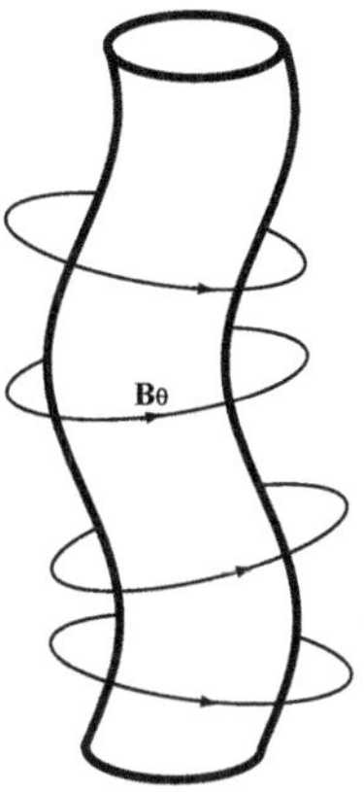


**Fig. 6.7** Instabilità di una colonna di plasma (m=1)

longitudinale interno la contrasta a causa della tensione che la deformazione induce sulle linee di forza.

### *6.3.2 Confinamento degli archi coronali*

L'esempio che abbiamo considerato può essere considerato rappresentativo di configurazioni di laboratorio, dove il confinamento del plasma è ottenuto utilizzando la presenza di un campo magnetico nel vuoto all'esterno della colonna di plasma. Un'alternativa è rappresentata da una configurazione di interesse astrofisico in cui il confinamento di un tubo di flusso magnetico è dovuto all'effetto della pressione del gas esterno.

Questo potrebbe essere il caso degli archi coronali, in cui i tubi di flusso sono immersi in un plasma la cui temperatura è tipicamente maggiore di quella presente all'interno dei tubi, mentre il campo esterno è tipicamente inferiore a quello interno. In prima approssimazione, potremo trascurare gli effetti della geometria toroidale (un arco coronale può essere considerato come un toro tagliato a metà, con le due basi ancorate alla fotosfera solare) e utilizzare un modello in cui l'arco è rappresentato da un cilindro di lunghezza finita, $L$. Se introduciamo una condizione di periodicità nella direzione $z$, possiamo in qualche modo rappresentare le condizioni al contorno alla fotosfera. Supporremo che la pressione interna presenti un minimo sull'asse del cilindro e si raccordi con continuità con la pressione (costante) $P_c$ dell'ambiente esterno. Supporremo inoltre che nella regione esterna al tubo di flusso,

**Fig. 6.8** Archi coronali osservati nell'ultravioletto (Foto TRACE-NASA)

$r > a$, il campo sia un campo senza forza, porremo cioè

$$\nabla \times \boldsymbol{B}_e = \alpha \boldsymbol{B}_e \quad , \quad \alpha = cost.$$

La condizione di equilibrio della colonna di plasma è sempre data da

$$\nabla P = \frac{1}{c}\boldsymbol{J} \times \boldsymbol{B} = \frac{1}{4\pi}(\nabla \times \boldsymbol{B}) \times \boldsymbol{B}.$$

Scomponiamo ora la corrente $\boldsymbol{J}$ nelle componenti parallela e perpendicolare a $\boldsymbol{B}$ e osserviamo che nell'equazione dell'equilibrio entra la sola componente $\boldsymbol{J}_\perp$ e quindi abbiamo bisogno di un'altra equazione che definisca $J_\parallel$. Potremo comunque scrivere [14]

$$\boldsymbol{J}_\parallel = \frac{4\pi}{c}\lambda \boldsymbol{B},$$

dove $\lambda$ è in generale una funzione di $r$ e $t$. Nel seguito, per semplicità porremo $\lambda = cost.$. In coordinate cilindriche, l'equazione dell'equilibrio si scrive (vedi (5.39))

$$B_z B_z' + B_\theta B_\theta' + \frac{B_\theta^2}{r} = -4\pi P', \tag{6.81}$$

dove l'apice indica la derivazione rispetto ad $r$. Calcoliamo ora

$$\boldsymbol{B} \cdot (\nabla \times \boldsymbol{B}) = \frac{c}{4\pi}\boldsymbol{B} \cdot \boldsymbol{J}_\parallel = \lambda B^2,$$

dove abbiamo usato la nostra definizione di $J_{\|}$. Valutando esplicitamente il prodotto $\boldsymbol{B} \cdot (\boldsymbol{\nabla} \times \boldsymbol{B})$ otteniamo infine

$$B_z B'_\theta - B_\theta B'_z + \frac{B_\theta B_z}{r} = \lambda(B_\theta^2 + B_z^2). \tag{6.82}$$

Introducendo il rapporto tra le componenti del campo,

$$w(r) = \frac{B_\theta(r)}{B_z(r)},$$

e dividendo la (6.82) per $B_z^2$ si ottiene infine l'equazione:

$$w' + \frac{w}{r} - \lambda w^2 = \lambda. \tag{6.83}$$

L'Eq. (6.83), detta equazione di Riccati, è ben nota in matematica e può essere risolta definendo una variabile ausiliaria $u$ legata a $w$ da

$$w = \frac{u'}{\lambda u}.$$

Esprimendo $w$ in termini di $u$ nella (6.83) otteniamo

$$u'' + \frac{u}{r} + \lambda^2 u = 0,$$

cioè l'equazione di Bessel, la cui soluzione generale che non diverge in $r = 0$ è $u = C_1 J_0(\lambda r)$, dove $C_1$ è una costante arbitraria. La soluzione generale per $w(r)$ è dunque

$$w(r) = \frac{J_1(\lambda r)}{J_0(\lambda r)},$$

da cui

$$B_\theta(r) = B_0(r) J_1(\lambda r) \qquad e \qquad B_z(r) = B_0(r) J_0(\lambda r), \tag{6.84}$$

con $B_0$ funzione arbitraria del suo argomento. Per determinarla, inseriamo le espressioni trovate per le componenti del campo nell'equazione dell'equilibrio (6.81) ottenendo

$$\frac{\mathrm{d}}{\mathrm{d}r} B_0^2(r) = -8\pi \frac{\mathrm{d}P/\mathrm{d}r}{J_0^2(\lambda r) + J_1^2(\lambda r)}. \tag{6.85}$$

La precedente equazione deve essere completata esplicitando le condizioni al contorno per $r = a$. Queste sono date dalla continuità delle componenti del campo e delle loro derivate Per $r > a$, $\boldsymbol{B}$ è un campo senza forza con $\alpha = cost.$ ed è una combinazione lineare delle funzioni di Bessel di prima e seconda specie, $J_0$ e $Y_o$. Si noti che qui vanno tenute anche le funzioni $Y$ che avevamo precedentemente scartate per la richiesta di regolarità in $r = 0$, perché ora l'origine non è contenuta nella regione di definizione di $\boldsymbol{B}$. Tenendo conto che $J_0' = -J_1$ e che analoga relazione vale anche per le funzioni $Y$, le condizioni di continuità per $B_z$, $B_\theta$ e $B'_z$ sono:

$$B_0(a)J_0(\lambda a) = C_2 J_0(\alpha a) + C_3 Y_0(\lambda a) \tag{6.86a}$$

$$B_0(a)J_1(\lambda a) = C_2 J_1(\alpha a) + C_3 Y_1(\lambda a) \tag{6.86b}$$

$$\frac{\lambda}{\alpha} B_0(a)J_1(\lambda a) = C_2 J_1(\alpha a) + C_3 Y_1(\lambda a). \tag{6.86c}$$

Dal confronto della (6.86b) con la (6.86c) ricaviamo $\lambda = \alpha$ e di conseguenza la (6.86a) diviene

$$\left[B_0(a) - C_2\right] J_0(\alpha a) = C_3 Y_0(\alpha a).$$

Poiché $J_0$ e $Y_0$ sono due soluzioni indipendenti dell'equazione di Bessel, la precedente relazione può essere soddisfatta solo da

$$C_2 = B_0(a) \qquad e \qquad C_3 = 0.$$

Concludendo la soluzione completa è

$$\begin{aligned} B_\theta(r) &= B_0(r)J_1(\alpha r) \\ B_z(r) &= B_0(r)J_0(\alpha r), \end{aligned} \tag{6.87}$$

dove la funzione $B_0^2(r)$ è data dalla soluzione della (6.85)

$$\begin{aligned} &B_0^2(r) = B_0^2(a) + 8\pi \int_r^a \frac{P'(s)\mathrm{d}s}{J_0^2(\alpha s) + J_1^2(\alpha s)} \qquad r < a \\ &B_0(r) = B_0(a) \qquad r \geqslant a. \end{aligned} \tag{6.88}$$

Vediamo quindi che l'equilibrio è completamente determinato dal profilo di pressione. È interessante notare che il campo magnetico definito dalla (6.88), pur non essendo un campo *force-free* ($P'(s) \neq 0$) ha esattamente le stesse linee di forza che avrebbe un campo *force-free* con lo stesso valore di $\alpha$. Ne segue che la conoscenza delle linee di forza non consente di distinguere un campo *force-free* da uno di natura più generale.

Il calcolo delle proprietà di stabilità del campo sopra descritto [15] è piuttosto complesso ed esula dagli scopi del presente testo. Ci limiteremo quindi ad un breve accenno. Un criterio *necessario* per la stabilità è il cosiddetto *criterio di Suydam* che viene ampliamente utilizzato nello studio della stabilità dei plasmi di laboratorio. Nella sua versione valida per una geometria cilindrica, tale criterio garantisce la stabilità *locale* del plasma quando è soddisfatta la condizione:

$$\frac{\mathrm{d}P(r)}{\mathrm{d}r} \geqslant -r\frac{B_z^2(r)}{32\pi}\left[\frac{\mathrm{d}}{\mathrm{d}r}\ln\left(\frac{B_\theta(r)}{rB_z(r)}\right)\right]^2.$$

Nel nostro caso, il criterio di Suydam è sicuramente verificato per un profilo di pressione monotono e crescente, mentre definisce una più ristretta regione di stabilità se tale profilo presenta un massimo nella regione $r < a$. Il soddisfacimento del criterio di Suydam, non esclude tuttavia che la colonna di plasma possa essere instabile per modi che implichino deformazioni globali della struttura del plasma.

### 6.3.3 Instabilità Magnetorotazionale (MRI)

La rotazione, e il trasporto del momento angolare, sono processi fondamentali nella dinamica degli oggetti astrofisici. Il trasporto del momento angolare svolge un ruolo cruciale nella formazione ed evoluzione dei dischi di accrescimento, uno dei passi naturali nel collasso gravitazionale della materia. I dischi possono avere scale caratteristiche molto diverse, da quelle dell'ordine delle centinaia di Unità Astronomiche (UA) dei sistemi planetari, alle centinaia e migliaia di kiloparsec dell'accrescimento galattico, fino a quelle dell'accrescimento intorno ai buchi neri dell'ordine di qualche UA o meno. In molti di questi casi il gas rotante e in accrescimento attorno ad una condensazione centrale puó essere sufficientemente caldo da essere almeno parzialmente ionizzato (o per via del processo di accrescimento stesso, o per la radiazione circostante), ed essere quindi un plasma. Affinché il plasma possa effettivamente cadere verso il centro occorre che ci sia una forma di attrito, o viscosità, che consenta la rimozione del momento angolare della materia in accrescimento, altrimenti l'accrescimento stesso si arresterebbe grazie alla barriera centrifuga dovuta alla conservazione del momento angolare. Tuttavia la densità del plasma durante il collasso è generalmente così bassa da permettere di trascurare del tutto le collisioni, e quindi la viscosità collisionale sarà anch'essa trascurabile.

Una possibile soluzione al problema può venire dall'insorgere di instabilità nel plasma rotante. In idrodinamica vi è una vasta letteratura sulle instabilità dei fluidi in rotazione: un esempio classico è dato dall'instabilità di Rayleigh, secondo la quale un fluido in rotazione intorno a un asse è instabile se il suo momento angolare specifico decresce con la distanza dall'asse di rotazione.

Il criterio di Rayleigh si ricava semplicemente perturbando il moto di un elemento fluido che si trova ad una distanza $r$ dal centro del disco, andando a valutare il bilancio fra la forza centripeta ed il gradiente di pressione sull'elemento fluido a una distanza $r'$ supponendo che nel moto da $r$ ad $r'$ si conservi il momento angolare. Per l'equilibrio del gas in rotazione deve valere

$$\frac{1}{\rho}\frac{\partial p}{\partial r} = \frac{U^2(r)}{r}.$$

D'altra parte alla nuova posizione $r'$ per l'elemento di fluido considerato avremo $U'^2 = r^2U^2/r'^2$ e quindi per $r' > r$ l'elemento di fluido sentirà una forza che tenderà a riportarlo all'equilibrio a patto che

$$\left[\frac{1}{\rho}\frac{\partial p}{\partial r}\right]_{r'} = \frac{U^2(r')}{r'} > \frac{U'^2}{r'} = \frac{r^2U^2}{r'^3},$$

e quindi $U(r')r' > U(r)r$. In termini del momento angolare $\Omega(r) = U(r)/r$ la condizione di stabilità si scrive quindi

$$\frac{\partial[r^2\Omega(r)]}{\partial r} > 0.$$

Questa condizione è anche soddisfatta, come si può facilmente verificare, dalle orbite kepleriane intorno a un centro di gravità, per cui il ricorso a semplici instabilità idrodinamiche per generare un viscosità efficace che consenta l'accrescimento non è possibile. Come succede frequentemente nella dinamica dei plasmi, il campo magnetico svolge anche in questo caso un ruolo fondamentale, ma in modo apparentemente anti-intuitivo. Infatti abbiamo visto che in genere un campo magnetico, grazie alla deformazione delle linee di campo da parte del fluido, tende ad avere un effetto stabilizzante su instabilità causate da forze non elettromagnetiche, come nel caso delle instabilità di Kelvin - Helmholz e di Rayleigh - Taylor. Nel caso di un plasma orbitante con moto kepleriano intorno ad un centro di gravità, la presenza di un campo magnetico provoca invece l'insorgere di una nuova instabilità, l'instabilità magnetorotazionale (o MRI) [12].

Consideriamo quindi un plasma in rotazione con un profilo Kepleriano intorno ad una massa $M$, con un profilo di velocità angolare dato da $\Omega(r) = (GM/r^3)^{1/2}$, in cui è presente un campo magnetico di equilibrio ortogonale al piano equatoriale $\mathrm{B}\boldsymbol{e}_z$. La geometria della configurazione è cilindrica con coordinate $(r, \theta, z)$.

Immaginiamo di deformare questo campo con una piccola perturbazione di velocità radiale che sposti un pacchetto di plasma a raggi più piccoli, ed un altro, a una quota diversa ma molto vicina ed appartenente alla stessa linea di campo, a distanza più grande, come mostrato in Fig. 6.9. Questo spostamento è caratteristico, ad

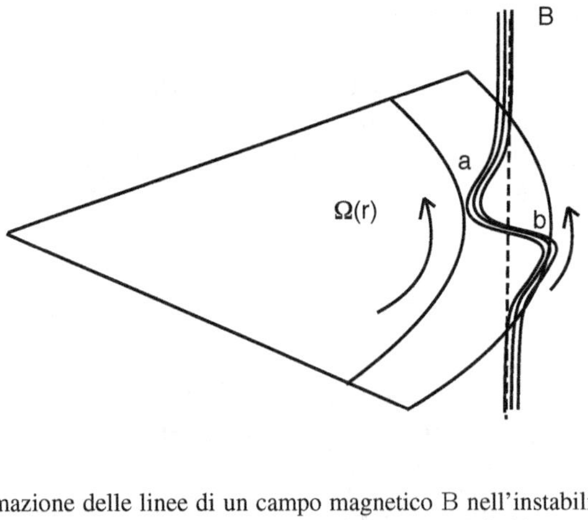


**Fig. 6.9** La deformazione delle linee di un campo magnetico B nell'instabilità magnetorotazionale. Per un campo magnetico debole, il frenamento dell'elemento fluido spostato verso l'interno a dovuto al campo e l'accelerazione dell'elemento fluido spostato verso l'esterno b causa l'avvicinamento al centro di a e l'allontanamento di b, e quindi a instabilità con crescita del campo stesso

esempio, di un'onda di Alfvén che si propaga in direzione verticale. Come risultato della perturbazione di velocità, l'elemento di gas spostato a raggi più piccoli (a, in Fig. 6.9) tenderà ad aumentare la propria velocità angolare, mentre l'altro tenderà a ridurla. D'altra parte la tensione nella linea di campo, conseguente a questo spostamento, tenderà a frenare il pacchetto a e ad accelerare il pacchetto b. Frenando, il primo pacchetto perderà momento angolare, e tenderà quindi a cadere ancor di più, mentre il secondo pacchetto, accelerato, tenderà ad allontanarsi, facendo aumentare quindi l'ampiezza della perturbazione. Il risultato netto sarà un trasferimento di momento angolare, attraverso il campo magnetico, dalle regioni interne verso quelle esterno del disco di plasma, insieme a un trasferimento di energia dall'energia cinetica del plasma in rotazione al campo magnetico, che crescerà di intensità.

Andiamo a vedere in modo quantitativo come si sviluppa l'instabilità: consideriamo quindi piccole perturbazioni con $\boldsymbol{U} = r\Omega \boldsymbol{e}_\phi + \boldsymbol{u}_1$, $\boldsymbol{B} = \mathrm{B}\boldsymbol{e}_z + \boldsymbol{b}_1$. Per semplicità consideriamo perturbazioni incomprimibili e con simmetria assiale ($\partial/\partial\theta = 0$) e fluttuazioni della forma $\boldsymbol{u}_1 = \boldsymbol{u}(r)\exp(-\mathrm{i}\omega t + \mathrm{i}k_z z + \mathrm{i}k_r r)$. Se consideriamo fluttuazioni localizzate con un vettore d'onda elevato (le condizioni dell'esempio che abbiamo preso), quindi con $|k|r \gg 1$, possiamo trascurare le derivate radiali delle ampiezze $v(r)$, $b(r)$ rispetto a quelle dell'argomento dell' esponenziale. Di fatto questo significa porre $u(r) \simeq$ costante. D'altra parte, nella linearizzazione delle equazioni, occorre fare attenzione a tenere conto dei termini proporzionali alla derivata radiale del moto d'insieme kepleriano, ovvero $\partial(\Omega r)/\partial r$.

Linearizzando le componenti $r, \phi$ delle equazioni del moto e dell'induzione magnetica (ci limitiamo al caso della MHD ideale) e tenendo conto delle espressioni degli operatori differenziali in geometria cilindrica, si trova:

$$-\mathrm{i}\omega\rho_0 u_r - 2\rho_0\Omega u_\theta = -\mathrm{i}k_r\overline{P}_1 + \frac{\mathrm{i}k_z\mathrm{B}b_r}{4\pi}, \tag{6.89a}$$

$$-\mathrm{i}\omega\rho_0 u_\theta + \rho_0\big(2\Omega + r\frac{\partial\Omega}{\partial r}\big)u_r = \frac{\mathrm{i}k_z\mathrm{B}b_\theta}{4\pi}, \tag{6.89b}$$

$$-\mathrm{i}\omega\rho_0 u_z = -\mathrm{i}k_z\overline{P}_1, \tag{6.89c}$$

$$\omega b_r = -k_z\mathrm{B}u_r \tag{6.89d}$$

$$\omega b_\theta = -k_z\mathrm{B}u_\theta + \mathrm{i}b_r r\frac{\partial\Omega}{\partial r}, \tag{6.89e}$$

dove $\overline{P}_1$ è la perturbazione della pressione totale, $P_1 + \mathrm{B}b_z/4\pi$. È possibile eliminare $\overline{P}_1$, combinando le equazioni lungo $r$ e lungo $z$, ed $u_z$ utilizzando la condizione di incomprimibilità:

$$\frac{1}{r}\frac{\partial(ru_r)}{\partial r} + \frac{\partial u_z}{\partial z} = 0.$$

Se tuttavia $k_z \gg k_r$, come ora supporremo, è facile vedere che è possibile trascurare le fluttuazioni lungo $z$ delle velocità e del campo magnetico, oltre che le fluttuazioni della pressione. In conclusione le (6.89) si riducono a

$$-\mathrm{i}\omega\rho_0 u_r - 2\rho_0 \Omega u_\theta = +\frac{\mathrm{i}k_z \mathrm{B} b_r}{4\pi}, \tag{6.90a}$$

$$-\mathrm{i}\omega\rho_0 u_\theta + \rho_0 \frac{\kappa^2}{2\Omega} u_r = \frac{\mathrm{i}k_z \mathrm{B} b_\theta}{4\pi}, \tag{6.90b}$$

$$\omega b_r = -k_z \mathrm{B} u_r \tag{6.90c}$$

$$\omega b_\theta = -k_z \mathrm{B} u_\theta + \mathrm{i} b_r r \frac{\partial \Omega}{\partial r}, \tag{6.90d}$$

dove abbiamo scritto

$$2\Omega + r\frac{\partial \Omega}{\partial r} = \frac{\kappa^2}{2\Omega},$$

introducendo la *frequenza epiciclica*

$$\kappa^2 = 4\Omega^2 + \frac{\partial \Omega^2}{\partial\, lnr}.$$

La relazione di dispersione che descrive l'instabilità MRI si ricava calcolando il determinante del sistema (6.90), un semplice esercizio algebrico che porta al risultato:

$$\omega^4 - \left[\kappa^2 + 2(k_z c_a)^2\right]\omega^2 + (k_z c_a)^2\left[(k_z c_a)^2 + \frac{\partial \Omega^2}{\partial\, lnr}\right] = 0. \tag{6.91}$$

In assenza di campo magnetico, $c_a = 0$, l'Eq. (6.91) ammette oscillazioni alla frequenza epiciclica $\omega^2 = \kappa^2$, che corrisponde al periodo delle piccole oscillazioni (orbite ellittiche) intorno alle orbite circolari del disco kepleriano di partenza. Mettendo invece a zero i termini di rotazione troviamo onde di Alfvén che si propagano lungo il campo imperturbato B (la quartica corrisponde alle due polarizzazioni indipendenti lungo $r$ e lungo $\theta$). La presenza di entrambi i contributi rende invece possibili soluzioni instabili, ovvero con $\omega^2 < 0$, a patto che si abbia

$$\frac{\partial \Omega(r)}{\partial r} < 0 \qquad e \qquad (k_z c_a)^2 < -r\frac{\partial \Omega^2(r)}{\partial r}. \tag{6.92}$$

Per la dimostrazione si veda l'Esercizio 6.3.

Nel caso del disco kepleriano, il gradiente $\partial\Omega(r)/\partial r = -3\Omega/2r$, per cui i dischi di gas ionizzato orbitanti intorno a oggetti compatti sono genericamente instabili. È interessante osservare che l'instabilità MRI esiste per valori anche molto deboli del campo magnetico, ed in realtà in questi casi non dipende molto dalla geometria del campo. Inoltre, l'instabilità MRI ha tassi di crescita che possono essere una frazione significativa della frequenza di rotazione, fino ad un valore massimo

$$|\omega_m| = \frac{1}{2}\frac{\partial \Omega^2(r)}{\partial\, lnr}$$

e porta allo sviluppo di turbolenza magnetoidrodinamica e conseguente viscosità nei dischi di accrescimento. Lo studio dettagliato dell'evoluzione nonlineare, e quindi della natura della turbolenza indotta e della sua saturazione in diversi ambienti astrofisici, è tutt'ora oggetto di ricerca.

## Esercizi e problemi

**6.1.** Considerare una configurazione di tipo *$\theta$-pinch*, ma con la colonna di plasma a diretto contatto con una parete rigida e conduttrice, posta a una distanza $a$ dall'asse. Determinare la relazione dispersione per i modi con $m = 0$ supponendo che sia $c_s^2 < c_a^2$. Cosa cambia se $c_s^2 > c_a^2$?

**6.2.** Ricavare la condizione per il collasso gravitazionale (6.50).

**6.3.** Derivare la condizione per l'instabilità MRI (6.92). Dimostrare che nel caso kepleriano tale condizione diviene $(k_z c_a)^2 < 3\Omega^2$.

*Soluzioni*

**6.1.** L'equazione per le perturbazioni è ancora la (6.73), ma le condizioni al contorno (6.65) impongono che sia $\xi_r(0) = \xi_r(a) = 0$. Per determinare la forma esplicita della relazione di dispersione è necessario determinare il segno di $K^2$. Si osservi che le soluzioni corrispondenti a $K^2 > 0$ non permettono di soddisfare alle nuove condizioni al contorno, in quanto la funzione $I_0$ è una funzione monotona crescente del suo argomento. È necessario quindi che sia $K^2 < 0$. Supponendo che $c_s^2 < c_a^2$ dalla (6.74) si vede che questa condizione può essere soddisfatta per $\omega^2 > k^2 c_a^2$ oppure per $k^2 c_s^2 c_a^2/(c_s^2 + c_a^2) < \omega^2 < k^2 c_s^2$. La soluzione per $\xi_z$ è quindi proporzionale a $J_0(|K|r)$ e $\xi_r$ è proporzionale a $J_0'(|K|r)$, cioè a $J_1(|K|r)$. Le possibili frequenze sono dunque determinate dalla condizione

$$J_1(|K|a) = 0,$$

cioè da $|K|a = j_{1n}$, dove $j_{1n}$ è l'*n-esimo* zero della funzione $J_1$. Scrivendo esplicitamente la precedente condizione si trova che le frequenze sono le soluzioni dell'equazione

$$\omega^4 - \omega^2(c_s^2 + c_a^2)(k^2 + j_{1n}^2/a^2) + k^2 c_s^2 c_a^2(k^2 + j_{1n}^2/a^2) = 0.$$

Se $c_s^2 > c_a^2$ le condizioni per avere $K^2 < 0$ diventano $\omega^2 > k^2 c_s^2$ oppure $k^2 c_s^2 c_a^2/(c_s^2 + c_a^2) < \omega^2 < k^2 c_a^2$, mentre l'equazione che determina le frequenze rimane la stessa (come si poteva prevedere dalla simmetria rispetto allo scambio di $c_s^2$ con $c_a^2$).

**6.2.** La condizione per la formazione di condensazioni è che la forza gravitazionale domini sulle forze di pressione, cioè

$$\frac{\mathrm{d}P(r)}{\mathrm{d}r} < \frac{Gm(r)\rho(r)}{r^2} \qquad \Rightarrow \qquad \frac{P_0}{\rho_0} < \frac{GM}{R}.$$

Introducendo la velocità del suono $c_0^2 = P_0/\rho_0$ ed esprimendo la massa in funzione della densità si ottiene:

$$R > R_J = (\frac{3}{4\pi})^{1/2} \frac{c_0}{(G\rho_0)^{1/2}},$$

che in termini di massa dà

$$M > M_J = \frac{4\pi}{3}\rho_0 R_J^3 = (\frac{3}{4\pi})^{1/2} \frac{c_0^3}{G^{3/2}\rho_0^{1/2}}.$$

**6.3.** Introducendo le quantità $\omega_a^2 = k_z^2 c_a^2$ e $\omega_1^2 = \omega_a^2 - \omega^2$, la (6.91) si può riscrivere nella forma

$$\omega_1^4 + \kappa^2\omega_1^2 - 4\omega_a^2\Omega^2 = 0,$$

che ha una sola radice positiva. Per le soluzioni instabili ($\omega^2 < 0$) deve essere $\omega_1^2 > \omega_a^2$. Imponendo questa condizione alla radice positiva della precedente equazione si trova

$$\omega_a^2 < 4\Omega^2 - \kappa^2 = -r\frac{\partial\Omega^2}{\partial r}.$$

Nel caso kepleriano si ha $\Omega^2 = GM/r^3$, $\partial\Omega^2/\partial r = -3\Omega/r$ e la condizione di instabilità diviene $\omega_a^2 < 3\Omega^2$.

# 7 Onde

Abbiamo già osservato che un equilibrio stabile sottoposto a piccole perturbazioni è contraddistinto da una dinamica oscillatoria. Ciò significa che se osserviamo l'andamento temporale di una qualunque grandezza fisica in un punto fissato, vedremo che il suo valore oscilla intorno a quello di equilibrio. Ma, cos'è esattamente un'onda? Una possibile definizione è: *un'onda è un disturbo che si propaga.* Consideriamo infatti cosa avviene se facciamo cadere un sasso in uno stagno. Inizialmente la sola "perturbazione" della superficie dell'acqua è localizzata nel punto dove è caduto il sasso. A tempi successivi, la zona perturbata diviene più ampia: si sono generate delle onde. Nella dinamica del sistema possiamo distinguere due diverse velocità. Quella delle particelle di fluido che, per effetto della sopraggiunta perturbazione, oscillano verticalmente e quella con cui la zona perturbata si amplia. Quest'ultima è diretta lungo la superficie dell'acqua ed ha in generale un valore diverso da quella con cui si muovono le particelle. Le due velocità sono collegate tra loro, ma è la seconda delle due, detta velocità di propagazione, che caratterizza la dinamica del sistema. In questo capitolo ci occuperemo delle onde di piccola ampiezza, dette onde *lineari*, intendendo con questo che i valori delle grandezze fisiche non si discostano molto dai valori di equilibrio. Nell'esempio precedente questo significa che gli innalzamenti o abbassamenti della superficie dell'acqua sono piccoli rispetto alla profondità dello stagno, ma **non** significa che la velocità di propagazione sia necessariamente piccola.

Lo studio delle onde lineari parte da un sistema di equazioni differenziali che descrivono la dinamica del sistema fisico che si vuole studiare. Queste possono essere le equazioni MHD, ma evidentemente possono esistere onde in regimi diversi, fluidi o cinetici. A queste equazioni si applica un'analisi perturbativa, che conduce ad un sistema di equazioni linearizzate. Trattandosi appunto di un sistema lineare, è conveniente utilizzare una rappresentazione di Fourier, di cui vogliamo ora riassumere alcuni aspetti fondamentali, prima di passare alla discussione dei vari tipi di onde.

Chiuderi C., Velli M.: Fisica del Plasma. Fondamenti e applicazioni astrofisiche.
DOI 10.1007/978-88-470-1848-8_7, © Springer-Verlag Italia 2012

## 7.1 Rappresentazione di Fourier

Consideriamo dapprima una generica funzione $f(x)$ della coordinata spaziale $x$ e la sua trasformata di Fourier, $\tilde{f}(k)$, definita da:

$$\tilde{f}(k) = \frac{1}{2\pi} \int_{-\infty}^{\infty} f(x) \mathrm{e}^{-\mathrm{i}kx} \, \mathrm{d}x. \tag{7.1}$$

La funzione di partenza, $f(x)$, è detta *antitrasformata* di Fourier della $\tilde{f}(k)$ ed è evidentemente data da (vedi (6.14)):

$$f(x) = \int_{-\infty}^{\infty} \tilde{f}(k) \mathrm{e}^{\mathrm{i}kx} \, \mathrm{d}k. \tag{7.2}$$

Per comprendere la relazione tra una funzione e la sua trasformata consideriamo dapprima il caso speciale in cui la $f(x)$ è un'onda piana con lunghezza d'onda $\lambda_0 = 2\pi/k_0$, infinitamente estesa e di ampiezza costante:

$$f(x) = A\, \mathrm{e}^{\mathrm{i}k_0 x}.$$

La sua trasformata di Fourier è data da:

$$\tilde{f}(k) = \frac{1}{2\pi} \int_{-\infty}^{\infty} f(x) \mathrm{e}^{-\mathrm{i}(k_0 - k)x} \, \mathrm{d}x = \delta(k_0 - k).$$

Vediamo quindi che mentre la funzione non identifica nessuna particolare regione dello spazio delle $x$, la trasformata è localizzata con infinita precisione nello spazio delle $k$. Se volessimo prendere in esame una funzione maggiormente localizzata nello spazio delle $x$, potremmo considerare un "pacchetto d'onde", per esempio un pacchetto gaussiano:

$$f(x) = f_0\, \mathrm{e}^{-a^2 x^2}\, \mathrm{e}^{\mathrm{i}k_0 x}. \tag{7.3}$$

Si tratta sostanzialmente di un'oscillazione di lunghezza d'onda $\lambda = 2\pi/k_0$ la cui ampiezza è modulata da una funzione gaussiana.Il parametro $a$ dà una misura della larghezza della gaussiana: nel punto $x_0 = 1/a$ il valore della gaussiana è pari a $f_0/\mathrm{e}$. La trasformata di Fourier della (7.3) è data da:

$$\tilde{f}(k) = \frac{f_0}{2a\sqrt{\pi}} \mathrm{e}^{-(k-k_0)^2/4a^2}. \tag{7.4}$$

Come si vede la trasformata è ancora una gaussiana, che vale $1/\mathrm{e}$ del suo valore massimo in $k - k_0 = 2a$. Possiamo ora definire la regione di localizzazione del pacchetto come:

$$(\Delta x)^2 = \langle (x - \langle x \rangle)^2 \rangle = \langle x^2 \rangle - \langle 2x\langle x \rangle \rangle + \langle \langle x^2 \rangle \rangle = \langle x^2 \rangle - \langle x \rangle^2$$
$$= \langle x^2 \rangle = \frac{\int_{-\infty}^{\infty} x^2 \, \mathrm{e}^{-a^2x^2} \mathrm{d}x}{\int_{-\infty}^{\infty} \mathrm{e}^{-a^2x^2} \mathrm{d}x}, \tag{7.5}$$

dove si è tenuto conto che $\langle x \rangle = 0$. Definendo in maniera analoga $\langle (\Delta k)^2 \rangle$. ed eseguendo gli integrali, si trova facilmente che

$$\langle \Delta x^2 \rangle \langle \Delta k^2 \rangle = 1/4.$$

Nel caso più generale di un pacchetto non gaussiano, si può dimostrare che la precedente uguaglianza si trasforma nella disuguaglianza:

$$\langle \Delta x^2 \rangle \langle \Delta k^2 \rangle \geq 1/4. \tag{7.6}$$

Possiamo riassumere questi risultati dicendo che tanto più una funzione è localizzata nello spazio delle $x$, tanto meno è localizzata la sua trasformata nello spazio delle $k$. Questa proprietà delle trasformate di Fourier ricorda da vicino il Principio di Indeterminazione di Heisenberg. Se infatti $f(x)$ rappresentasse la posizione di una particella, ricordando che in meccanica quantistica l'impulso è definito dalla relazione $p = \hbar k$ e moltiplicando la (7.6) per $\hbar$ si vede che essa equivale a $\Delta x \Delta p \gtrsim \hbar$.

Tutte le espressioni precedenti sono facilmente generalizzabili al caso in cui $f = f(\boldsymbol{r}, t)$:

$$f(\boldsymbol{r}, t) = \int_{-\infty}^{\infty} \tilde{f}(\boldsymbol{k}, \omega) \mathrm{e}^{\mathrm{i}(\boldsymbol{k} \cdot \boldsymbol{r} - \omega t)} \mathrm{d}\boldsymbol{k} \, \mathrm{d}\omega, \tag{7.7}$$

e

$$\tilde{f}(\boldsymbol{k}, \omega) = \frac{1}{2\pi} \int_{-\infty}^{\infty} f(\boldsymbol{r}, t) \mathrm{e}^{-\mathrm{i}(\boldsymbol{k} \cdot \boldsymbol{r} - \omega t)} \mathrm{d}\boldsymbol{r} \, \mathrm{d}t, \tag{7.8}$$

dove $\boldsymbol{k}$ e $\omega$ sono quantità reali. La (7.7) rende evidente il significato fisico della trasformata di Fourier: la funzione data viene considerata come una sovrapposizione di "onde elementari", rappresentate dal fattore $\exp[\mathrm{i}(\boldsymbol{k} \cdot \boldsymbol{r} - \omega t)]$, con un'ampiezza data da $\tilde{f}(\boldsymbol{k}, \omega)$. La quantità

$$\Phi = \boldsymbol{k} \cdot \boldsymbol{r} - \omega t = k\Big(\boldsymbol{r} \cdot \boldsymbol{e}_k - \frac{\omega}{k} t\Big) \tag{7.9}$$

viene detta "fase" dell'onda.

La (7.2) mostra che per ogni onda elementare lo spazio e il tempo compaiono solo nella combinazione $(\boldsymbol{r} \cdot \boldsymbol{e}_k - \frac{\omega}{k} t)$. I piani $\Phi = cost.$ si muovono dunque nella direzione di $\boldsymbol{e}_k$ con la velocità, detta *velocità di fase*:

$$\boldsymbol{v}_f = \frac{\omega}{k} \boldsymbol{e}_k. \tag{7.10}$$

Per determinare $\tilde{f}(\boldsymbol{k},\omega)$ è sufficiente conoscere la $f(\boldsymbol{r},t)$ al tempo $t=0$. Infatti, scrivendo $f(\boldsymbol{r},t) = f(\boldsymbol{r},t)\delta(t)$ nell'integrando della (7.8), otteniamo un'espressione per le componenti di Fourier, che, introdotta nella (7.7), ci fornisce l'espressione di $f(\boldsymbol{r},t)$ per $t \neq 0$.

Si può descrivere l'insieme di queste operazioni dicendo che l'ampiezza iniziale di ciascuna onda elementare è "trasportata" con la velocità di fase caratteristica di tale onda, data dalla (7.10). Ad ogni istante il profilo della $f(\boldsymbol{r},t)$ viene "ricostruito" sommando il contributo di tutte le onde elementari. Poiché, in generale, la velocità di fase è diversa per le diverse onde elementari, il profilo "ricostruito" al tempo $t$ risulterà modificato rispetto al profilo iniziale: è questo il fenomeno della dispersione. Se tuttavia la velocità di fase è la stessa per tutte le onde elementari, non si avrà distorsione del profilo.

Se esaminiamo criticamente la procedura descritta ci rendiamo però conto che da un lato non abbiamo mai specificato la dinamica del fenomeno e dall'altro non sappiamo quale significato attribuire al parametro $\omega$ quando determiniamo la $\tilde{f}(\boldsymbol{k},\omega)$ a partire dalle condizioni iniziali, visto che $\omega$ di fatto scompare dal risultato dell'integrale nella (7.8). Questi due aspetti sono legati tra loro, come ora vedremo.

Abbiamo supposto che la $f(\boldsymbol{r},t)$ sia la soluzione di un'equazione differenziale lineare omogenea nelle variabili $\boldsymbol{r}$ e $t$. Essa conterrà dunque gli operatori $\boldsymbol{\nabla}$ e $\partial/\partial t$. Scrivendo la $f(\boldsymbol{r},t)$ nella forma (7.7) ci si rende immediatamente conto che

$$\frac{\partial f}{\partial t} = \int_{-\infty}^{\infty} (-\mathrm{i}\omega \tilde{f}) \mathrm{e}^{\mathrm{i}(\boldsymbol{k}\cdot\boldsymbol{r}-\omega t)} \mathrm{d}\boldsymbol{k}\,\mathrm{d}\omega,$$

e, analogamente;

$$\boldsymbol{\nabla} f = \int_{-\infty}^{\infty} (\mathrm{i}\boldsymbol{k}\tilde{f}) \mathrm{e}^{\mathrm{i}(\boldsymbol{k}\cdot\boldsymbol{r}-\omega t)} \mathrm{d}\boldsymbol{k}\,\mathrm{d}\omega.$$

Dunque, a livello delle trasformate, gli operatori $\boldsymbol{\nabla}$ e $\partial/\partial t$ sono semplicemente i moltiplicatori $\mathrm{i}\boldsymbol{k}$ e $-\mathrm{i}\omega$. Questo risultato vale anche per applicazioni ripetute di tali operatori, $\partial^2 f/\partial t^2 \to -\omega^2 \tilde{f}$, o per le formule del calcolo vettoriale se $f$ è un vettore, $\boldsymbol{\nabla}\cdot\boldsymbol{f} \to \mathrm{i}\boldsymbol{k}\cdot\tilde{\boldsymbol{f}}$ e così via.

Di conseguenza, l'equazione differenziale omogenea nello spazio $(\boldsymbol{r},t)$ che possiamo scrivere simbolicamente nella forma:

$$D(\boldsymbol{\nabla}, \partial/\partial t)\, f = 0, \tag{7.11}$$

nello spazio delle trasformate $(\boldsymbol{k},\omega)$ diviene:

$$D(\mathrm{i}\boldsymbol{k}, -\mathrm{i}\omega)\, \tilde{f} = 0. \tag{7.12}$$

Nello spazio delle trasformate dobbiamo quindi risolvere un'equazione *algebrica* invece di un'equazione *differenziale*, ciò che rappresenta un indubbio vantaggio. D'altra parte, sappiamo che la condizione per avere una soluzione non identicamente nulla della (7.12) è

$$D(\mathrm{i}\boldsymbol{k}, -\mathrm{i}\omega) = 0.$$

La precedente equazione, detta *relazione di dispersione*, stabilisce il legame tra $\omega$ e $\boldsymbol{k}$ di cui avevamo bisogno. In generale, la relazione di dispersione possiede un numero finito di soluzioni discrete (dette *modi normali*):

$$\omega = \omega_\alpha(\boldsymbol{k}), \qquad \alpha = 1, 2, \cdots, N. \tag{7.13}$$

Possiamo introdurre formalmente la condizione $D(\mathrm{i}\boldsymbol{k}, -\mathrm{i}\omega) = 0$ nella (7.7) scrivendo:

$$\tilde{f}(\boldsymbol{k}, \omega) = \sum_{\alpha=1}^{N} \tilde{f}_\alpha(\boldsymbol{k}) \delta[\omega - \omega_\alpha(\boldsymbol{k})],$$

con le $\omega_\alpha$ date dalla (7.13). Eseguendo l'integrale in $\mathrm{d}\omega$ nella (7.7) troviamo che la soluzione generale del nostro problema può essere scritta nella forma:

$$f(\boldsymbol{r}, t) = \sum_{\alpha=1}^{N} \int_{-\infty}^{\infty} \tilde{f}_\alpha(\boldsymbol{k}) \mathrm{e}^{\mathrm{i}[\boldsymbol{k}\cdot\boldsymbol{r} - \omega_\alpha(\boldsymbol{k})\, t]} \mathrm{d}\boldsymbol{k}. \tag{7.14}$$

La quantità, che abbiamo indicato come $\tilde{f}_\alpha(\boldsymbol{k})$ per non appesantire la notazione indica in realtà $\tilde{f}_\alpha(\boldsymbol{k}, \omega_\alpha(\boldsymbol{k}))$.

I risultati precedenti si generalizzano facilmente al caso in cui si debbano considerare grandezze vettoriali. La (7.11) in tal caso diviene

$$\mathsf{D}(\boldsymbol{\nabla}, \partial/\partial t)\, \boldsymbol{f} = 0,$$

dove $\mathsf{D}$ è un tensore e la (7.12) si scrive ora

$$\tilde{\mathsf{D}}(\mathrm{i}\boldsymbol{k}, -\mathrm{i}\omega)\, \tilde{\boldsymbol{f}} = 0.$$

La condizione per avere soluzioni non nulle, cioè la relazione di dispersione, è ora data da:

$$D(\boldsymbol{k}, \omega) = \mathrm{Det}[\tilde{\mathsf{D}}(\mathrm{i}\boldsymbol{k}, -\mathrm{i}\omega)] = 0. \tag{7.15}$$

Ad ogni soluzione della relazione di dispersione è associato un *autovettore* $\tilde{\boldsymbol{f}}$ che caratterizza quel particolare modo di propagazione.

### 7.1.1 Velocità di fase e velocità di gruppo

Abbiamo definito la velocità di fase come la velocità di propagazione delle onde elementari, $\boldsymbol{v}_f = (\omega/k)\boldsymbol{e}_k$. È facile rendersi conto che questa velocità non può essere associata ad alcun effetto fisico, in particolare alla trasmissione di segnali o al trasferimento di energia. Infatti, le onde elementari hanno un'ampiezza costante e sono infinitamente estese nello spazio. Quindi il loro "moto" con velocità $\boldsymbol{v}_f$ non può produrre nulla di fisicamente osservabile, poiché la situazione rimane identica a sè stessa al passare del tempo. Quindi, anche se la velocità di fase divenisse maggiore di $c$, questo non costituirebbe una violazione dei principi della relatività, che stabiliscono che la velocità della luce è un limite superiore per la velocità di qualunque *segnale*.

Diverso è il caso di un pacchetto d'onde che distingue una particolare regione dello spazio dalle altre. Un eventuale movimento del pacchetto sarà quindi osservabile e potrà essere associato a effetti fisici. La velocità con cui si muove un pacchetto d'onde è detta *velocità di gruppo*. Per ottenere un'espressione della velocità di gruppo, consideriamo un pacchetto che rappresenti un treno d'onde di lunghezza finita, quale, ad esempio, il pacchetto gaussiano considerato in precedenza. Supponiamo inoltre che lo "spettro" del pacchetto, cioè l'insieme dei vettori d'onda che lo rappresentano nello spazio delle $k$, presenti un picco nell'intorno di un particolare valore $k_0$. Nel caso del pacchetto gaussiano, questo avviene quando $a/k_0 \ll 1$. Se questo avviene per uno dei modi normali, l'integrale nella (7.14) riceverà un contributo solo dai valori di $k$ vicini a $k_0$ e questo ci autorizza a sviluppare in serie di Taylor intorno a $k_0$ la quantità $\omega_\alpha(\boldsymbol{k})$ che compare in tale integrale. Limitandoci ai termini del primo ordine scriveremo, omettendo il pedice $\alpha$,

$$\omega(\boldsymbol{k}) \simeq \omega(\boldsymbol{k}_0) + \sum_i (\boldsymbol{k} - \boldsymbol{k}_0)_i \left(\frac{\partial \omega}{\partial k_i}\right)_{\boldsymbol{k}_0} = \omega_0 + (\boldsymbol{k} - \boldsymbol{k}_0) \cdot \boldsymbol{v}_g,$$

dove si è introdotta la quantità

$$\boldsymbol{v}_g = \left(\frac{\partial \omega}{\partial \boldsymbol{k}}\right)_{\boldsymbol{k}_0}. \tag{7.16}$$

La (7.14) (limitandoci ad un solo termine della somma) può ora essere scritta nella forma

$$f(\boldsymbol{r}, t) = \left[\int_{-\infty}^{\infty} \tilde{f}(\boldsymbol{k}) \mathrm{e}^{\mathrm{i}(\boldsymbol{k}-\boldsymbol{k}_0)\cdot(\boldsymbol{r}-\boldsymbol{v}_g t)} \mathrm{d}\boldsymbol{k}\right] \mathrm{e}^{\mathrm{i}\boldsymbol{k}_0 \cdot \boldsymbol{r} - \omega_0 t}.$$

L'espressione in parentesi quadra rappresenta una generica funzione della variabile $(\boldsymbol{r} - \boldsymbol{v}_g t)$ e in definitiva potremo scrivere

$$f(\boldsymbol{r}, t) = A(\boldsymbol{r} - \boldsymbol{v}_g t)\, \mathrm{e}^{\mathrm{i}\boldsymbol{k}_0 \cdot \boldsymbol{r} - \omega_0 t}.$$

Questa equazione mostra che per ogni modo d'onda (scelto cioè il valore del parametro $\alpha$ nella (7.14)) la soluzione consiste in un'onda piana infinita, corrispondente ad un vettore d'onda $k_0$ e frequenza $\omega_0$ che si propaga con la *velocita di fase*, $\boldsymbol{v}_f = (\omega_0/k_0)\boldsymbol{e}_k$, la cui ampiezza è modulata dalla funzione $A(\boldsymbol{r} - \boldsymbol{v}_g t)$, che si propaga con la *velocità di gruppo*, $\boldsymbol{v}_g = (\partial \omega / \partial \boldsymbol{k})_{k_0}$. La velocità di gruppo può essere identificata con la velocità di propagazione dell'energia e pertanto deve risultare $v_g < c$.

## 7.2 Onde in regime MHD ideale

La base di partenza per lo studio delle onde in regime MHD è costituita dalle equazioni MHD linearizzate, (4.2), (6.9), (6.10), (6.4) e (6.12). Se le sole forze agenti sul sistema sono le forze di pressione e quelle magnetiche, potremo porre $\boldsymbol{f}_1 = 0$ nella (6.12). Se inoltre supponiamo che lo stato imperturbato sia omogeneo, potremo eseguire una trasformata di Fourier sia sulle variabili spaziali che sul tempo ottenendo il seguente sistema di equazioni per le trasformate (dove, per semplicità di notazione. abbiamo indicato con $f$ invece che $\tilde{f}$ la trasformata di Fourier della generica grandezza $f$)

$$\begin{aligned}
\rho_1 &= -\mathrm{i}\rho_0(\boldsymbol{k}\cdot\xi) \\
P_1 &= -\mathrm{i}\rho_0 c_s^2(\boldsymbol{k}\cdot\boldsymbol{\xi}) \\
\boldsymbol{B}_1 &= \mathrm{i}\boldsymbol{k}\times(\boldsymbol{\xi}\times\boldsymbol{B}_0) \\
-\omega^2\rho_0\xi &= -\mathrm{i}\boldsymbol{k}P_1 + \frac{\mathrm{i}}{4\pi}[(\boldsymbol{k}\times\boldsymbol{B}_1)\times\boldsymbol{B}_0].
\end{aligned} \tag{7.17}$$

Sostituendo le espressioni per $P_1$ e $B_1$ nell'ultima delle (7.17) si ottiene un'equazione per la sola $\xi$:

$$\omega^2\rho_0\xi = \rho_0 c_s^2\boldsymbol{k}(\boldsymbol{k}\cdot\boldsymbol{\xi}) + \frac{1}{4\pi}\{\boldsymbol{k}\times[\boldsymbol{k}\times(\boldsymbol{\xi}\times\boldsymbol{B}_0)]\times\boldsymbol{B}_0\}. \tag{7.18}$$

Scrivendo $\boldsymbol{B}_0 = B_0\,\boldsymbol{e}_b$ e introducendo la velocità di Alfvén: $c_a^2 = B_0/(4\pi\rho_0)$ si ottiene infine:

$$\omega^2\xi = c_s^2\boldsymbol{k}(\boldsymbol{k}\cdot\boldsymbol{\xi}) + c_a^2\{\boldsymbol{k}\times[\boldsymbol{k}\times(\boldsymbol{\xi}\times\boldsymbol{e}_b)]\times\boldsymbol{e}_b\}. \tag{7.19}$$

### *7.2.1 Onde magnetiche*

Consideriamo dapprima per semplicità il caso in cui gli effetti della pressione cinetica, rappresentati dalla presenza di $c_s^2$, siano trascurabili. Sviluppando successivamente i tripli prodotti vettoriali contenuti nella (7.19) si ottiene la seguente espressione:

$$\omega^2\boldsymbol{\xi} = c_a^2\{(\boldsymbol{k}\cdot\boldsymbol{e}_b)^2\boldsymbol{\xi} + [(\boldsymbol{k}\cdot\boldsymbol{\xi}) - (\boldsymbol{k}\cdot\boldsymbol{e}_b)(\boldsymbol{\xi}\cdot\boldsymbol{e}_b)]\boldsymbol{k} - (\boldsymbol{k}\cdot\boldsymbol{\xi})(\boldsymbol{k}\cdot\boldsymbol{e}_b)\boldsymbol{e}_b\}. \tag{7.20}$$

Moltiplicando scalarmente la (7.20) per $\boldsymbol{e}_b$ si vede che

$$\boldsymbol{\xi}\cdot\boldsymbol{e}_b = 0,$$

cioè che gli spostamenti, e quindi le velocità, delle particelle sono perpendicolari alla direzione del campo magnetico $\boldsymbol{B}_0$. Introducedo questa condizione nella (7.20) e moltiplicandola scalarmente per $\boldsymbol{k}$ si ottiene

$$(\omega^2 - k^2 c_a^2)(\boldsymbol{k} \cdot \boldsymbol{\xi}) = 0. \tag{7.21}$$

La precedente equazione ha due possibili soluzioni: $\boldsymbol{k} \cdot \boldsymbol{\xi} = 0$ oppure $\omega^2 = k^2 c_a^2$, che ora esamineremo.

### $\boldsymbol{k} \cdot \boldsymbol{\xi} = 0$, onde di Alfvén

La condizione $\boldsymbol{k} \cdot \boldsymbol{\xi} = 0$, equivalente nello spazio ordinario a $\nabla \cdot \boldsymbol{\xi} = 0$, implica che le perturbazioni sono incomprimibili. Naturalmente, ciò non significa che il *plasma* sia incomprimibile, ma semplicemente che le perturbazioni non provocano variazioni di densità. Introducendo questa condizione nella (7.20) otteniamo la relazione di dispersione:

$$\omega^2 = (\boldsymbol{k} \cdot \boldsymbol{e}_b)^2 c_a^2 = k^2 c_a^2 \cos^2 \theta, \tag{7.22}$$

dove $\theta$ è l'angolo tra il vettore di propagazione $\boldsymbol{k}$ e la direzione del campo magnetico imperturbato $\boldsymbol{B}_0$. Moltiplicando scalarmente per $\boldsymbol{e}_b$ la terza delle (7.17) si vede che

$$\boldsymbol{B}_1 \cdot \boldsymbol{e}_b = 0, \tag{7.23}$$

che mostra come anche le perturbazioni magnetiche siano perpendicolari alla direzione del campo magnetico $\boldsymbol{B}_0$. Queste onde, dette *onde di Alfvén* sono quindi delle onde *trasversali* sia per quel che riguarda gli spostamenti che le perturbazioni magnetiche.

La relazione di dispersione per le onde di Alfvén, mostra che la loro velocità di fase

$$\boldsymbol{v}_f = (\omega/k)\boldsymbol{e}_k = \pm(c_a \cos\theta)\boldsymbol{e}_k$$

dipende dall'angolo di propagazione rispetto a $\boldsymbol{B}_0$. Poiché nella relazione di dispersione (7.22) compare solo la componente di $\boldsymbol{k}$ lungo la direzione di $\boldsymbol{B}_0$, la velocità di gruppo è diretta come $\boldsymbol{e}_b$,

$$\boldsymbol{v}_g = \pm\, c_a\, \boldsymbol{e}_b.$$

Si vede da qui che anche se l'onda di Alfvén si propaga in una direzione diversa da quella di $\boldsymbol{B}_0$, l'energia associata all'onda si propaga lungo $\boldsymbol{B}_0$. Utilizzando ancora una volta l'espressione per $\boldsymbol{B}_1$ data dalla (7.17), la condizione (7.23) e la relazione di dispersione (7.22) si ricava facilmente una relazione tra la velocità, $\boldsymbol{U} = (\partial\xi/\partial t) \to -\mathrm{i}\omega\xi$ e la perturbazione del campo magnetico $\boldsymbol{B}_1$:

$$\frac{\boldsymbol{B}_1}{B_0} = \pm\frac{\boldsymbol{U}}{c_a}. \tag{7.24}$$

Questa relazione caratterizza in maniera precisa le onde di Alfvén. Dalla precedente equazione segue che il rapporto tra l'energia cinetica e l'energia magnetica dell'onda:

$$\frac{E_{cin}}{E_{mag}} = \frac{\frac{1}{2}\rho_0 U^2}{B_0/8\pi} = 1,$$

e quindi in un'onda di Alfvén l'energia si equipartisce tra le due forme cinetica e magnetica.

L'origine fisica delle onde di Alfvén può essere intuita considerando la forma della forza magnetica linearizzata, $\boldsymbol{F}_1$:

$$\boldsymbol{F}_1 \propto (\boldsymbol{k} \times \boldsymbol{B}_1) \times \boldsymbol{B}_0 = (\boldsymbol{k} \cdot \boldsymbol{B}_0)\boldsymbol{B}_1 - (\boldsymbol{B}_0 \cdot \boldsymbol{B}_1)\boldsymbol{k}.$$

Il primo termine di questa equazione è legato alla tensione magnetica, mentre il secondo è connesso con la pressione magnetica (come si capisce facilmente considerando che è la forma linearizzata del termine $\boldsymbol{\nabla}(B^2/8\pi)$). Poiché quest'ultimo termine è nullo a causa della (7.23), se ne conclude che le onde di Alfvén sono un effetto della tensione magnetica. In realtà esse presentano delle forti analogie con le onde (trasversali!) che si generano in una corda elastica pizzicata, come avviene in uno strumento musicale. Si sa che in questo caso la velocità di fase delle onde che si propagano su una corda vibrante sono date da $v_f = \sqrt{T}/\sigma$, dove $T$ è la tensione della corda e $\sigma$ è la densità di massa lineare, cioè la massa per unità di lunghezza. Scrivendo $\sigma = \rho_0 S$, con $S$ pari alla sezione della corda e $T = (B_0^2/4\pi)S$, si ottiene $v_f = c_a$. Questo risultato è in accordo con l'osservazione fatta nel Capitolo 5 sull'analogia tra una linea di forza del campo magnetico ed una corda elastica.

Una particolarità unica delle onde di Alfvén è quella di essere soluzione anche delle equazioni non linearizzate. In altre parole, se consideriamo un plasma omogeneo (cioè con $P_0, \rho_0, \boldsymbol{B}_0$ costanti) e una perturbazione $\boldsymbol{B} = \boldsymbol{B}_0 + \boldsymbol{B}_1$ senza supporre $|B_1| \ll |B_0|$, ma soggetta alle condizioni:

$$|\boldsymbol{B}_0 + \boldsymbol{B}_1| = costante \quad , \quad \frac{\boldsymbol{B}_1}{B_0} = \pm\frac{\boldsymbol{U}}{c_a}, \tag{7.25}$$

essa risulta essere una soluzione esatta delle equazioni MHD (vedi Esercizio 7.1). Questo significa che se vengono osservate perturbazioni di velocità e campo magnetico, anche di grande ampiezza, legate dalla relazione precedente esse possono essere identificate come onde di Alfvén non lineari. Onde di questo tipo sono state osservate nel vento solare.

### $\boldsymbol{k} \cdot \boldsymbol{\xi} \neq 0$, onde di Alfvén comprimibili

Se $\boldsymbol{k} \cdot \boldsymbol{\xi} \neq 0$ la soluzione della (7.21) è semplicemente

$$\omega^2 = k^2 c_a^2. \tag{7.26}$$

Si tratta quindi di onde comprimibili con velocità di fase e velocità di gruppo isotrope ed uguali tra loro: $\boldsymbol{v}_f = \boldsymbol{v}_g = \pm c_a\, \boldsymbol{e}_k$.

Poiché la condizione $\boldsymbol{\xi} \cdot \boldsymbol{e}_b = 0$ vale sempre e ora $\boldsymbol{\xi} \cdot \boldsymbol{e}_k \neq 0$, ne segue che $\boldsymbol{\xi}$ è un vettore che giace nel piano definito da $\boldsymbol{B}_0$ e $\boldsymbol{k}$, ma è normale a $\boldsymbol{B}_0$. È interessante notare che nel caso di propagazione perpendicolare a $\boldsymbol{B}_0$ ($\theta = \pi/2$), $\boldsymbol{\xi}$ è diretto come $\boldsymbol{k}$ e quindi l'onda diviene un'onda *longitudinale*, mentre per propagazione parallela a $\boldsymbol{B}_0$, ($\theta = 0$, $\boldsymbol{e}_k \parallel \boldsymbol{e}_b$), $\boldsymbol{\xi} \cdot \boldsymbol{e}_b = 0$ implica $\boldsymbol{\xi} \cdot \boldsymbol{e}_k = 0$ e l'onda diviene *trasversale* e incomprimibile ed è quindi indistinguibile da un'onda di Alfvén.

### 7.2.2 Onde magnetosoniche

Reintroduciamo ora gli effetti di una velocità del suono non trascurabile, utilizzando la forma completa della (7.19) e sviluppiamo i tripli prodotti vettoriali. La (7.20) diviene quindi

$$\omega^2 \boldsymbol{\xi} = c_s^2 (\boldsymbol{k} \cdot \boldsymbol{\xi})\boldsymbol{k} + c_a^2 \{(\boldsymbol{k} \cdot \boldsymbol{e}_b)^2 \boldsymbol{\xi} + [(\boldsymbol{k} \cdot \boldsymbol{\xi}) - (\boldsymbol{k} \cdot \boldsymbol{e}_b)(\boldsymbol{\xi} \cdot \boldsymbol{e}_b)]\boldsymbol{k} - (\boldsymbol{k} \cdot \boldsymbol{\xi})(\boldsymbol{k} \cdot \boldsymbol{e}_b)\boldsymbol{e}_b\}. \tag{7.27}$$

Seguendo lo stesso procedimento adottato per le onde magnetiche, moltiplichiamo scalarmente la precedente equazione per $\boldsymbol{e}_b$ e per $\boldsymbol{k}$, ottenendo

$$\omega^2 (\boldsymbol{\xi} \cdot \boldsymbol{e}_b) = c_s^2 (\boldsymbol{k} \cdot \boldsymbol{\xi})(\boldsymbol{k} \cdot \boldsymbol{e}_b), \tag{7.28}$$

e

$$[\omega^2 - k^2(c_s^2 + c_a^2)](\boldsymbol{k} \cdot \boldsymbol{\xi}) = -k^2 c_a^2 (\boldsymbol{k} \cdot \boldsymbol{e}_b)(\boldsymbol{\xi} \cdot \boldsymbol{e}_b). \tag{7.29}$$

Se $(\boldsymbol{k} \cdot \boldsymbol{\xi}) = 0$, la (7.28) implica che anche $(\boldsymbol{\xi} \cdot \boldsymbol{e}_b) = 0$ e, utilizzando questi risultati nella (7.27), ritroviamo la relazione di dispersione per le onde di Alfvén, (7.22), $\omega^2 = k^2 c_a^2 \cos^2\theta$. Le onde di Alfvén(incomprimibili!) sono quindi una soluzione anche nel caso in cui la comprimibilità del mezzo viene tenuta in conto.

Se $(\boldsymbol{k} \cdot \boldsymbol{\xi}) \neq 0$, possiamo moltiplicare la (7.29) per $(\boldsymbol{k} \cdot \boldsymbol{e}_b)$ e utilizzare la (7.28) per ottenere la seguente equazione:

$$\omega^4 - \omega^2 k^2 (c_s^2 + c_a^2) + c_s^2 c_a^2 k^4 \cos^2\theta = 0. \tag{7.30}$$

Le due soluzioni (in $\omega^2$) della precedente equazione forniscono le relazioni di dispersione delle *onde magnetosoniche* (o *magnetoacustiche*)

$$\left(\frac{\omega}{k}\right)^2 = \frac{1}{2}\left[(c_s^2 + c_a^2) \pm \sqrt{c_s^4 + c_a^4 - 2c_s^2 c_a^2 \cos 2\theta}\right]. \tag{7.31}$$

I due modi corrispondenti rispettivamente al segno più e al segno meno nella (7.31) sono detti onda magnetosonica veloce e onda magnetosonica lenta. L'onda di Alfvén, come si vede, ha una velocità di fase intermedia tra le due.

Le caratteristiche di propagazione dipendono dal rapporto $c_s^2/c_a^2$. Infatti, per propagazione parallela al campo magnetico $\boldsymbol{B}_0$, $\omega/k$ tende a $c_s$ per l'onda veloce e a $c_a$ per l'onda lenta se $c_s > c_a$, mentre la situazione si inverte se $c_s < c_a$. Riassumendo, possiamo dire che quando $\theta \to 0$, la velocità di fase dell'onda veloce tende al maggiore dei due valori $c_s$ e $c_a$ e la velocità di fase dell'onda lenta tende al minore dei due. Quando $\theta$ tende a $\pi/2$, la velocità di fase dell'onda lenta tende a zero, mentre quella dell'onda veloce tende a $(c_s^2 + c_a^2)^{1/2}$.

## 7.3 Onde fluide in regime non-MHD

Nel paragrafo precedente abbiamo determinato quali sono i modi d'onda in regime MHD. Nonostante che le soluzioni trovate siano soluzioni esatte. esse sono soggette alle stesse limitazioni di validità delle equazioni da cui sono state dedotte. Ricordando la discussione del Capitolo 5, dove si è mostrato che il regime MHD è un regime di *basse frequenze*, è naturale chiedersi come si trasformano i modi d'onda all'aumentare della frequenza, pur rimanendo nell'ambito dei modelli fluidi ideali, cioè con conducibilità elettrica infinita. Come regola generale possiamo dire che le equazioni MHD sono valide per valori inferiori alla minore delle frequenze caratteristiche dei plasmi. Se consideriamo valori tipici di tali frequenze, per esempio nelle condizioni prevalenti nella corona solare quieta, $n_e \simeq n_p \simeq 10^8\, cm^{-3}$, $B \lesssim 10\, G$, otteniamo $\omega_{pe} \simeq 5.6 \times 10^8\, s^{-1}$, $\omega_{ce} \simeq 1.8 \times 10^8\, s^{-1}$, $\omega_{pi} \simeq 1.3 \times 10^7\, s^{-1}$, $\omega_{ci} \simeq 9.6 \times 10^4\, s^{-1}$. Nelle onde magnetosoniche, $\omega \propto k$ e quindi per $k$ sufficientemente grande $\omega$ finisce per superare il limite di validità delle equazioni MHD.

### *7.3.1 Frequenze intermedie: $\omega \lesssim \omega_{ce}$*

Per capire quali sono le modifiche da apportare in un regime di frequenze più elevate, riprendiamo la discussione degli ordini di grandezza dei vari termini che compaiono nell'equazione di Ohm generalizzata (4.42), limitandoci al casi di un plasma "freddo" cioè in cui i termini legati ai gradienti di pressione siano trascurabili. È facile allora verificare che il primo termine che va mantenuto quando la frequenza aumenta è il termine di Hall, cioè quello proporzionale a $\boldsymbol{J} \times \boldsymbol{B}$. Infatti, un semplice calcolo dimensionale dimostra che il rapporto tra questo termine ed il termine ideale $(1/c)(\boldsymbol{U} \times \boldsymbol{B})$, vale $(c/\mathcal{U})^2 \omega\, \omega_{ce}/\omega_{pe}^2$. Riprendendo l'esempio della corona solare e supponendo che sia $\mathcal{U} \simeq 0.01c$ si vede che i due termini sono paragonabili già per $\omega \simeq \omega_{ci}$. Nonostante sia possibile studiare analiticamente le onde in un plasma freddo per angoli arbitrari di propagazione rispetto al campo magnetico, ci limiteremo al caso della propagazione parallela, assai più semplice, ma che permette tuttavia di apprezzare le modifiche nei modi dovute alla presenza di frequenze più elevate di quelle del regime MHD.

Poniamo dunque $\boldsymbol{B}_0 = B_0 \boldsymbol{e}_b$, $\boldsymbol{k} = k \boldsymbol{e}_b$ e osserviamo che la condizione $\boldsymbol{\nabla} \cdot \boldsymbol{B}_1 = 0$, cioè $\boldsymbol{k} \cdot \boldsymbol{B}_1 = 0$ implica nel nostro caso $\boldsymbol{e}_b \cdot \boldsymbol{B}_1 = 0$. Usiamo ora le equazioni MHD linearizzate, senza tuttavia introdurre lo spostamento lagrangiano

$\xi$. Eseguendo, come sempre, le trasformate di Fourier avremo:

$$\omega \boldsymbol{U} = -\frac{c_a^2}{B_0}(\boldsymbol{k} \times \boldsymbol{B}_1) \times \boldsymbol{e}_b = -\frac{kc_a^2}{B_0}[\boldsymbol{B}_1 - (\boldsymbol{e}_b \cdot \boldsymbol{B}_1)\boldsymbol{e}_b] = -\frac{kc_a^2}{B_0}\boldsymbol{B}_1.$$

L'equazione di Ohm generalizzata con il termine Hall incluso diviene:

$$\omega \boldsymbol{B}_1 + k\boldsymbol{e}_b \times (\boldsymbol{U} \times \boldsymbol{B}_0) = \frac{\mathrm{i}\, B_0 k^2}{4\pi n_0 e}\boldsymbol{e}_b \times [(\boldsymbol{e}_b \times \boldsymbol{B}_1) \times \boldsymbol{e}_b].$$

Utilizzando la precedente espressione per $\boldsymbol{U}$ ed eseguendo i prodotti vettoriali otteniamo infine:

$$(\omega^2 - k^2c_a^2)\boldsymbol{B}_1 - \mathrm{i}(\omega/\omega_{ci})k^2c_a^2(\boldsymbol{e}_b \times \boldsymbol{B}_1) = 0. \tag{7.32}$$

Scegliendo l'asse $z$ lungo $\boldsymbol{B}_0$ ($\boldsymbol{e}_b = \boldsymbol{e}_z$) e scrivendo la (7.32) per componenti avremo:

$$\begin{aligned} &(\omega^2 - k^2c_a^2)B_{1x} + \mathrm{i}\,(\omega/\omega_{ci})k^2c_a^2\, B_{1y} = 0 \\ &(\omega^2 - k^2c_a^2)B_{1y} - \mathrm{i}\,(\omega/\omega_{ci})k^2c_a^2\, B_{1x} = 0 \\ &(\omega^2 - k^2c_a^2)B_{1z} = 0. \end{aligned} \tag{7.33}$$

Se $B_{1z} \neq 0$, dovrà essere $\omega^2 = k^2c_a^2$ e di conseguenza $B_{1x} = B_{1y} = 0$. Se invece $B_{1z} = 0$, la soluzione del problema si ottiene annullando il determinante dei coefficienti del sistema formato dalle prime due equazioni nella (7.33):

$$\begin{aligned} (\omega^2 - k^2c_a^2)^2 - (\omega/\omega_{ci})^2k^4c_a^4 &= \left[\omega^2 - k^2c_a^2 + (\omega/\omega_{ci})k^2c_a^2\right] \cdot \\ &\quad \cdot \left[\omega^2 - k^2c_a^2 - (\omega/\omega_{ci})k^2c_a^2\right] = 0, \end{aligned}$$

e il sistema si divide in due separate equazioni di secondo grado per $\omega$, ognuna delle quali ha una sola radice positiva. Consideriamo dapprima l'equazione

$$\omega^2 - k^2c_a^2 + (\omega/\omega_{ci})k^2c_a^2 = 0,$$

la cui radice positiva è

$$\omega = \frac{1}{2\omega_{ci}}\left(-k^2c_a^2 + \sqrt{k^4c_a^4 + 4k^2c_a^2\omega_{ci}^2}\right).$$

I valori limite per piccoli e grandi valori di $k$ di sono:

$$\omega \simeq k\, c_a \quad (k \to 0), \qquad \text{e} \qquad \omega \simeq \omega_{ci} \quad (k \to \infty).$$

Passando ora alla soluzione dell'equazione:

$$\omega^2 - k^2c_a^2 - (\omega/\omega_{ci})k^2c_a^2 = 0,$$

avremo

$$\omega = \frac{1}{2\omega_{ci}}\left(k^2c_a^2 + \sqrt{k^4c_a^4 + 4k^2c_a^2\omega_{ci}^2}\right),$$

con i valori limite,

$$\omega \simeq k\,c_a \quad (k \to 0) \qquad \text{ma} \qquad \omega \simeq \frac{k^2c_a^2}{\omega_{ci}} \quad (k \to \infty).$$

Vediamo dunque che i modi hanno la stessa relazione di dispersione per $k \to 0$, cioè per basse frequenze, in accordo con i risultati per le onde MHD in propagazione parallela (vedi (7.22) e (7.26)). Tuttavia, per grandi valori di $k$ le due relazioni di dispersione differiscono marcatamente: nel primo caso la frequenza rimane finita e tende ad $\omega_{ci}$, mentre nell'altro caso sembra divergere quadraticamente con $k$. In realtà non possiamo applicare la nostra trattazione per valori di $k$ (e quindi di $\omega$) troppo grandi perché essa tien conto solo del termine Hall nell'equazione per $\boldsymbol{B}$ ed è facile vedere che questa approssimazione cessa di valere per valori di $\omega$ sensibilmente maggior di $\omega_{ci}$. Prima di esaminare quel che succede a frequenze più alte, è interessante determinare la caratteristiche delle soluzioni per i due modi d'onda. Se consideriamo la prima delle due soluzioni quando $k \to \infty$, e sostituiamo quindi $\omega$ con $\omega_{ci}$ nelle (7.33), otteniamo:

$$-B_{1x} + \mathrm{i}\,B_{1y} = 0 \qquad \text{cioè} \qquad \frac{\mathrm{i}\,B_{1y}}{B_{1x}} = 1.$$

Queste relazione caratterizza onde polarizzate circolarmente con un verso di rotazione orario guardando in direzione antiparallela a quella di $\boldsymbol{B}_0$. Per verificarlo, ricordiamo che le quantità $B_{1x}$ e $B_{1y}$ che compaiono nelle precedenti equazioni sono in realtà le componenti di Fourier delle corrispondenti grandezze fisiche. Ripristinando la consueta notazione $\tilde{f}$ per la trasformata di Fourier della generica grandezza $f$, riscriviamo la condizione trovata come

$$\tilde{B}_{1y} = -\mathrm{i}\tilde{B}_{1x}.$$

Ma

$$B_{1x} = \Re\mathfrak{e}(\tilde{B}_{1x}) = |B_1|\cos\omega t$$

e

$$B_{1y} = \Re\mathfrak{e}(\tilde{B}_{1y}) = -\Re\mathfrak{e}(\mathrm{i}\tilde{B}_{1x}) = -|B_1|\sin\omega t,$$

dove $|B_1|$ è il modulo del vettore $\boldsymbol{B}_1$. Ricordando l'equazione di Maxwell per $\boldsymbol{\nabla} \times \boldsymbol{E}$, $(\boldsymbol{e}_z \times \tilde{\boldsymbol{E}} \propto \boldsymbol{B}_1)$, vediamo che la stessa relazione sussiste tra le componenti di $\tilde{E}$. Quindi

$$E_x = |E|\cos\omega t \qquad ; \qquad E_y = -|E|\sin\omega t.$$

Al tempo $t = 0$ il campo è diretto lungo $x$. All'aumentare di $t$, $E_x$ diminuisce mantenendo valori positivi, mentre $E_y$ assume valori negativi, mostrando appunto che il vettore $\boldsymbol{E}$ compie una rotazione nel senso indicato. Ricordando la discussione del Capitolo 2, vediamo che questo è anche il verso di rotazione delle particelle di carica *positiva* sotto l'azione del campo $\boldsymbol{B}_0$. Quindi il verso di rotazione del campo elettrico dell'onda coincide con quello di rotazione degli ioni, ciò che giustifica il nome di *onde di ciclotrone ioniche* attribuito a questo modo. È chiaro che in queste circostanze si instaura una situazione di *risonanza* tra l'onda e gli ioni positivi che ne esalta l'interazione. Ripetendo il procedimento per la seconda soluzione otteniamo:

$$B_{1x} + \mathrm{i}\, B_{1y} = 0 \qquad \text{cioè} \quad \frac{\mathrm{i}\, B_{1y}}{B_{1x}} = -1,$$

e in questo caso il verso di rotazione è concorde con quello degli elettroni. Non è quindi sorprendente che la teoria esatta per questo tipo di onde mostri che quando $k \to \infty$ la frequenza tenda a $\omega_{ce}$ e che si instauri una risonanza tra l'onda e gli elettroni. Per valori intermedi di $\omega$, $\omega_{ci} \ll \omega \ll \omega_{ce}$, si può dimostrare che l'onda (detta con termine inglese *whistler*) obbedisce alla relazione di dispersione

$$\omega \simeq \frac{k^2 c^2 \omega_{ce}}{\omega_{pe}^2}.$$

### 7.3.2 Alte frequenze: $\omega \simeq \omega_{pe}$

Ancora una volta ci limiteremo a considerare un caso semplice, cioè quello di un plasma freddo non magnetizzato. Poiché stiamo considerando il caso di alte frequenze, non potremo più trascurare la corrente di spostamento nell'equazione di Maxwell per $\boldsymbol{\nabla} \times \boldsymbol{B}$. In cambio, possiamo supporre che gli ioni, a causa della loro massa, molto maggiore di quella degli elettroni, non siano in grado di seguire le oscillazioni su scale temporali rapide $\simeq \omega^{-1}$ e quindi rimangano immobili, fornendo semplicemente la carica necessaria alla quasi-neutralità del plasma. La nostra descrizione si riferirà dunque alla sola componente elettronica. Le equazioni rilevanti saranno dunque:

$$\begin{aligned} -\mathrm{i}\omega \boldsymbol{u} &= -\frac{e}{m_e}\boldsymbol{E}, \\ \boldsymbol{k} \times \boldsymbol{E} &= \frac{\omega}{c}\boldsymbol{B}_1, \\ \mathrm{i}\boldsymbol{k} \times \boldsymbol{B}_1 &= \frac{4\pi}{c}\boldsymbol{J}_1 - \mathrm{i}\frac{\omega}{c}\boldsymbol{E}, \end{aligned} \tag{7.34}$$

dove $\boldsymbol{u}$ è la velocità degli elettroni e $\boldsymbol{J}_1 = -en_0\boldsymbol{u}$. Nelle precedenti equazioni tutte le grandezze sono trasformate di Fourier. Combinando le precedenti equazioni, si arriva senza difficoltà al sistema:

$$(\omega_{pe}^2 - \omega^2 + k^2 c^2)\boldsymbol{E} = c^2(\boldsymbol{k} \cdot \boldsymbol{E})\boldsymbol{k}. \tag{7.35}$$

Moltiplicando scalarmente per $\boldsymbol{k}$ la precedente relazione otteniamo:

$$(\omega_{pe}^2 - \omega^2)(\boldsymbol{k} \cdot \boldsymbol{E}) = 0, \tag{7.36}$$

che mostra come siano possibili due tipi di onde, a seconda che sia $(\boldsymbol{k} \cdot \boldsymbol{E}) \neq 0$ oppure $(\boldsymbol{k} \cdot \boldsymbol{E}) = 0$.

Nel primo caso

$$\omega = \omega_{pe},$$

e, introducendo questa relazione nella (7.35) si vede che $\boldsymbol{E}$ è diretto lungo $\boldsymbol{k}$. La prima delle (7.34) ci assicura che anche $\boldsymbol{u}$ è parallelo a $\boldsymbol{k}$ e quindi si tratta quindi di un'onda *longitudinale*, con il campo magnetico associato ad essa $\boldsymbol{B}_1 = 0$, come mostra la seconda delle (7.34). Queste onde sono quindi delle onde *elettrostatiche* e vengono dette *onde di plasma* o *onde di Langmuir*. Nel limite di plasma freddo fin qui trattato, queste onde non si propagano e sono quindi delle oscillazioni stazionarie che sono semplicemente la manifestazione della reazione del plasma a violazioni locali della neutralità di carica. Infatti, poiché $(\boldsymbol{k} \cdot \boldsymbol{E}) \neq 0$, l'equazione per $\boldsymbol{\nabla} \cdot \boldsymbol{E}$, $\mathrm{i}\boldsymbol{k} \cdot \boldsymbol{E} = 4\pi q = -4\pi\, e\, n_1$ ci dice che si forma una densità di carica non nulla.

L'introduzione degli effetti termici cambia questa situazione come si può vedere introducendo il termine proporzionale al gradiente di pressione nell'equazione per il fluido di elettroni. In questo caso si ha:

$$m_e n_0 \frac{\partial \boldsymbol{u}}{\partial t} = -\boldsymbol{\nabla} P_1 - e n_0 \boldsymbol{E} = \gamma c_s^2 \boldsymbol{\nabla} \rho_1 - e n_0 \boldsymbol{E},$$

dove si è usata la definizione

$$c_s^2 = \frac{k_B T}{m},$$

e si è indicata con $k_B$ la costante di Boltzmann per evitare confusioni con il modulo del vettore d'onda $\boldsymbol{k}$. Utilizzando l'equazione di continuità per eliminare $\rho_1$ ed eseguendo le trasformate di Fourier, si ottiene:

$$\omega^2 \boldsymbol{u} = \gamma k^2 c_s^2 \boldsymbol{u} - \mathrm{i}\, e \omega \boldsymbol{E}.$$

Poiché stiamo trattando il caso di onde longitudinali, la precedente equazione ha componenti non nulle solo nella direzione di $\boldsymbol{e}_k$. Scriveremo dunque:

$$(\omega^2 - \gamma k^2 c_s^2) u = -\mathrm{i} \frac{e}{m_e} \omega E = -\omega_{pe}^2 u,$$

utilizzando la terza delle (7.34) (con $\boldsymbol{B}_1 = 0$) e la definizione di $\boldsymbol{J}_1 = -e n_0 \boldsymbol{u}$. Si arriva così alla relazione di dispersione:

$$\omega^2 = \omega_{pe}^2 + \gamma k^2 c_s^2.$$

Vediamo quindi che in un plasma "caldo" l'onda longitudinale si propaga, ma solo per frequenze superiori alla frequenza di plasma, $\omega > \omega_{pe}$. Quando $\omega \gg \omega_{pe}$, la velocità di fase tende a $\gamma c_s$. Il valore di $\gamma$ è legato al numero di gradi di libertà, $s$, delle particelle che compongono il plasma, $\gamma = 1 + 2/s$. Nel nostro caso il moto delle particelle è strettamente unidimensionale, perché le oscillazioni avvengono lungo $\boldsymbol{e}_k$ ed abbiamo trascurato l'effetto delle collisioni che potrebbero diffondere gli elettroni anche nelle altre direzioni. Quindi $s = 1$ e di conseguenza $\gamma = 3$. La forma finale della relazione di dispersione è quindi:

$$\omega^2 = \omega_{pe}^2 + 3k^2 c_s^2 = \omega_{pe}^2 + 3k^2 (\frac{k_B T}{m_e}). \tag{7.37}$$

Esaminiamo ora la seconda delle soluzioni della (7.36), cioè quella per cui

$$\boldsymbol{k} \cdot \boldsymbol{E} = 0.$$

In questo caso la (7.35) fornisce immediatamente la relazione di dispersione

$$\omega^2 = \omega_{pe}^2 + k^2 c^2. \tag{7.38}$$

Inoltre, il campo magnetico $\boldsymbol{B}_1 = (\omega/c)(\boldsymbol{k} \times \boldsymbol{E}) \neq 0$ e forma una terna ortogonale con $\boldsymbol{E}$ e $\boldsymbol{k}$. Come si vede si tratta di onde *elettromagnetiche trasversali*, che rappresentano la generalizzazione delle consuete onde elettromagnetiche che si propagano nel vuoto. La loro velocità di fase è

$$v_f = \frac{\omega}{k} = c\sqrt{1 + (\omega_{pe}^2 / k^2 c^2)},$$

ed è quindi maggiore di $c$. Come abbiamo già notato questo non costituisce un problema. Possiamo comunque verificare che la velocità di gruppo $v_g < c$. Infatti

$$v_g = \frac{\partial \omega}{\partial k} = c^2 \frac{k}{\omega} = \frac{c^2}{v_f} < c.$$

Anche queste onde si propagano solo per frequenze $\omega > \omega_{pe}$ e questa circostanza ha una grande importanza nelle trasmissioni radio. Infatti, le onde elettromagnetiche di bassa frequenza che si propagano nell'atmosfera terrestre quando raggiungono lo strato esterno dell'atmosfera stessa, che è costituito da un gas *ionizzato* (la cosiddetta *ionosfera*), possono trovarsi nella situazione $\omega < \omega_{pe}$ e quindi non possono propagarsi ulteriormente. Esse vengono riflesse totalmente verso il basso e questo permette il collegamento via radio di punti sulle superficie terrestre che non sono "in vista" l'uno dell'altro.

## 7.4 Onde in regime cinetico: lo smorzamento di Landau

Studieremo ora un fenomeno di grande interesse che ci permetterà di comprendere meglio la fisica microscopica dei plasmi e le relazioni che intercorrono tra i modelli cinetici ed i modelli fluidi. Finora ci siamo occupati della descrizione di onde partendo da modelli fluidi in vari regimi: MHD, uno o due fluidi. Ovviamente, quando i modelli fluidi non sono applicabili è necessario tornare alla più generale descrizione cinetica ed i fenomeni ondosi possono essere analizzati anche in questo tipo di schema. Nel 1946 Landau studiò appunto il problema della propagazione di onde elettrostatiche in un plasma *non collisionale* e dimostrò che l'ampiezza di tali onde inevitabilmente diminuisce col tempo. Questo risultato è assai sorprendente perché siamo abituati a considerare che lo smorzamento di un'onda sia dovuto alla presenza di processi dissipativi che, in ultima analisi, sono legati alla presenza di collisioni.

Come abbiamo già visto nel Capitolo 3, un plasma non collisionale è descritto dall'equazione di Vlasov, che sarà quindi la base di partenza del nostro studio. Supporremo che il plasma sia omogeneo, che il campo magnetico all'equilibrio sia nullo e che gli ioni rimangano immobili e abbiano quindi semplicemente la funzione di mantenere la neutralità di carica. In queste ipotesi, possiamo limitarci a risolvere l'equazione di Vlasov per la sola funzione di distribuzione degli elettroni, che indicheremo con $f(\boldsymbol{r}, \boldsymbol{v}, t)$. In analogia a quanto fatto nel caso fluido, considereremo una situazione di equilibrio, rappresentata da $f_0$ ed una perturbazione $f_1$, con $|f_1| \ll |f_0|$. Nella situazione imperturbata il campo elettrico deve essere nullo, altrimenti le particelle del plasma sarebbero sottoposte ad una accelerazione continua e non si potrebbe raggiungere una situazione di equilibrio. È quindi chiaro che qualunque funzione arbitraria della velocità, $f_0 = f_0(\boldsymbol{v})$, è una soluzione dell'equazione di Vlasov all'ordine zero:

$$\frac{\partial f_0}{\partial t} + \boldsymbol{v} \cdot \frac{\partial f_0}{\partial \boldsymbol{r}} = 0.$$

Nel seguito supporremo che $f_0$ sia la funzione di distribuzione maxwelliana:

$$f_0 = n_0 \Big(\frac{m}{2\pi k_B T}\Big)^{3/2} \exp\Big(-\frac{mv^2}{2k_B T}\Big).$$

La funzione di distribuzione degli elettroni si scriverà come:

$$f(\boldsymbol{r}, \boldsymbol{v}, t) = f_0(\boldsymbol{v}) + f_1(\boldsymbol{r}, \boldsymbol{v}, t),$$

e la forma linearizzata dell'equazione di Vlasov sarà quindi

$$\frac{\partial f_1}{\partial t} + \boldsymbol{v} \cdot \frac{\partial f_1}{\partial \boldsymbol{r}} - \frac{e\boldsymbol{E}}{m} \cdot \frac{\partial f_0}{\partial \boldsymbol{v}} = 0, \tag{7.39}$$

dove $m$ è la massa dell'elettrone e si è tenuto conto che il campo elettrico è una quantità del primo ordine. Alla precedente equazione va accoppiata l'equazione per il campo elettrico:

$$\boldsymbol{\nabla} \cdot \boldsymbol{E}(\boldsymbol{r}, t) = 4\pi q = -4\pi e \int f_1(\boldsymbol{r}, \boldsymbol{v}, t) \mathrm{d}\boldsymbol{v}.$$

Siccome il mezzo imperturbato è omogeneo, potremo eseguire una trasformata di Fourier rispetto alle coordinate spaziali scrivendo:

$$f_1(\boldsymbol{r},\boldsymbol{v},t) = \int \tilde{f}_1(\boldsymbol{k},\boldsymbol{v},t)\,\mathrm{e}^{\mathrm{i}\boldsymbol{k}\cdot.\boldsymbol{r}}\mathrm{d}\boldsymbol{k}.$$

$$\boldsymbol{E}(\boldsymbol{r},t) = \int \tilde{\boldsymbol{E}}(\boldsymbol{k},\boldsymbol{v},t)\,\mathrm{e}^{\mathrm{i}\boldsymbol{k}\cdot.\boldsymbol{r}}\mathrm{d}\boldsymbol{k}.$$

La trasformata della (7.39) assume dunque la forma:

$$\frac{\partial \tilde{f}_1}{\partial t} + \mathrm{i}\,\boldsymbol{k}\cdot\boldsymbol{v}\tilde{f}_1 - \frac{e\,\tilde{\boldsymbol{E}}}{m}\cdot\frac{\partial f_0}{\partial \boldsymbol{v}} = 0. \tag{7.40}$$

Poiché considereremo solo il caso di onde elettrostatiche longitudinali,

$$\boldsymbol{\nabla}\times\boldsymbol{E} = 0, \quad \Rightarrow \quad \mathrm{i}\boldsymbol{k}\times\tilde{\boldsymbol{E}} = 0,$$

possiamo scegliere un sistema di riferimento in cui:

$$\boldsymbol{k} = [k,0,0], \quad \tilde{\boldsymbol{E}} = [\,\tilde{E},0,0\,], \quad \boldsymbol{v} = [\,u,v_y,v_z\,].$$

Nel seguito supporremo sempre $k > 0$, a meno che non sia esplicitamente indicato il contrario. La soluzione del problema si determina risolvendo in primo luogo le equazioni per le trasformate di Fourier

$$\frac{\partial \tilde{f}_1(k,\boldsymbol{v},t)}{\partial t} + \mathrm{i}\,ku\,\tilde{f}_1(k,\boldsymbol{v},t) - \frac{e\,\tilde{E}}{m}\frac{\partial f_0(\boldsymbol{v})}{\partial u} = 0 \tag{7.41}$$

e

$$\mathrm{i}\,k\tilde{E}(k,t) = -4\pi\,e\int \tilde{f}_1(k,\boldsymbol{v},t)\mathrm{d}\boldsymbol{v}, \tag{7.42}$$

e passando poi alle antitrasformate.

Per quel che riguarda la dipendenza dal tempo, potremmo eseguire una trasformata di Fourier anche rispetto a questa variabile, visto che lo stato imperturbato è stazionario. Se tuttavia supponiamo che la nostra perturbazione sia applicata al tempo $t = 0$ è preferibile, seguendo il procedimento originale di Landau, eseguire una trasformata di Laplace rispetto al tempo, di cui ricordiamo brevemente alcune delle principali proprietà.

Data una generica funzione del tempo $g(t)$, la sua trasformata di Laplace è definita da:

$$\hat{g}(p) = \int_0^\infty g(t)\,\mathrm{e}^{-p\,t}\mathrm{d}t,$$

dove $p$ è un numero complesso, con $\mathfrak{Re}\,p > 0$. La teoria delle trasformate di Laplace dimostra che l'antitrasformata si ottiene eseguendo un'integrazione lungo una linea parallela all'asse immaginario di $p$ che si trovi *alla destra* di tutte le singolarità della

$\hat{g}(p)$:

$$g(t) = \frac{1}{2\pi \mathrm{i}} \int_{\sigma - \mathrm{i}\infty}^{\sigma + \mathrm{i}\infty} \hat{g}(p)\, \mathrm{e}^{p\,t} \mathrm{d}p.$$

Si osservi che formalmente la trasformata di Laplace è equivalente ad una trasformata di Fourier in cui si sia effettuata la sostituzione $-\mathrm{i}\omega \to p$. L'uso della trasformata di Laplace si rivela particolarmente utile quando si voglia risolvere un'equazione differenziale ai valori iniziali. Per esempio si consideri l'equazione del primo ordine:

$$\frac{dg}{dt} + a = b(t) \quad ; \quad g(t=0) = g(0)$$

con $a = cost.$ e $b(t)$ funzione nota di $t$. Eseguendo una trasformata di Laplace sulla precedente equazione otteniamo:

$$\int_0^\infty \frac{dg}{dt} \mathrm{e}^{-p\,t} \mathrm{d}t + a \int_0^\infty \mathrm{e}^{-p\,t} \mathrm{d}t = \int_0^\infty b(t) \mathrm{e}^{-p\,t} \mathrm{d}t.$$

Integrando per parti il primo termine si ha:

$$g(t)\mathrm{e}^{-p\,t}\Big|_0^\infty + p\,\hat{g}(p) + a\,\hat{g}(p) = \hat{b}(p),$$

e infine

$$-g(0) + (a+p)\,\hat{g}(p) = \hat{b}(p).$$

La trasformata della soluzione dell'equazione differenziale è quindi:

$$\hat{g}(p) = \frac{\hat{b}(p) + g(0)}{a+p}.$$

Si noti che la condizione iniziale sulla $g(t)$ è automaticamente inclusa nella soluzione per $\hat{g}(p)$. La $g(t)$ soluzione dell'equazione data con la condizione iniziale assegnata si ottiene prendendo l'antitrasformata della $\hat{g}(p)$.

Ritornando al nostro problema, applichiamo la trasformata di Laplace all'Eq. (7.41) che diviene:

$$p\,\hat{f}_1(k, \boldsymbol{v}, p) - \tilde{f}_1(k, \boldsymbol{v}, t=0) + \mathrm{i}k\,u\,\hat{f}_1(k, \boldsymbol{v}, p) - \frac{e}{m}\hat{E}(k,p)\frac{\partial f_0}{\partial u} = 0.$$

Omettendo di indicare esplicitamente la dipendenza dalle variabili $k$ e $p$ in $\hat{f}_1$ ed $\hat{E}$ ed eliminando inoltre il pedice 1 nella notazione per $f_1$, la precedente equazione diviene:

$$(p + \mathrm{i}k\,u)\,\hat{f} = \tilde{f}(0) + \frac{e}{m}\hat{E}\frac{\partial f_0}{\partial u}. \tag{7.43}$$

Applicando la stessa procedura all'Eq. (7.42) e utilizzando la (7.43) otteniamo:

$$\mathrm{i}\,k\hat{E} = -4\pi\,e \int \frac{\tilde{f}(0)}{p + \mathrm{i}ku} \mathrm{d}\boldsymbol{v} - 4\pi\frac{e^2}{m}\,\hat{E} \int \frac{(\partial f_0/\partial u)}{p + \mathrm{i}ku} \mathrm{d}\boldsymbol{v},$$

che riscriviamo nella forma

$$\left[1 - \mathrm{i}\frac{4\pi\, e^2}{m\, k}\int \frac{(\partial f_0/\partial u)}{p + iku}\mathrm{d}\boldsymbol{v}\right]\hat{E} = \mathrm{i}\frac{4\pi\, e}{k}\int \frac{\tilde{f}(0)}{p + iku}\mathrm{d}\boldsymbol{v}. \tag{7.44}$$

Introduciamo ora la notazione:

$$F_0(u) = \frac{1}{n_0}\int f_0(\boldsymbol{v})\,\mathrm{d}v_y\,\mathrm{d}v_z = \left(\frac{m}{2\pi k_B T}\right)^{1/2}\exp\left(-\frac{mu^2}{2k_B T}\right), \tag{7.45}$$

se $f_0$ è una maxwelliana. Definendo inoltre:

$$\begin{aligned} D(k,p) &= 1 - \mathrm{i}\frac{4\pi\, e^2\, n_0}{m\, k}\int_{-\infty}^{\infty}\frac{(\mathrm{d}F_0/\mathrm{d}u)}{p + \mathrm{i}ku}\mathrm{d}u \\ &= 1 - \mathrm{i}\frac{\omega_{pe}^2}{k}\int_{-\infty}^{\infty}\frac{(\mathrm{d}F_0/\mathrm{d}u)}{p + \mathrm{i}ku}\mathrm{d}u, \end{aligned} \tag{7.46}$$

dove $n_0$ è la densità degli elettroni nello stato imperturbato, possiamo ottenere un'espressione esplicita per la quantità $\hat{E}(k,p)$:

$$\hat{E}(k,p) = \mathrm{i}\frac{4\pi\, e}{k}\frac{1}{D(k,p)}\int \frac{\tilde{f}(k,\boldsymbol{v},t=0)}{p + \mathrm{i}ku}\mathrm{d}\boldsymbol{v}. \tag{7.47}$$

Per ottenere $E(\boldsymbol{r},t)$ dobbiamo eseguire le antitrasformate di Laplace e di Fourier della (7.47) e queste operazioni presentano alcune difficoltà aggiuntive. Consideriamo l'antitrasformata di Laplace di $\hat{E}(k,p)$, cioè

$$\tilde{E}(k,t) = \frac{1}{2\pi\mathrm{i}}\int_{\sigma-\mathrm{i}\infty}^{\sigma+\mathrm{i}\infty}\hat{E}(k,p)\,\mathrm{e}^{p\,t}\mathrm{d}p. \tag{7.48}$$

Per determinare il valore di $\sigma$ dobbiamo conoscere la posizione di tutte le singolarità di $\hat{E}(k,p)$ nel piano complesso di $p$. Tuttavia, se $\tilde{f}(k,\boldsymbol{v},t=0)$ e $(\mathrm{d}F_0/\mathrm{d}u)$ sono funzioni *analitiche* di $u$, si può dimostrare che le sole singolarità di $\hat{E}(k,p)$ sono i poli corrispondenti agli zeri di $D(k,p)$, che per semplicità supporremo essere tutti distinti. Alcuni di questi poli potrebbero avere una parte reale positiva, il che implica $\sigma > 0$. In questo caso la funzione integranda nella (7.48) conterrebbe il fattore $\mathrm{e}^{\sigma t}$ che diverge per $t \to \infty$. Nell'effettuare l'integrazione nel piano complesso di $p$ è tuttavia possibile deformare il cammino d'integrazione come indicato in Fig. 7.1. In questo modo, il contributo all'integrale lungo i segmenti verticali del cammino (in cui $\mathfrak{Re}\, p = -\alpha$) è nullo quando $t \to +\infty$ a causa del fattore $\mathrm{e}^{-\alpha\, t}$ ed è ugualmente nullo il contributo dovuto all'integrazione lungo i segmenti orizzontali, che vengono percorsi in senso opposto. Rimane quindi solo l'integrazione sulle circonferenze (di raggio che tende a zero) intorno ai poli:

$$\tilde{E}(k,t) = \frac{1}{2\pi\mathrm{i}}\oint \hat{E}(k,p)\,\mathrm{e}^{p\,t}\mathrm{d}p.$$

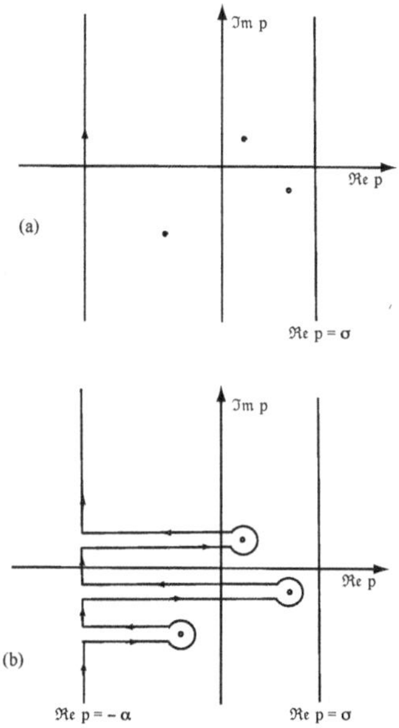


**Fig. 7.1** (a) cammino d'integrazione originale; (b) cammino d'integrazione deformato

Se dunque indichiamo con $p_j$, $(j = 1, 2 \ldots N)$ le soluzioni dell'equazione

$$D(k, p_j) = 0, \tag{7.49}$$

e scriviamo:

$$p_j(k) = \gamma_j(k) - \mathrm{i}\,\omega_j(k),$$

otterremo la seguente espressione per $\tilde{E}(k,t)$:

$$\tilde{E}(k,t) = \sum_{j=1}^{N} R_j \mathrm{e}^{\gamma_j\, t}\, \mathrm{e}^{-\mathrm{i}\omega_j\, t}, \tag{7.50}$$

dove $R_j$ è la quantità che in teoria delle funzioni di variabile complessa è detta il *residuo* di $\hat{E}(k,p)$ in $p = p_j$.

Il campo elettrico è quindi una sovrapposizione di onde la cui ampiezza cresce o decresce esponenzialmente col tempo a seconda del segno di $\gamma_j$. Tutti i termini con $\gamma_j < 0$ rappresentano delle oscillazioni smorzate, tanto più fortemente quanto maggiore è il valore di $|\gamma_j|$. Per tempi sufficientemente lunghi rispetto all'eccitazione iniziale, il termine dominante sarà dunque quello corrispondente al polo più prossimo all'asse immaginario di $p$. I termini con $\gamma_j > 0$ rappresentano invece delle oscillazioni amplificate che escono rapidamente dal regime lineare. Per rimanere

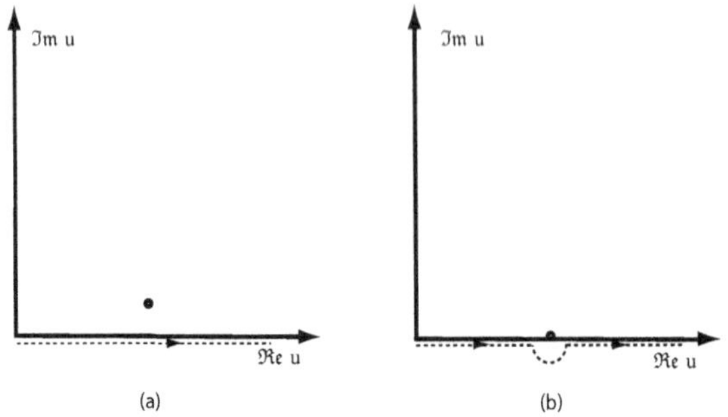


**Fig. 7.2** Il cammino d'integrazione secondo la prescrizione di Landau: (a) cammino originale, (b) cammino deformato

nell'ambito della presente teoria di onde di piccola ampiezza, dovremo quindi supporre che, se anche esistono dei poli con $\mathfrak{Re} p > 0$, essi si trovino vicino all'asse immaginario di $p$. Vediamo dunque che in ogni caso siamo interessati ai poli di $D(k,p)$ per cui $\gamma$ sia sufficientemente piccolo, cioè $|\gamma/\omega| \ll 1$.

La (7.49) definisce la relazione di dispersione per le onde che stiamo considerando. Se ora consideriamo l'espressione di $D(k,p)$ data dalla (7.46), vediamo che la funzione integranda presenta un polo per $u = \mathrm{i}p/k$. Originalmente la trasformata di Laplace era stata definita per $\mathfrak{Re}\, p > 0$, il che implica che il polo si trova nel semispazio $\mathfrak{Im}\, u > 0$, quindi esterno al cammino d'integrazione, che corre lungo l'asse reale di $u$. Tuttavia, quando abbiamo deformato il cammino d'integrazione dell'antitrasformata, abbiamo supposto che $\mathfrak{Re}\, p = \alpha < 0$ e quindi dobbiamo trovare una continuazione analitica dell'integrale che compare nella (7.46) per $\mathfrak{Re}\, p < 0$. Una tale continuazione si ottiene deformando il cammino d'integrazione in modo tale da mantenere il polo *al disopra* del cammino deformato, come mostrato in Fig. 7.2. Utilizzando questa prescrizione, detta prescrizione di Landau, possiamo definire $D(k,p)$ per qualunque valore di $p$, in particolare per $\mathfrak{Re}\, p = \gamma \to 0$, che è il caso per noi più interessante, come notato più sopra.

Seguendo la procedura indicata e ricordando la definizione di *parte principale* di un integrale nel piano complesso:

$$P \int_{-\infty}^{\infty} \frac{f(z)}{z - z_0} \mathrm{d}z = \lim_{\epsilon \to 0} \left[ \int_{-\infty}^{-\epsilon} \frac{f(z)}{z - z_0} \mathrm{d}z + \int_{\epsilon}^{\infty} \frac{f(z)}{z - z_0} \mathrm{d}z \right],$$

potremo scrivere l'integrale che compare nella (7.46) nella forma

$$\begin{aligned} \int_{-\infty}^{\infty} \frac{(\mathrm{d}F_0/\mathrm{d}u)}{p+\mathrm{i}ku} \mathrm{d}u &= \frac{1}{\mathrm{i}k} \int_{-\infty}^{\infty} \frac{F_0'}{u - \mathrm{i}p/k} \mathrm{d}u = \frac{1}{\mathrm{i}k} \left[ P \int_{-\infty}^{\infty} \frac{F_0'}{u - \mathrm{i}p/k} \mathrm{d}u + \mathrm{i}\pi F_0'(\mathrm{i}p/k) \right] = \\ &= P \int_{-\infty}^{\infty} \frac{F_0'}{p + \mathrm{i}ku} \mathrm{d}u + \frac{\pi}{k} F_0'(\mathrm{i}p/k). \end{aligned} \tag{7.51}$$

La relazione di dispersione sarà quindi data dalla soluzione dell'equazione:

$$\begin{aligned} D(k,p) &= 1 - \mathrm{i}\frac{\omega_{pe}^2}{k}\left[P\int_{-\infty}^{\infty}\frac{F_0'}{p+\mathrm{i}ku}\mathrm{d}u + \frac{\pi}{k}F_0'(\mathrm{i}p/k)\right] = \\ &= 1 + \omega_{pe}^2\left[P\int_{-\infty}^{\infty}\frac{F_0}{(p+\mathrm{i}ku)^2}\mathrm{d}u - \mathrm{i}\frac{\pi}{k^2}F_0'(\mathrm{i}p/k)\right] = 0, \end{aligned} \tag{7.52}$$

dove si è eseguita un'integrazione per parti. Per piccoli valori di $k$ possiamo sviluppare in serie la quantità $(p+\mathrm{i}ku)^{-2}$ ottenendo,

$$1 + \frac{\omega_{pe}^2}{p^2}\int_{-\infty}^{\infty}F_0\Big(1 - \frac{2\mathrm{i}ku}{p} - \frac{3k^2u^2}{p^2} + \cdots\Big)\mathrm{d}u - \mathrm{i}\frac{\pi\omega_{pe}^2}{k^2}F_0'(\mathrm{i}p/k) = 0.$$

Osservando che i termini immaginari nella funzione integranda contengono potenze dispari di $u$ e che quindi i relativi integrali sono nulli poiché $F_0$ è una funzione pari della stessa variabile, la precedente equazione diviene:

$$-p^2 \simeq \omega_{pe}^2\Big(1 - 3\frac{k^2c_s^2}{p^2}\Big) - \mathrm{i}\frac{\pi\omega_{pe}^2}{k^2}p^2\,F_0'(\mathrm{i}p/k), \tag{7.53}$$

dove si sono utilizzati i valori degli integrali:

$$\int_{-\infty}^{\infty}F_0\,\mathrm{d}u = 1 \quad \text{e} \quad \int_{-\infty}^{\infty}u^2\,F_0\,\mathrm{d}u = \frac{k_BT}{m} = c_s^2.$$

Nel limite $k \to 0$, la relazione di dispersione si riduce a

$$-p^2 = \omega^2 - \gamma^2 + 2\mathrm{i}\gamma\omega = \omega_{pe}^2,$$

perché la $F_0$ e le sue derivate convergono in maniera così rapida quando l'argomento tende all'infinito che l'ultimo termine della (7.53) tende a zero. In questo limite $\gamma = 0$ e quindi l'ampiezza del campo elettrico dell'onda, che è dato dalla (7.50), non subisce variazioni sistematiche nel tempo. La frequenza dell'onda è quella delle onde di Langmuir in un plasma freddo, cioè $\omega = \pm\omega_{pe}$.

Per ottenere una variazione dell'ampiezza è necessario tener conto delle correzioni legate a valori finiti di $k$. All'ordine più basso, queste si ottengono conservando il termine in $k^2$ nella (7.53), ma sostituendo $p^2$ con $-\omega_{pe}^2$ (cioè con la soluzione all'ordine zero in $k^2$) nel secondo membro di tale equazione. Dalla parte reale della (7.53) si ottiene:

$$\omega^2 = \omega_{pe}^2 + 3k^2c_s^2, \tag{7.54}$$

cioè la relazione di dispersione per le onde di Langmuir corretta per gli effetti termici (vedi Eq. (7.37)).

La parte immaginaria della (7.53) dà infine:

$$\gamma = \frac{\pi}{2}\frac{\omega_{pe}^3}{k^2}\,F_0'(\omega_{pe}/k). \tag{7.55}$$

La relazione (7.55) costituisce uno dei risultati fondamentali della fisica dei plasmi non collisionali. Prima di descrivere il meccanismo fisico che è alla base della (7.55), osserviamo che il segno di $\gamma$ dipende dal segno della derivata prima della funzione di distribuzione di equilibrio nel punto in cui *la velocità delle particelle uguaglia la velocità di fase dell'onda*. Lo smorzamento è quindi legato all'interazione *risonante* di un particolare gruppo di particelle con l'onda elettrostatica. Non meraviglia dunque che questo fenomeno non appaia a livello dei modelli fluidi, in cui il comportamento "anomalo" di un particolare gruppo di particelle viene cancellato dall'operazione di media sulle velocità che sta alla base di tali modelli. Poiché la funzione di distribuzione all'equilibrio (maxwelliana) è una funzione decrescente delle velocità per $u > 0$, $\gamma$ sarà una quantità negativa e l'onda subirà il cosiddetto *smorzamento di Landau*. Si potrebbe obiettare che la $F_0(u)$ ha una derivata positiva per $u < 0$, cosicché la (7.55) sembrerebbe implicare anche una possibilità di amplificazione dell'onda. Tuttavia, quando $u < 0$, le particelle risonanti hanno $k < 0$, contrariamente a quanto fin qui supposto. Bisogna quindi ripetere la nostra derivazione in quest'ultimo caso e ci si rende facilmente conto che il polo di $D(k,p)$ giace ora nel semipiano $\mathfrak{Im}\,u < 0$ e che ll cammino d'integrazione quando $\gamma \to 0$ deve essere modificato in modo da mantenere il polo *al disotto* del cammino. Il semicerchio di raggio infinitesimo intorno al polo viene ora percorso in senso orario, ciò che implica un cambiamento di segno del termine immaginario nelle (7.52) e (7.53). Di conseguenza la (7.55) diviene:

$$\gamma = -\frac{\pi}{2}\frac{\omega_{pe}^3}{k^2}\,F_0'(-\omega_{pe}/|k|),$$

ed il segno di $\gamma$ è ancora negativo. Se ne conclude che nel caso di particelle con distribuzione maxwelliana si ha sempre smorzamento. L'espressione esplicita della (7.55) per una distribuzione maxwelliana può essere posta nella forma:

$$\gamma = -\sqrt{\frac{\pi}{8}}\,\frac{\omega_{pe}}{|k\lambda_D|^3}\exp\Big[-\frac{1}{2(k\,\lambda_D)^2}-\frac{3}{2}\Big], \tag{7.56}$$

dove è stata usata la relazione:

$$\omega_{pe}\lambda_D = c_s,$$

e si è tenuto conto anche del termine proporzionale a $k^2$ nella (7.54) a causa della violenta dipendenza di $\gamma$ da $(k\lambda_D)$.

Come si vede, per piccoli valori di $(k\lambda_D)$, cioè per lunghezze d'onda grandi rispetto a $\lambda_D$, lo smorzamento è molto piccolo, ma cresce rapidamente al diminuire di $\lambda$, raggiungendo un massimo per $k\lambda_D \simeq 0.6$. L'Eq. (7.56) è stata ottenuta da uno sviluppo in serie del parametro $k\lambda_D \ll 1$ e quindi perde la sua validità quando esso si avvicina all'unità. Risolvendo esattamente (per via numerica) la (7.52), il massimo scompare e si trova che $\gamma$ è una funzione monotona crescente di $k\lambda_D$. Se ne conclude che quando quest'ultima quantità raggiunge e supera l'unità, le onde sono così fortemente smorzate da essere praticamente inesistenti.

Le precedenti considerazioni ci permettono di comprendere il processo fisico alla base dello smorzamento di Landau. Infatti, immaginiamo di osservare il fenomeno da un sistema di riferimento in moto con una velocità pari alla velocità di fase dell'onda. In un tale sistema, il campo elettrico ed il potenziale elettrico ad esso associato appariranno costanti nel tempo. Se l'energia totale di una particella è minore del massimo dell'energia potenziale elettrostatica nel campo dell'onda essa subirà una riflessione nei punti indicati con $A$ e $B$ nella Fig. 7.3 e rimarrà dunque "intrappolata" tra due massimi successivi del potenziale. Nel nostro sistema di riferimento, una particella con velocità leggermente inferiore alla velocità di fase dell'onda apparirà muoversi lentamente verso sinistra fino a riflettersi nel punto $A$, dove guadagnerà energia a spese dell'energia dell'onda, mentre una particella con velocità leggermente superiore alla velocità di fase dell'onda si rifletterà nel punto $B$, cedendo parte della sua energia all'onda. Se la funzione di distribuzione è una funzione *decrescente* della velocità nell'intorno della velocità di fase dell'onda, il numero di particelle con velocità $u < \omega/k$ è *maggiore* del numero di quelle che hanno $u > \omega/k$. Quindi l'assorbimento di energia dall'onda domina su quello di cessione di energia all'onda ed il risultato complessivo sarà dunque di uno smorzamento.

Se la funzione di distribuzione presenta un secondo massimo, per esempio per $k > 0$, e se la velocità di fase dell'onda cade nella regione in cui $F_0''(u) > 0$, $\gamma$ diviene positivo e l'ampiezza dell'onda cresce, a spese dell'energia cinetica delle particelle. Una situazione di questo genere si può presentare quando il sistema consiste di un plasma termico (distribuzione maxwelliana) attraversato da un fascio di particelle collimate, con velocità sensibilmente superiori alla velocità termica. È evidente, come già sottolineato, che una crescita esponenziale dell'ampiezza fa uscire rapidamente dal regime lineare e la nostra trattazione cessa di essere valida.

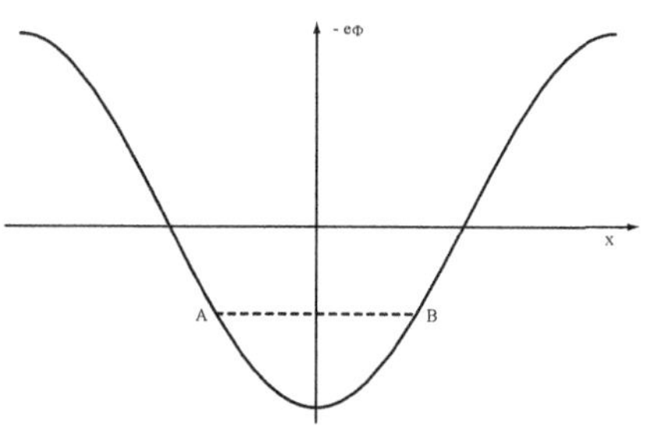


**Fig. 7.3** Energia potenziale, $-e\Phi$, in funzione di $x$ nel sistema di riferimento dell'onda

È facile tuttavia intuire quale sarà lo stato a cui arriverà il sistema nella fase non lineare. La crescita dell'ampiezza dell'onda rallenterà le particelle e questo implica un "travaso" di particelle da $u > \omega/k$ a $u < \omega/k$, che a lungo andare "spiana" il massimo secondario, saturando la crescita dell'ampiezza.

Si osservi, infine, che la nostra spiegazione fisica della fase lineare dello smorzamento di Landau si applica solo per tempi brevi rispetto al "tempo di rimbalzo" della particella nella buca di potenziale dell'onda. Infatti, una particella che viene riflessa nel punto $A$ finirà per raggiungere il punto $B$, dove cederà parte della sua energia all'onda, compensando parte dello smorzamento. La frequenza di rimbalzo, $\omega_r$ è può essere calcolata, in prima approssimazione, nel modo seguente.

Nel sistema dell'onda, il campo elettrico sia descritto da $E = E_0 \sin(kx)$. Di conseguenza il potenziale sarà $\Phi = (E_0/k)\cos(kx) = \Phi_0 \cos(kx)$ e l'energia potenziale dell'elettrone $V = -e\Phi = -(eE_0/k)\cos(kx)$, cioè del tipo mostrato nella Fig. 7.3

L'equazione di moto di un elettrone con energia lievemente superiore al minimo di $V$ sarà dunque:

$$m\ddot{x} = -eE = -eE_0 \sin(kx) \simeq -eE_0 k\, x,$$

da cui segue che le particelle intrappolate nella regione prossima al minimo dell'energia potenziale compiono un moto armonico con frequenza

$$\omega_r = \sqrt{eE_0 k/m} = k\sqrt{e\Phi_0/m}.$$

Il rapporto tra il tempo di rimbalzo, $\tau_r$, e ed il periodo dell'onda, $\tau_{pe}$, per $\omega \gg \omega_{pe}$, è quindi

$$\frac{\tau_r}{\tau_{pe}} \simeq \frac{\omega_{pe}}{kc_s}\sqrt{\frac{e\Phi_0}{k_B T}} \ll 1,$$

dove si è tenuto conto sia della (7.54) che della condizione caratteristica dei plasmi $e\Phi_0/kT \ll 1$. Si vede dunque che la fase lineare dello smorzamento di Landau può protrarsi per molti periodi dell'onda di plasma.

## Esercizi e problemi

**7.1.** Dimostrare che in un plasma omogeneo una perturbazione incomprimibile con $\boldsymbol{B} = \boldsymbol{B}_0 + \boldsymbol{B}_1$, con $\boldsymbol{B}_1$ arbitrario, ma che soddisfa alle condizioni (7.25), una soluzione esatta delle equazioni MHD e corrisponde ad un'onda trasversale che si propaga con velocit $c_a$.

**7.2.** Trovare la polarizzazione delle onde magnetosoniche lente e veloci $\boldsymbol{\xi}_{s,f}$ in propagazione obliqua rispetto al campo magnetico con un angolo $\theta$ qualsiasi e mostrare che vale sempre $\boldsymbol{\xi}_f \cdot \boldsymbol{\xi}_s = 0$. Gli auto-modi delle onde magnetosoniche lente, veloci e di Alfvén formano quindi una terna ortogonale.

**7.3.** Nell'Esercizio 5.6 si sono ricavate le equazioni della MHD - CGL ideale:

$$\frac{\partial \rho}{\partial t} + \boldsymbol{\nabla} \cdot (\rho \boldsymbol{U}) = 0 \tag{7.57a}$$

$$\rho \frac{\mathrm{d}\boldsymbol{U}}{\mathrm{d}t}_{\perp} = -\boldsymbol{\nabla}_{\perp}(P_{\perp} + \frac{B^2}{8\pi}) + \frac{\boldsymbol{B} \cdot \boldsymbol{\nabla} \boldsymbol{B}}{4\pi}_{\perp}(1 + \frac{P_{\perp} - P_{\parallel}}{B^2/4\pi}) = 0 \tag{7.57b}$$

$$\rho \frac{\mathrm{d}\boldsymbol{U}}{\mathrm{d}t}_{\parallel} = -\boldsymbol{\nabla}_{\parallel} P_{\parallel} - (P_{\perp} - P_{\parallel})(\frac{\boldsymbol{\nabla} B}{B})_{\parallel} \tag{7.57c}$$

$$\frac{\partial \boldsymbol{B}}{\partial t} = \boldsymbol{\nabla} \times (\boldsymbol{U} \times \boldsymbol{B}). \tag{7.57d}$$

Si linearizzino queste equazioni intorno a un equilibrio con $\boldsymbol{U}_0 = 0$, $\boldsymbol{B}_0 = B_0 \, \boldsymbol{e}_b$ e si trovi la relazione di dispersione per l'onda di Alfvén in propagazione parallela al campo magnetico.

*Soluzioni*

**7.1.** Posto $\boldsymbol{B}_0 = B_0 \boldsymbol{e}_z$, $c_a = B_0/\sqrt{4\pi\rho_0}$ e $\boldsymbol{b} = \boldsymbol{B}_1/\sqrt{4\pi\rho_0}$, le equazioni di moto e dell'induzione sono

$$\frac{\partial \boldsymbol{U}}{\partial t} - c_a \frac{\partial \boldsymbol{b}}{\partial z} = (\boldsymbol{b} \cdot \boldsymbol{\nabla})\boldsymbol{b} - (\boldsymbol{U} \cdot \boldsymbol{\nabla})\boldsymbol{U},$$

$$\frac{\partial \boldsymbol{b}}{\partial t} - c_a \frac{\partial \boldsymbol{U}}{\partial z} = (\boldsymbol{b} \cdot \boldsymbol{\nabla})\boldsymbol{U} - (\boldsymbol{U} \cdot \boldsymbol{\nabla})\boldsymbol{b},$$

dove si sono usate le condizioni: $\boldsymbol{\nabla} \cdot \boldsymbol{U} = 0$, $P_0 = cost$ e $|\boldsymbol{B}_0 + \boldsymbol{B}_1| = cost$,. Se valgono le relazioni caratteristiche per le onde di Alfvén: $\boldsymbol{b} = \pm \boldsymbol{U}$, i secondi membri delle precedenti equazioni sono identicamente nulli. Derivando la prima equazione rispetto a $t$ e utilizzando la seconda, si ottiene

$$\frac{\partial^2 \boldsymbol{U}}{\partial t^2} - c_a^2 \frac{\partial^2 \boldsymbol{U}}{\partial z^2} = 0.$$

**7.2.** La polarizzazione dei modi lenti e veloci si ottiene risolvendo l'equazione per gli autovettori ottenuta sostituendo il valore della frequenza (7.31) nelle equazioni (7.28) ed (7.29). Detta $y$ la coordinata ortogonale a $\boldsymbol{B}$ nel piano $\boldsymbol{k}$, $\boldsymbol{B}$ si ricava che

$$\left(\frac{\boldsymbol{\xi}_y}{\boldsymbol{\xi}_z}\right)_{s,f} = \frac{\omega_{s,f}^2 - c_s^2 k^2 \cos^2\theta}{c_s^2 k^2 \sin\theta \cos\theta}. \tag{7.58}$$

**7.3.** Cerchiamo soluzioni al sistema linearizzato in cui le fluttuazioni di velocità sono incomprimibili e le onde sono trasverse. Introducendo lo spostamento $\boldsymbol{\xi}$, e il campo magnetico perturbato $\boldsymbol{B}_1$, nella rappresentazione di Fourier avremo per lo spostamento $\boldsymbol{k} \cdot \boldsymbol{\xi} = 0$. Avremo quindi

$$-\omega^2 \rho_0 \boldsymbol{\xi} = i \frac{k B_0}{4\pi} \boldsymbol{B}_1 \big(1 + \frac{P_{0\perp} - P_{0\parallel}}{B_0^2/4\pi}\big) \tag{7.59a}$$

$$\boldsymbol{B}_1 = i k B_0 \boldsymbol{\xi}, \tag{7.59b}$$

da cui eliminando $\boldsymbol{B}_1$ si trova la relazione di dispersione

$$\omega^2 = k^2 \frac{B_0^2}{4\pi\rho_0} \big(1 + \frac{P_{0\perp} - P_{0\parallel}}{B_0^2/4\pi}\big). \tag{7.60}$$

In altre parole, l'anisotropia di pressione altera la velocità di propagazione dell' onda di Alfvén. Nel caso in cui la pressione parallela diventi sufficientemente grande, addirittura si può trovare $\omega^2 < 0$, ovverosia una instabilità. Questa instabilità, detta *firehose*, tende a far crescere l'onda di Alfvén, e quindi le fluttuazioni trasverse, portando alla fine a una diminuzione di $P_\parallel$ in favore di $P_\perp$.

# 8

# Discontinuità

I moti supersonici in un gas neutro sono all'origine della formazione di *onde d'urto* o *shock*: nel seguito useremo indifferentemente uno o l'altro di questi termini. In estrema sintesi, consideriamo cosa accade se un oggetto si muove in un gas, che supporremo perfetto. Il moto genera un disturbo nel gas che si propaga alla velocità del suono $c_s = \sqrt{\gamma P/\rho}$. Se la velocità dell'oggetto è minore di $c_s$ (moto *subsonico*), la perturbazione, cioè l'onda sonora compressiva, si troverà sempre davanti all'oggetto che ne è la causa. Se tuttavia l'oggetto si muove di moto *supersonico* ($v > c_s$), esso sopravanzerà la perturbazione. Il gas non sarà più "preavvertito" dell'arrivo dell'oggetto dall'onda sonora e i suoi parametri fisici saranno soggetti a brusche variazioni, la cui ampiezza può divenire molto grande, cosicché una trattazione del fenomeno in termini di piccole perturbazioni (teoria lineare) non è più possibile. La regione in cui avvengono tali variazioni è detta *fronte d'urto* e la sua struttura è determinata dalla compensazione tra effetti diversi, come ora illustreremo. Come abbiamo detto più volte, gli effetti dissipativi legati alla conducibilità termica e alla viscosità sono generalmente trascurabili nei gas e nei plasmi. Tuttavia, vi possono essere delle regioni in cui essi divengono importanti e ciò è dovuto alla struttura caratteristica dei termini che rappresentano tali effetti nelle equazioni fluide. Infatti, essi si presentano come il prodotto di un coefficiente (generalmente funzione dei parametri termodinamici) per il *gradiente* di una variabile fluida. Nel caso degli effetti termici avremo il coefficiente di conducibiltà termica moltiplicato per il gradiente della temperatura, nel caso di effetti viscosi avremo il coefficiente di viscosità moltiplicato per il gradiente della velocità e così via. È chiaro quindi che, se i gradienti delle variabile fluide tendono a diventare molto grandi, i termini dissipativi acquistano un'importanza crescente, almeno localmente. La formazione di forti gradienti è d'altra parte un tipico effetto non lineare, che entra cioè in gioco quando l'ampiezza delle perturbazioni cresce. Per rendercene conto consideriamo l'espressione dell'accelerazione di una particella fluida che compare al primo membro dell'equazione di moto (unidimensionale):

$$\frac{\mathrm{d}U}{\mathrm{d}t} = \frac{\partial U}{\partial t} + U\frac{\mathrm{d}U}{\mathrm{d}x}.$$

Chiuderi C., Velli M.: Fisica del Plasma. Fondamenti e applicazioni astrofisiche.
DOI 10.1007/978-88-470-1848-8_8, © Springer-Verlag Italia 2012

Il secondo termine è evidentemente non lineare e, per illustrare i suoi effetti, supponiamo che $U \propto \sin(kx)$, cosicché $\mathrm{d}U/\mathrm{d}x \propto \cos(kx)$. Quindi

$$U\frac{\mathrm{d}U}{\mathrm{d}x} \propto \sin(kx)\cos(kx) \propto \sin(2kx)$$

e questo mostra che il termine non lineare genera quantità che variano sulla scala $1/2k$, più piccola di quella di $U$, cioè $1/k$. Se ora pensiamo a uno sviluppo di $U$ in serie di Fourier che contenga un numero finito di termini di ampiezza non trascurabile, è chiaro che il prodotto di tale serie per la serie derivata genererà termini con valori di $k$ sempre maggiori e quindi variazioni spaziali su scale sempre minori. L'effetto complessivo sarà quello di creare un disturbo con gradienti spaziali sempre più forti, fino a quando questo effetto verrà bilanciato da quello antagonista dei termini dissipativi. Per piccoli valori dei coefficienti dissipativi il bilanciamento degli effetti richiede grandi valori dei gradienti sul fronte d'urto e piccoli valori dello "spessore" del fronte d'urto. Poiché nei gas e nei plasmi i coefficienti dissipativi sono estremamente piccoli, gli shock sono praticamente delle discontinuità.

Questa breve discussione qualitativa suggerisce di considerare gli shock come una zona di transizione (di spessore tendente a zero) tra una regione di flusso indisturbato (che indicheremo con il pedice 1) e una regione che ha subito gli effetti del passaggio dello shock (caratterizzata dal pedice 2). Queste regioni vengono spesso indicate come la zona *davanti* e *dietro* lo shock oppure *a monte* e *a valle* dello shock. Normalmente si suppone che tali regioni siano *omogenee*, cosa che in pratica non è vera, perché la regione a valle rilassa nel tempo ad uno stato differente da quello presente immediatamente dopo il passaggio dello shock. L'ipotesi di omogeneità ha quindi senso nell'ambito di un'analisi *locale*, cioè per tempi brevi rispetto a quelli caratteristici del rilassamento e per distanze piccole rispetto alla scala macroscopica del sistema. Le equazioni che descrivono una discontinuità sono semplicemente delle relazioni che collegano i valori delle variabili fluide ed elettromagnetiche nelle due regioni omogenee davanti e dietro il fronte d'urto, dove è giustificato supporre che valgano le equazioni MHD per un plasma ideale. Esse vengono dette *condizioni di salto* o *relazioni di Rankine- Hugoniot.* Nello spirito dell'analisi locale cui abbiamo appena accennato, possiamo considerare la situazione stazionaria e possiamo adottare un sistema di riferimento solidale con il fronte d'urto. In questo sistema il plasma entra nello shock con velocità $\boldsymbol{U}_1$ ed esce con velocità $\boldsymbol{U}_2$. Nel sistema che corrisponde maggiormente alla situazione fisica, il cosiddetto "sistema del laboratorio", la velocità del plasma nella Regione 1 è nulla e il fronte d'urto si muove con velocità $\boldsymbol{U}_{shock} = -\boldsymbol{U}_1$, mentre nella Regione 2 il plasma si muove con velocità $\boldsymbol{U} + \boldsymbol{U}_{shock} = \boldsymbol{U}_2 - \boldsymbol{U}_1$. La trattazione degli shock nei plasmi è notevolmente più complicata di quella nei gas neutri, a causa del maggior numero di gradi di libertà effettivi di un plasma. Consideriamo infatti il moto di un pistone in un gas neutro che produce un'onda compressiva nella direzione del moto. L'aggiunta di moti trasversali non cambia la situazione e il sistema ha quindi un solo grado di libertà effettivo. Ma se consideriamo il moto di un pistone conduttore in un plasma ideale, i moti trasversali del pistone trascinano il campo magnetico eventualmente presente nel plasma e generano un'onda magnetica. Quindi un plasma magnetizzato possiede tre gradi di libertà effettivi a cui corrispondono tre modi di propagazione. La situazione è analoga a quella incontrata studiando le onde MHD lineari dove avevamo un modo trasversale incomprimibile (le onde di Alfvén) e due modi "misti" (le onde magnetosoniche) con caratteristiche intermedie tra quelle di un'onda sonora e di un'onda magnetica. Anche nel caso non lineare si hanno tre onde con velocità di propagazione diverse, chiamate generalmente *lenta*, *intermedia* e *veloce*. Le onde corrispondenti alla velocità intermedia sono puramente trasversali e non danno luogo alla formazione di shock, mentre le altre due hanno generalmente componenti sia longitudinali che trasversali e producono delle onde d'urto.

Prima di passare a discutere la teoria degli shock MHD, vogliamo osservare che il meccanismo di generazione di un fronte d'urto non garantisce che il suo spessore sia compatibile con le condizioni necessarie per la validità del regime MHD. In particolare, può avvenire che lo spessore di "equilibrio" risulti inferiore al raggio di Larmor, nel qual caso una trattazione fluida del fenomeno dello shock cessa di essere giustificata ed è necessario il ricorso ad una descrizione cinetica. Si parla in questi casi di *shock non collisionali*. Nonostante la loro importanza, soprattutto in astrofisica, la loro discussione esula dallo scopo di questo testo.

## 8.1 Le condizioni di salto

Consideriamo un fronte d'urto piano di spessore nullo che si muova nella direzione normale al fronte stesso e identifichiamo tale direzione con il versore $\boldsymbol{e}_x$. I piani $x = cost.$ saranno quindi paralleli al piano del fronte d'urto. Con questa simmetria, tutte le grandezze fisiche dipenderanno solo dalla variabile $x$.

Per ricavare le relazioni di salto, sfruttiamo il fatto che, anche in presenza di discontinuità, valgono le leggi di conservazione fondamentali, cioè quelle della massa, impulso ed energia. Consideriamo dunque le equazioni MHD in forma conservativa ed integriamole nel volume cilindrico $V$ che ha le basi di area $A_1$ e $A_2$ uguali alla superficie del fronte d'urto e l'altezza nella direzione della velocità pari a $h$ (che faremo tendere a zero). Il volume contiene al suo interno il fronte d'urto. Per l'equazione di continuità avremo:

$$\int \frac{\partial \rho}{\partial t} \mathrm{d}V + \int_V \boldsymbol{\nabla} \cdot (\rho \boldsymbol{U}) \, \mathrm{d}V = \int \frac{\partial \rho}{\partial t} \mathrm{d}V + \int_S (\rho \boldsymbol{U}) \cdot \boldsymbol{n}_s \, \mathrm{d}S = 0,$$

dove $\boldsymbol{n}_s$ è la normale *esterna* alla superficie $S$, che noi identifichiamo con l'asse $x$: $\boldsymbol{n}_s = \boldsymbol{e}_x$. L'integrale di volume tende a zero quando $V \to 0$. L'integrale di superficie si spezza nei due integrali sulle superfici di base

$$\int_{A_1} (\rho \boldsymbol{U}) \cdot \boldsymbol{e}_x \, \mathrm{d}S - \int_{A_2} (\rho \boldsymbol{U}) \cdot \boldsymbol{e}_x \, \mathrm{d}S = 0.$$

Poiché questa relazione deve essere valida qualunque sia la superficie delle basi, facendo tendere $h \to 0$, si ottiene:

$$(\rho U_x)_1 = (\rho U_x)_2,$$

dove i pedici 1 e 2 indicano che le quantità in parentesi sono valutate rispettivamente sulla faccia a monte e a valle della discontinuità. Nella teoria delle onde d'urto viene tradizionalmente introdotta la notazione:

$$\Big[G\Big] \equiv G_2 - G_1,$$

dove $G$ è una generica grandezza, scalare o vettoriale. La prima condizione di salto, dedotta dall'equazione di continuità si scrive dunque:

$$\Big[\rho U_x\Big] = \Big[\rho \boldsymbol{U} \cdot \boldsymbol{e}_x\Big] = 0.$$

Più in generale, indicando con $\boldsymbol{n}$ il versore nella direzione della velocità dello shock senza far riferimento ad uno specifico sistema di coordinate, potremo scrivere

$$\Big[\rho(\boldsymbol{U} \cdot \boldsymbol{n})\Big] = 0. \tag{8.1}$$

Si osservi che la condizione di salto può essere ottenuta semplicemente dall'equazione di continuità (stazionaria) eseguendo formalmente la sostituzione $(\boldsymbol{\nabla} \cdot) \to (\boldsymbol{n} \cdot)$ ed uguagliando a zero il salto della quantità così ottenuta. Questa osservazione ci permette di ottenere immediatamente le condizioni di salto che derivano dall'equazione di moto e dall'equazione dell'energia ((5.20) e (5.21)) nella forma:

$$\Big[\rho \boldsymbol{U}(\boldsymbol{U} \cdot \boldsymbol{n}) + \Big(P + \frac{B^2}{8\pi}\Big)\boldsymbol{n} - \frac{\boldsymbol{B}}{4\pi}(\boldsymbol{B} \cdot \boldsymbol{n})\Big] = 0, \tag{8.2}$$

e

$$\Big[\Big(\tfrac{1}{2}\rho U^2 + \frac{\gamma P}{\gamma - 1}\Big)(\boldsymbol{U} \cdot \boldsymbol{n}) + \frac{c}{4\pi}(\boldsymbol{E} \times \boldsymbol{B}) \cdot \boldsymbol{n}\Big] = 0. \tag{8.3}$$

Adottando per il vettore $\boldsymbol{B}$ la rappresentazione:

$$\boldsymbol{B} = \boldsymbol{B}_n + \boldsymbol{B}_t = B_n \boldsymbol{n} + \boldsymbol{B}_t,$$

cioè separando la componente normale al piano della discontinuità dalla componente "tangenziale", giacente su tale piano, e rappresentazioni analoghe per gli altri vettori, vediamo che le equazioni di Maxwell $\boldsymbol{\nabla} \cdot \boldsymbol{B} = 0$ e $\boldsymbol{\nabla} \times \boldsymbol{E} = -\partial \boldsymbol{B}/\partial t = 0$ (con la sostituzione $\boldsymbol{\nabla} \to \boldsymbol{n}$) ci forniscono le condizioni:

$$\Big[B_n\Big] = 0,$$

e

$$\Big[\boldsymbol{E}_t\Big] = 0.$$

Ritroviamo così le condizioni di conservazione già note dall'elettrodinamica. Eliminando il campo elettrico con $\boldsymbol{E} = -(1/c)(\boldsymbol{U} \times \boldsymbol{B})$, otteniamo facilmente la seguente forma delle condizioni di salto:

$$\Big[\rho U_n\Big] = 0, \tag{8.4}$$

$$\Big[\rho U_n^2 + P + \frac{B_t^2}{8\pi}\Big] = 0, \tag{8.5}$$

$$\Big[\rho U_n \boldsymbol{U}_t - \frac{B_n}{4\pi}\boldsymbol{B}_t\Big] = 0, \tag{8.6}$$

$$\Big[\Big(\tfrac{1}{2}\rho U^2 + \frac{\gamma P}{\gamma - 1} + \frac{B_n^2 + B_t^2}{4\pi}\Big)U_n - \frac{B_n}{4\pi}(\boldsymbol{U} \cdot \boldsymbol{B})\Big] = 0 \tag{8.7}$$

$$\Big[B_n\Big] = 0, \tag{8.8}$$

$$\Big[\boldsymbol{E}_t\Big] = 0, \tag{8.9}$$

$$\Big[\boldsymbol{U}_n \times \boldsymbol{B}_t + \boldsymbol{U}_t \times \boldsymbol{B}_n\Big] = 0. \tag{8.10}$$

La presenza di una discontinuità non è necessariamente causa di un'onda d'urto e le condizioni di salto trovate consentono di classificare le discontinuità a seconda che sia $U_n = 0$ oppure $U_n \neq 0$. Nel primo caso, se $[\rho] = 0$ non si ha alcuna discontinuità, mentre se $[\rho] \neq 0$ si ha la cosiddetta *discontinuità di contatto*. Nel secondo caso ($U_n \neq 0$), se $[\rho] = 0$ si è in presenza di una *discontinuità rotazionale* e solo se $[\rho] \neq 0$ si forma uno shock vero e proprio.

### *8.1.1 Discontinuità di contatto*

In una discontinuità di contatto ($U_n = 0$) non vi è flusso di materia attraverso la discontinuità stessa, ma è presente un salto di densità. Se $B_n \neq 0$, la (8.10) ci dice che $[\boldsymbol{U}_t] = 0$, la (8.6) ci dice che $[\boldsymbol{B}_t] = 0$ e la (8.5) mostra che $[P] = 0$. Quindi la pressione e tutte le componenti di $\boldsymbol{B}$ e $\boldsymbol{U}$ non subiscono variazioni nell'attraversamento dello shock e la densità è l'unica quantità che mostra una discontinuità. Questo implica che anche la temperatura debba variare al passaggio dello shock.

Una caso speciale si ha quando, contrariamente a quanto fin qui supposto, $B_n = 0$. Le condizioni di salto mostrano allora che è possibile avere $[\boldsymbol{U}_t] \neq 0$, $[B_t] \neq 0$ e

$$\Big[P + \frac{B_t^2}{8\pi}\Big] = 0.$$

In questo caso si parla di *discontinuità tangenziale*. In questo tipo di discontinuità, la velocità e il campo magnetico sono paralleli alla superficie di discontinuità, ma cambiano valore e/o direzione al passaggio della discontinuità, mentre la pressione totale rimane costante. Un esempio astrofisico di discontinuità tangenziale è la superficie, detta *magnetopausa*, che separa il campo magnetico terrestre, la *magnetosfera*, dal vento solare. In assenza di processi che violino il teorema di Alfvén, cioè in assenza di fenomeni di riconnessione magnetica (che tratteremo nel prossimo capitolo), le componenti normali della velocità e del campo magnetico del vento solare risultano trascurabili ($U_n \simeq 0$ e $B_n \simeq 0$) e la magnetosfera vien detta *chiusa* perché il vento solare ed il campo magnetico ad esso associato non possono penetrare in essa. In questa situazione, la magnetopausa si comporta essenzialmente come una discontinuità tangenziale e presenta lo stesso valore della pressione totale nella regione che guarda il Sole e in quella che guarda la Terra. Simili configurazioni vengono osservate anche nelle magnetosfere dei pianeti.

### *8.1.2 Discontinuità rotazionali*

Le discontinuità rotazionali sono caratterizzate da un flusso si massa attraverso la superficie della discontinuità, senza un cambio di densità associato, $U_n \neq 0$, ma $\left[\rho\right] = 0$. Le (8.4), (8.5) e (8.6) implicano

$$\left[U_n\right] = 0, \tag{8.11}$$

$$\left[P + \frac{B_t^2}{8\pi}\right] = 0, \tag{8.12}$$

$$\left[\boldsymbol{U}_t - \boldsymbol{Q}\right] = 0, \tag{8.13}$$

dove si è introdotto il vettore

$$\boldsymbol{Q} = \frac{B_n}{4\pi\rho U_n}\boldsymbol{B}_t.$$

La (8.7) si può scrivere nella forma:

$$\left[\tfrac{1}{2}U_t^2 + \frac{\gamma}{\gamma-1}\frac{P}{\rho} + \frac{B_t^2}{4\pi\rho} - \boldsymbol{Q}\cdot\boldsymbol{U}_t\right] = 0. \tag{8.14}$$

Poiché, evidentemente, se per un generico vettore $\boldsymbol{A}$ vale $\left[\boldsymbol{A}\right] = 0$, vale anche $\left[(\boldsymbol{A})^2\right] = 0$, dalla (8.13) ricaviamo

$$0 = \left[(\boldsymbol{U}_t - \boldsymbol{Q})^2\right] = \left[U_t^2 + Q^2 - 2\boldsymbol{Q}\cdot\boldsymbol{U}_t\right].$$

Eliminando $\boldsymbol{Q}\cdot\boldsymbol{U}_t$ tra la precedente equazione e la (8.14) otteniamo:

$$\left[\frac{\gamma}{\gamma-1}\frac{P}{\rho} + \frac{B_t^2}{4\pi\rho}\left(1 - \tfrac{1}{2}\frac{B_n^2/4\pi\rho}{U_n^2}\right)\right] = 0. \tag{8.15}$$

Tenendo conto della continuità sia di $B_n$ che di $U_n$, possiamo scrivere la (8.10) nella forma:

$$U_n \boldsymbol{n} \times \left[\boldsymbol{B}_t\right] = B_n \boldsymbol{n} \times \left[\boldsymbol{U}_t\right] = B_n \boldsymbol{n} \times \left[\boldsymbol{Q}\right] = \frac{B_n^2}{4\pi\rho U_n} \boldsymbol{n} \times \boldsymbol{B}_t,$$

cioè

$$(\boldsymbol{n} \times \boldsymbol{B}_t)\left(U_n - \frac{B_n^2}{4\pi\rho U_n}\right) = \frac{(\boldsymbol{n} \times \boldsymbol{B}_t)}{U_n}(U_n^2 - B_n^2/4\pi\rho) = 0.$$

Poiché $U_n \neq 0$ e $\boldsymbol{n} \times \boldsymbol{B}_t \neq 0$, ne segue che

$$U_n^2 = \frac{B_n^2}{4\pi\rho} \equiv c_a^2 \cos^2\theta, \tag{8.16}$$

dove $c_a^2 = B^2/(4\pi\rho)$ è la velocità di Alfvén e $\theta$ è l'angolo tra $\boldsymbol{B}$ e $\boldsymbol{n}$. La discontinuità si muove dunque con la velocità di Alfvén. Introducendo la (8.16) nella (8.15) si ottiene

$$\left[\frac{\gamma}{\gamma - 1}\frac{P}{\rho} + \frac{B_t^2}{8\pi\rho}\right] = 0.$$

Confrontando la precedente espressione con la (8.12) si vede che esse sono compatibili solo se

$$\left[P\right] = 0 \qquad \text{e} \qquad \left[B_t^2\right] = 0.$$

In questo tipo di discontinuità al flusso di massa non sono associate variazioni di densità e di pressione e la componente trasversale del campo magnetico subisce una variazione ($\left[\boldsymbol{B}_t\right] \neq 0$), ma il suo modulo rimane costante ($\left[B_t^2\right] = 0$). Dunque sia il campo magnetico che la velocità ruotano nell'attraversare la discontinuità, ciò che giustifica il suo nome. La discontinuità si propaga rispetto al fluido imperturbato con velocità $U_n = c_a \cos\theta$, Ritroviamo così il risultato del Capitolo 7 (Esercizio 7.1) sulle onde di Alfvén di grande ampiezza polarizzate circolarmente. Infatti, per piccole ampiezze, possiamo identificare $\left[U_t\right]$ e $\left[B_t\right]$ con le perturbazioni $U_1$ e $B_1$ della teoria lineare e la discontinuità rotazionale diviene semplicemente un'onda di Alfvén incomprimibile.

Queste discontinuità vengono osservate quando il campo magnetico associato al vento solare ha verso opposto a quello della Terra. In questo caso la riconnessione magnetica diviene efficace, col risultato di generare componenti non trascurabili della velocità e del campo magnetico lungo la normale alla superficie di discontinuità ($U_n \neq 0, B_n \neq 0$). Il vento ed il suo campo penetrano quindi nella magnetosfera, che in questo caso vien detta *aperta*, e la magnetopausa diviene una discontinuità rotazionale.

## 8.2 Onde d'urto MHD

Secondo la classificazione adottata, questo tipo di discontinuità richiede che $\left[U_n\right] \neq 0$ e $\left[\rho\right] \neq 0$ e questo non consente grandi semplificazioni. La trattazione del caso generale degli shock MHD può tuttavia essere resa assai più agevole dalla scelta di un opportuno sistema di riferimento, come vedremo tra poco. Per iniziare, considereremo due casi semplici:

- *shock perpendicolari*, caratterizzati dall'annullarsi della componente del campo magnetico normale al piano dello shock, $B_{1n} = 0$. Come vedremo, in questo caso è possibile scegliere un sistema di riferimento in cui $U_{1t} = 0$ e quindi $\boldsymbol{U}_1 \cdot \boldsymbol{B}_1 = 0$, da cui il nome;
- *shock paralleli*, caratterizzati dall'avere sia $\boldsymbol{U}_1$ che $\boldsymbol{B}_1$ paralleli al versore $\boldsymbol{n}$.

Il caso generale, in cui l'angolo tra $\boldsymbol{U}_1$ e $\boldsymbol{B}_1$ può assumere un valore arbitrario è chiamato *shock obliquo*.

### *8.2.1 Shock perpendicolari*

Finora non abbiamo definito un sistema di riferimento nel piano dello shock, ma nel caso di uno shock perpendicolare, in cui il campo magnetico entrante giace completamente su tale piano, sembra naturale scegliere uno degli assi coordinati coincidente con $\boldsymbol{B}_1$. Per concretezza identifichiamo $\boldsymbol{n}$ con l'asse $x$, $\boldsymbol{n} = \boldsymbol{e}_x$, e scegliamo l'asse $z$ nella direzione di $\boldsymbol{B}_1$. In questo riferimento dunque $\boldsymbol{B}_1 = \left[0, 0, B\right]$. Le Eq. (8.4) e (8.6) ci dicono allora che $\left[\boldsymbol{U}_t\right] = 0$, cioè la velocità trasversale non subisce variazioni nell'attraversare la discontinuità. Possiamo allora scegliere un sistema di riferimento che si muova con una velocità costante e parallela a $\boldsymbol{U}_t$, in cui evidentemente la velocità trasversale sarà nulla, $\boldsymbol{U}_1 = \left[U, 0, 0\right]$. Le condizioni di salto assumono la forma:

$$\left[\rho U\right] = 0. \tag{8.17}$$

$$\left[\rho U^2 + P + \frac{B^2}{8\pi}\right] = 0, \tag{8.18}$$

$$\left[\tfrac{1}{2}U^2 + \frac{\gamma}{\gamma - 1}\frac{P}{\rho} + \frac{B^2}{4\pi\rho}\right] = \left[\tfrac{1}{2}U^2 + \frac{c_s^2}{\gamma - 1} + c_a^2\right] = 0, \tag{8.19}$$

$$\left[\frac{B}{\rho}\right] = 0. \tag{8.20}$$

La condizione (8.20) riflette la condizione di "congelamento" del campo magnetico nel plasma (vedi l'Eq. (5.26)).

Nel caso in cui il campo magnetico sia assente, $\boldsymbol{B} = 0$, ritroviamo le relazioni di Rankine-Hugoniot per uno shock idrodinamico. In questo caso è possibile utilizzare le condizioni di salto per determinare i rapporti tra i valori delle varie grandezze fisiche a monte e a valle dello shock in termini del numero di Mach,

$$M = \frac{U_1}{c_{s1}},$$

dove $c_{s1}$ è la velocità del suono a monte dello shock. Un lungo calcolo algebrico conduce alle seguenti espressioni:

$$\frac{\rho_2}{\rho_1} = \frac{U_1}{U_2} = \frac{(\gamma+1)M^2}{2+(\gamma-1)M^2}, \tag{8.21}$$

$$\frac{P_2}{P_1} = \frac{2\gamma M^2 - (\gamma-1)}{\gamma+1}. \tag{8.22}$$

È poi possibile dimostrare, come conseguenza del secondo principio della termodinamica che richiede $S_2 \geqslant S_1$, che lo shock è sempre compressivo, $\rho_2 \geqslant \rho_1$, $P_2 \geqslant P_1$ e che $M \geqslant 1$. Inoltre, si dimostra che $M_2 = U_2/c_{s2} \leqslant 1$. Quindi il moto dello shock è supersonico rispetto al fluido a monte, mentre dietro lo shock il moto del gas è subsonico. Dalle precedenti equazioni segue che nel limite di *shock forti*, $M \gg 1$, il rapporto delle pressioni $P_2/P_1 \propto M^2$ diviene arbitrariamente grande, mentre il rapporto di densità tende al valore finito $(\gamma+1)/(\gamma-1)$. Di conseguenza, anche il valore del rapporto tra le temperature può assumere valori molto grandi per shock forti. Questo significa che a valle dello shock si possono creare delle condizioni che permettono la formazione di un plasma, anche se il gas davanti allo shock è neutro.

In uno shock idrodinamico una parte dell'energia cinetica del flusso entrante viene trasformata in energia termica. Infatti dalla (8.18) con $B = 0$ otteniamo:

$$\frac{\gamma P_2}{\gamma-1}(1 - P_1/P_2) = \tfrac{1}{2}\rho_1 U_1^2 (1 - U_1/U_2),$$

e infine, utilizzando le (8.21) e (8.22) (con $M \neq 1$):

$$\frac{\gamma P_2}{\gamma-1} = \tfrac{1}{2}\rho_1 U_1^2 \left(\frac{2}{\gamma+1} - \frac{\gamma-1}{\gamma(\gamma+1)}\frac{1}{M^2}\right).$$

L'espressione in parentesi al secondo membro è una funzione crescente di $M^2$ che tende a $2/(\gamma+1)$ quando $M \gg 1$. Quindi, in uno shock idrodinamico forte una frazione $2/(\gamma+1)$ dell'energia cinetica iniziale si trasforma in energia termica a valle dello shock. Per $\gamma = 5/3$, si ha la conversione di $3/4$ dell'energia cinetica.

In presenza di un campo magnetico, le relazioni analoghe alle (8.17) - (8.20) divengono notevolmente più complicate. Introducendo, oltre a $M$, i parametri:

$$X = \frac{\rho_2}{\rho_1},$$

e

$$\beta = \frac{P_1}{B_1^2/8\pi} = \frac{2}{\gamma}\left(\frac{c_{s1}}{c_{a1}}\right)^2,$$

si ottengono, dopo un lungo calcolo, le seguenti espressioni:

$$\frac{B_2}{B_1} = \frac{U_1}{U_2} = X_0, \tag{8.23}$$

$$\frac{P_2}{P_1} = \frac{\gamma M^2(X_0 - 1)}{X_0} + \frac{1 - X_0^2}{\beta}, \tag{8.24}$$

dove $X_0$ è dato dalla soluzione positiva dell'equazione:

$$f(X) \equiv aX^2 + bX - c = 0,$$

con

$$a = 2(2-\gamma), \quad b = \gamma[2\beta + (\gamma - 1)\beta M^2 + 2], \quad c = \gamma(\gamma+1)\beta\, M^2.$$

Poiché $1 \leqslant \gamma \leqslant 2$, si verifica facilmente che la precedente equazione ha una sola radice positiva,

$$X_0 = \frac{1}{2a}\left[-b + \sqrt{b^2 + 4ac}\right].$$

Tenendo conto delle espressioni per i coefficienti è facile verificare che, per $\beta \gg 1$, $X_0$ può essere scritto nella forma:

$$X_0 \approx \frac{c}{b} - \frac{ac^2}{b^3} = \frac{(\gamma+1)M^2}{2 + (\gamma-1)M^2} - \mathcal{O}(1/\beta).$$

Il caso idrodinamico corrisponde a $\beta \to \infty$ e la precedente espressione mostra che l'effetto di un campo magnetico è quello di *ridurre* il valore di $X_0$ rispetto al caso idrodinamico. Questo è dovuto al fatto che parte dell'energia cinetica del flusso entrante può essere convertita in energia magnetica e non solo in calore.

Si può ancora dimostrare che lo shock è compressivo, $X_0 \geqslant 1$. Si osservi che la funzione $f(X)$ ha un solo minimo per $X = -b/(2a) < 0$. Quindi $f(X) < 0$ per $0 \leqslant X \leqslant X_0$ e poiché $X_0 \geqslant 1$ ne segue che $f(X = 1) \leqslant 0$. Valutando esplicitamente questa condizione, si trova

$$M^2 \geqslant 1 + \frac{2}{\beta\gamma} = 1 + \frac{c_a^2}{c_s^2}.$$

Quindi $U_1^2 \geqslant c_s^2 + c_a^2$, cioè la velocità di uno shock perpendicolare nel sistema del laboratorio deve essere maggiore della velocità di propagazione di un'onda magnetosonica veloce.

### 8.2.2 Shock paralleli

Se $\boldsymbol{B}_1 = B_{1n}\boldsymbol{n}$ e quindi $B_{1t} = 0$, una possibile soluzione delle condizioni di salto è data da $[B_t]] = 0$, cioè $\boldsymbol{B}_2 = \boldsymbol{B}_1$. Siccome poi $U_{1t} = 0$ e la (8.10) ci assicura che $[U_t]] = 0$, ne segue che anche $\boldsymbol{U}_2$ è parallelo a $\boldsymbol{n}$. Il fatto che sia $[B_n] = 0$ che $[B_t] = 0$ fa sì che tutti i termini magnetici scompaiano dalle condizioni di salto, che risultano quindi identiche a quelle di uno shock idrodinamico.

La precedente soluzione non è tuttavia l'unica possibile. Infatti, a differenza di quanto avviene negli shock idrodinamici, parte dell'energia cinetica del moto a monte dello shock può essere convertita in energia magnetica. Questo implica che si possa avere $|\boldsymbol{B}_2| > |\boldsymbol{B}_1|$ e, poiché la componente normale di $\boldsymbol{B}$ si conserva, questo significa che al passaggio dello shock "nasce" una componente tangenziale di $\boldsymbol{B}$, che era assente nella regione a monte. In altre parole, lo shock "accende" un campo magnetico ( o, per meglio dire, una sua componente) e in questo caso si parla di *switch-on shock*. Ritorneremo su questo punto nella discussione degli shock obliqui.

### 8.2.3 Shock obliqui

Nel caso generale, $\boldsymbol{B}_1$ avrà componenti sia normali che tangenziali al piano dello shock. Adottando ancora una volta il sistema di riferimento usato per gli shock perpendicolari, cioè l'asse $x$ nella direzione di $\boldsymbol{n}$ e l'asse $z$ diretto lungo la componente tangenziale di $\boldsymbol{B}_1$, avremo

$$\boldsymbol{B}_1 \equiv [B_x, 0, B_{1z}]. \tag{8.25}$$

Si noti che per la componente $B_x$ non è necessario specificare se essa si riferisce alla regione a monte o a quella a valle dello shock, poiché tale componente è conservata (vedi (8.8)). Per quel che riguarda la velocità, $\boldsymbol{U}_1$ avrà in generale tutte le componenti diverse da zero,

$$\boldsymbol{U}_1 \equiv [U_{1x}, U_{1y}, U_{1z}].$$

La trattazione degli shock obliqui diviene notevolmente più semplice con la scelta di un opportuno sistema di riferimento, detto di *de Hoffmann-Teller*, in cui i vettori $\boldsymbol{B}$ e $\boldsymbol{U}$ sono paralleli tra loro sia a monte che a valle dello shock. Per dimostrare che un tale sistema esiste, cominciamo con l'osservare che la (8.6), sfruttando la conservazione di $\rho U_n$ e $B_n$, può essere scritta nella forma

$$(\rho U_n)[\boldsymbol{U}_t] = \frac{1}{4\pi} B_n [\boldsymbol{B}_t], \tag{8.26}$$

mentre la (8.10) si trasforma in:

$$(\rho U_n)\left[\frac{\boldsymbol{B}_t}{\rho}\right] = B_n\left[\boldsymbol{U}_t\right]. \tag{8.27}$$

Le quantità tra parentesi tonde sono quantità conservate. Eliminando $\left[\boldsymbol{U}_t\right]$ tra le due equazioni otteniamo:

$$(\rho U_n)^2\left[\frac{\boldsymbol{B}_t}{\rho}\right] = \frac{B_n^2}{4\pi}\left[\boldsymbol{B}\right]_t.$$

Ricordando la definizione del simbolo $\left[\,\right]$, vediamo che la precedente equazione implica

$$\left(\frac{(\rho U_n)^2}{\rho_1} - \frac{B_n^2}{4\pi}\right)\boldsymbol{B}_{1t} = \left(\frac{(\rho U_n)^2}{\rho_2} - \frac{B_n^2}{4\pi}\right)\boldsymbol{B}_{2t}.$$

Poiché $\rho_1 \neq \rho_2$, possiamo concludere che i vettori $\boldsymbol{B}_{1t}$ e $\boldsymbol{B}_{2t}$ sono paralleli tra loro e con il vettore $\left[\boldsymbol{B}_t\right]$, che, a sua volta, è parallelo a $\left[\boldsymbol{U}_t\right]$, come mostrato dalla (8.26). Nel nostro sistema di riferimento, la condizione di parallelismo tra $\boldsymbol{B}_{1t}$ e $\left[\boldsymbol{U}\right]_t$, implica che la componente $y$ di $\boldsymbol{U}$ è continua attraverso lo shock, $U_{1y} = U_{2y} \equiv U_y$. È chiaro quindi che, in un sistema di riferimento che si muova con velocità $\boldsymbol{V} = U_y\boldsymbol{e}_y$ rispetto al sistema originario, le componenti $y$ delle velocità saranno nulle. In un tale sistema avremo dunque:

$$\boldsymbol{U}_1 \equiv \left[U_{1x}, 0, U_{1z}\right] \quad \text{e} \quad \boldsymbol{U}_2 \equiv \left[U_{2x}, 0, U_{2z}\right].$$

La situazione è illustrata dalla Fig. 8.1.

Per semplicità abbiamo ancora indicato i vettori $\boldsymbol{B}$ e $\boldsymbol{U}$ con le stesse notazioni, ma non bisogna dimenticare che le componenti si riferiscono al nuovo sistema di riferimento e non a quello originario.

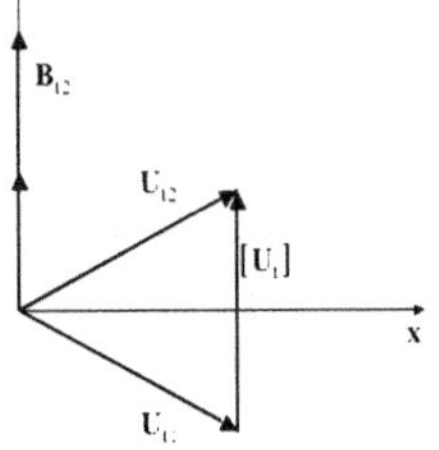


**Fig. 8.1** I vettori $\boldsymbol{B}_{1t}, \boldsymbol{B}_{2t}, \boldsymbol{U}_{1t}, \boldsymbol{U}_{2t}$ e $\left[\boldsymbol{U}_t\right]$ nel nuovo riferimento

I vettori $\boldsymbol{B}$ e $\boldsymbol{U}$ sono ora complanari ed il problema è stato ridotto ad un problema bidimensionale nel piano coordinato $(x, z)$. Se ora consideriamo un nuovo sistema di riferimento che si muova lungo l'asse $z$ con velocità $\boldsymbol{W} = W\boldsymbol{e}_z$, e indicando con $U'_{1i}$, $(i = x, z)$ le componenti della velocità in tale sistema, avremo evidentemente:

$$U'_{1x} = U_{1x} \quad , \quad U'_{1z} = U_{1z} - W,$$

mentre le componenti di $\boldsymbol{B}$ rimarranno inalterate. È ora possibile scegliere $W$ in modo che $\boldsymbol{U}$ e $\boldsymbol{B}$ siano paralleli. Questo si ottiene quando:

$$\frac{U'_{1z}}{U'_{1x}} = \frac{U_{1z} - W}{U_{1x}} = \frac{B_{1z}}{B_{1x}},$$

cioè quando

$$W = U_{1z} - U_{1x}\frac{B_{1z}}{B_{1x}}.$$

Abbiamo quindi dimostrato che con due trasformazioni cinematiche è possibile individuare un sistema di riferimento in cui $\boldsymbol{B}_1$ e $\boldsymbol{U}_1$ sono paralleli, cioè il riferimento di de Hoffmann- Teller. Si osservi che il metodo qui adottato non può essere applicato agli shock perpendicolari, poiché in tal caso $B_{1x} = 0$.

Il vantaggio offerto dal riferimento di de Hoffmann-Teller è evidente. Infatti, non solo i vettori $\boldsymbol{U}$ e $\boldsymbol{B}$ sono paralleli a monte dello shock, ma mantengono tale proprietà anche a valle, come mostrato dalla (8.10) che si scrive ora:

$$U'_{2x}B_{2z} - B_{2x}U'_{2z} = U'_{1x}B_{1z} - B_{1x}U'_{1z}.$$

Il secondo membro di tale equazione è uguale a zero per la scelta del sistema di riferimento e quindi anche il primo membro è nullo, cosicché i vettori $\boldsymbol{U}$ e $\boldsymbol{B}$ rimangono paralleli nell'attraversare lo shock. Inoltre, poiché sia a monte che a valle dello shock il plasma può essere considerato ideale, nel riferimento di de Hoffmann-Teller il campo elettrico, $\boldsymbol{E} = -(1/c)(\boldsymbol{U} \times \boldsymbol{B})$, è nullo e la (8.3) si riduce a

$$\left[\tfrac{1}{2}U^2 + \frac{\gamma P/\rho}{\gamma - 1}\right](\rho U_x) = 0 \implies \left[\tfrac{1}{2}U^2 + \frac{c_s^2}{\gamma - 1}\right] = 0. \tag{8.28}$$

I termini contenenti il campo magnetico non appaiono più nella condizione di salto sull'energia, che è dunque identica a quella per uno shock puramente idrodinamico.

Le condizioni di salto sono ancora quelle delle (8.4) - (8.10), che tuttavia risultano notevolmente semplificate nel nuovo riferimento, cioè:

$$\left[\rho U_x\right] = 0, \tag{8.29}$$

$$\left[\rho U_x^2 + P + \frac{B_z^2}{8\pi}\right] = 0, \tag{8.30}$$

$$\left[\rho U_x U_z - \frac{B_x B_z}{4\pi}\right] = 0, \tag{8.31}$$

$$\left[\tfrac{1}{2}U^2 + \frac{c_s^2}{\gamma - 1}\right] = 0, \tag{8.32}$$

$$\left[B_x\right] = 0, \tag{8.33}$$

$$U_{2x}B_{2z} - B_{2x}U_{2z} = U_{1x}B_{1z} - B_{1x}U_{1z}. \tag{8.34}$$

Ancora una volta, abbiamo usato gli stessi simboli per le componenti di $\boldsymbol{B}$ e $\boldsymbol{U}$, ma bisogna ricordare che ora essi si riferiscono alle componenti nel riferimento di de Hoffmann-Teller. Per ricavare i valori delle stesse quantità nel sistema originario, bisogna ripercorrere a ritroso le trasformazioni che ci hanno condotto a tale riferimento. Le (8.29) - (8.34) sono sette relazioni tra le quantità incognite $(\rho, c_s, U_x, U_z, B_x, B_z)$ valutate a monte e a valle dello shock, per un totale di 12. La procedura normalmente adottata consiste nello specificare le quantità $\rho_1, c_{s1}, B_{1x}, B_{1z}$ e il rapporto delle densità $X = \rho_2/\rho_1$ in modo da ottenere un sistema di sette relazioni nelle sette incognite restanti, che risulteranno espresse in termini delle cinque quantità specificate. Introducendo la velocità di Alfvén,

$$c_a = c_{a1} \equiv \frac{B_1}{\sqrt{4\pi\rho_1}},$$

le precedenti relazioni, dopo un lungo calcolo algebrico, si trasformano nelle seguenti espressioni:

$$\frac{U_{2x}}{U_{1x}} = \frac{\rho_1}{\rho_2} = X_0^{-1}, \tag{8.35a}$$

$$\frac{U_{2z}}{U_{1z}} = \frac{U_1^2 - c_a^2}{U_1^2 - X_0 c_a^2}, \tag{8.35b}$$

$$\frac{B_{2x}}{B_{1x}} = 1, \tag{8.35c}$$

$$\frac{B_{2z}}{B_{1z}} = \frac{(U_1^2 - c_a^2)X_0}{U_1^2 - X_0 c_a^2}, \tag{8.35d}$$

$$\frac{P_2}{P_1} = X_0\frac{c_{s2}}{c_{s1}} = X_0\Big(1 + \frac{\gamma - 1}{2}\frac{U_1^2 - U_2^2}{c_{s1}^2}\Big), \tag{8.35e}$$

dove $X_0$ è una soluzione positiva dell'equazione di terzo grado:

$$\begin{aligned}(U_1^2 - X\,c_a^2)^2\Big[X\,c_{s1}^2 + \tfrac{1}{2}U_1^2\cos^2\theta\Big(X\,(\gamma-1) - (\gamma+1)\Big)\Big] &+ \\ + \tfrac{1}{2}c_a^2 U_1^2 X\,\sin^2\theta\,\Big[\Big(\gamma + X\,(2-\gamma)\Big)U_1^2 &+ \\ + X\,\Big(X\,(\gamma-1) - (\gamma+1)\Big)\Big] &= 0,\end{aligned} \tag{8.36}$$

e $\theta$ è l'angolo tra $\boldsymbol{B}$ o $(\boldsymbol{U})$ e la normale al piano dello shock, $\boldsymbol{e}_x$.

Alle tre soluzioni dell'Eq. (8.36) corrispondono tre tipi di onde, che vengono contraddistinte dai valori della velocità di propagazione lungo la normale al piano dello shock cioè dai valori di $U_{1x} = U_1 \cos\theta$. Ordinando le soluzioni per valori crescenti di $U_{1x}$, avremo uno *shock lento*, uno *shock intermedio o alfvénico* e uno *shock veloce*. Questi shock corrispondono alle tre onde MHD lineari studiate nel Capitolo 7. Infatti, nel limite $X \to 1$, in cui la discontinuità diviene infinitesima, la (8.36) si fattorizza nel modo seguente:

$$\left(U_{1x}^2 - c_a^2 \cos^2\theta\right)\left(U_{1x}^4 - (c_{s1}^2 + c_a^2)U_{1x}^2 + c_{s1}^2 c_a^2 \cos^2\theta\right) = 0,$$

e si ritrovano l'onda di Alfvén e le onde magnetosoniche lenta e veloce della teoria lineare.

In realtà, ci si rende facilmente conto che lo shock intermedio non è un'onda d'urto vera e propria, ma una discontinuità rotazionale. Infatti, se $U_1 = c_a$, una delle soluzioni dell'Eq. (8.36) è semplicemente $X_0 = 1$, o equivalentemente $[\rho] = 0$. Siccome poi $U_{1x} \neq 0$, ci troviamo nelle condizioni caratteristiche della discontinuità rotazionale precedentemente studiata. Nel riferimento di de Hoffmann-Teller, le componenti $x$ di $\boldsymbol{U}$ e $\boldsymbol{B}$ sono continue, mentre le loro componenti $z$ cambiano di segno nell'attraversare la discontinuità.

Lo studio delle proprietà generali degli shock obliqui coinvolge un'algebra piuttosto macchinosa e quindi ci limiteremo a ricordare che si può dimostrare che tali shock sono sempre *compressivi*, $X_0 > 1$ e che il segno della componente tangenziale del campo magnetico si conserva, cosicché il rapporto $B_{2z}/B_{1z}$ è sempre positivo. Dalla (8.35d) appare evidente che si hanno due possibilità:

$$U_1^2 \leqslant c_a^2 < X_0 c_a^2, \qquad \text{oppure} \qquad U_1^2 \geqslant X_0 c_a^2 > c_a^2.$$

Nel primo caso la (8.35d) implica che $B_{2z} < B_{1z}$. Questa è la proprietà fondamentale degli *shock lenti*: le linee di forza del campo magnetico sono rifratte verso la normale allo shock e quindi il valore del modulo di $\boldsymbol{B}$ *diminuisce* al passaggio del fronte d'urto.

Nel secondo caso (*shock veloci*), $B_{2z} > B_{1z}$ e quindi il campo magnetico rifratto si allontana dalla normale al fronte d'urto e il valore del suo modulo *aumenta*.

Due casi interessanti si hanno quando nelle relazioni precedenti vale il segno uguale. Nel caso di uno shock lento, $U_1 = c_a$, e la (8.35d), per $X_0 > 1$, implica

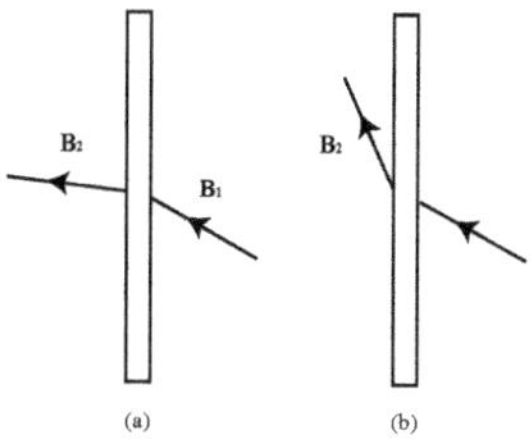


**Fig. 8.2** La rifrazione delle linee di $\boldsymbol{B}$ per gli shocks MHD obliqui: (a) shock lento, (b) shock veloce

$B_{1yz} \neq 0$, ma $B_{2z} = 0$. Il passaggio dello shock *spegne* la componente tangenziale di $\boldsymbol{B}$ e si ha il cosiddetto *switch-off shock*. Nel caso di uno shock veloce, la condizione $U_1^2 = X_0 c_a^2$, implica che la velocità dello shock deve essere maggiore della velocità di Alfvén ($X_0 > 1$). La (8.35d) ci dice che in questo caso si ha $B_{1z} = 0$ (shock parallelo), ma $B_{2z} \neq 0$ e quindi il passaggio dello shock *accende* la componente tangenziale di $\boldsymbol{B}$ e si ritrova lo *switch-on shock* già incontrato nella discussione degli shock paralleli. Eliminando $P_2$ tra la (8.30) e la (8.32) è possibile ricavare la seguente relazione:

$$\frac{B_{2z}^2}{B_{2x}^2} = \tan^2\theta_2 = (X_0 - 1)\big[(\gamma+1) - (\gamma-1)X_0 - 2\frac{c_s^2}{c_a^2}\big],$$

dove $\theta_2$ è l'angolo che $\boldsymbol{B}_2$ forma con la normale al piano dello shock. Poiché il primo membro è definito positivo, si ottiene una limitazione dei valori di $X_0$ che possono dar origine ad uno switch-on shock:

$$1 < X_0 \leqslant \frac{\gamma + 1 - 2c_s^2/c_a^2}{\gamma - 1}.$$

Vediamo dunque che per avere uno shock di questo tipo è necessario che $c_a > c_s$. Il valore massimo del rapporto di compressione si ottiene per $c_a \gg c_s$, nel qual caso si ha $X_0 = (\gamma+1)/(\gamma-1)$, identico a quello di uno shock idrodinamico. Il valore di $\theta_2$ passa da zero per $X_0 = 1$ ad un massimo di $4(1 - c_s^2/c_a^2)/(\gamma-1)^2$ per $X_0 = (\gamma - c_s^2/c_a^2)/(\gamma-1) < (\gamma+1)/(\gamma-1)$.

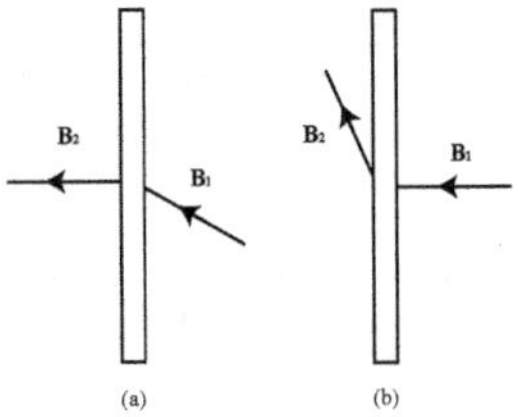


**Fig. 8.3** La rifrazione delle linee di $\boldsymbol{B}$: (a) switch-off shock, (b) switch-on shock

# 9

# Riconnessione magnetica

Nei capitoli precedenti ci siamo occupati della dinamica dei plasmi ideali, abbiamo cioè trascurato tutti gli effetti legati alla conducibilità finita dei plasmi. Ricapitolando brevemente la discussione del Capitolo 5, consideriamo l'equazione che descrive la variazione temporale di $\boldsymbol{B}$, (vedi (5.23)):

$$\frac{\partial \boldsymbol{B}}{\partial t} = \boldsymbol{\nabla} \times (\boldsymbol{U} \times \boldsymbol{B}) + \eta \nabla^2 \boldsymbol{B}.$$

I due termini a secondo membro variano su scale temporali date rispettivamente da $\tau_f = \mathcal{L}/\mathcal{U}$ (scala *fluida* o *convettiva*) e $\tau_d = \mathcal{L}^2/\eta$ (scala *diffusiva* o *resistiva*), dove $\mathcal{U}$ è un valore tipico della velocità, $\mathcal{L}$ è la scala spaziale su cui varia il campo magnetico e $\eta = (c^2/4\pi\sigma)$ è la diffusività magnetica del plasma. L'importanza relativa dei due termini è dunque misurata dal valore del numero di Reynolds magnetico, $\mathcal{R}_m = \tau_d/\tau_f = (\mathcal{U}\mathcal{L})/\eta$. La scelta di queste scale è, almeno parzialmente, arbitraria. Se, come spesso avviene, l'interesse si concentra su situazioni dinamiche dominate dai campi magnetici, una scelta logica è $\mathcal{U} = c_a$. Per quel che riguarda $\mathcal{L}$, a prima vista sembra naturale usare una scala "macroscopica" tipica delle grandezze fluide, $\mathcal{L} = L$. Con queste scelte $\tau_f$ si identifica con $\tau_a$, tempo necessario per percorrere la scala $L$ alla velocità di Alfvén, e il numero di Reynolds magnetico con il cosiddetto *numero di Lundquist* $S$:

$$S = \frac{L c_a}{\eta}. \tag{9.1}$$

Nel Capitolo 5 (Tabella 5.1) sono riportati i valori caratteristici delle scale spaziali e temporali ed i corrispondenti numeri di Lundquist di alcuni plasmi di interesse per il laboratorio o l'astrofisica. È importante non confondere i tempi diffusivi elencati nella Tabella con gli effettivi tempi di persistenza dei campi magnetici. Infatti, se queste due scale temporali coincidessero, dovremmo concludere che una macchia solare può sopravvivere alcuni milioni di anni, mentre la sua vita non supera, nel migliore dei casi, qualche mese. Il campo magnetico terrestre, d'altra parte, dovrebbe essersi esaurito da lungo tempo.

Chiuderi C., Velli M.: Fisica del Plasma. Fondamenti e applicazioni astrofisiche.
DOI 10.1007/978-88-470-1848-8_9, © Springer-Verlag Italia 2012

Se ne deve concludere che esistono meccanismi, diversi dalla pura diffusione, che modificano il decadimento dei campi magnetici. L'esistenza di questi meccanismi è estremamente importante sia per i plasmi di laboratorio che per quelli astrofisici nelle situazioni in cui è necessario poter convertire l'energia magnetica in altre forme di energia, in particolare in energia termica, come ad esempio nel problema del riscaldamento della corona solare su cui ritorneremo nel seguito.

Rimane tuttavia il problema di capire quale sia la possibilità d'intervento di questi meccanismi quando gli enormi i valori del numero di Lundquist sembrano indicare che una descrizione dei plasmi come sistemi ideali sia ampiamente adeguata. La soluzione del problema passa da una serie di considerazioni. In primo luogo osserviamo che il limite ideale dell'equazione dell'induzione può essere ottenuto sia, com'è naturale, facendo tendere a zero la resistività, sia facendo tendere all'infinito la scala spaziale $\mathcal{L}$, grazie alla diversa dipendenza dalle coordinate spaziali dei due termini dell'equazione stessa. Inoltre, la natura vettoriale di tale equazione, che viene perduta nella semplice analisi dimensionale che porta alla definizione del numero di Lundquist, permette di amplificare l'importanza *locale* del termine resistivo nelle regioni in cui il termine convettivo si annulla, per esempio quando la velocità $\boldsymbol{U}$ è parallela a $\boldsymbol{B}$. L'uso generalizzato della scala macroscopica $L$ non è quindi giustificato e nelle suddette regioni essa dovrà essere sostituita da una scala *locale*, tipicamente dell'ordine delle dimensioni delle regioni stesse, e quindi assai più piccola di $L$, con conseguente diminuzione del valore locale di $S$. In queste zone non è valido il teorema di Alfvén e la topologia di $\boldsymbol{B}$ può cambiare consentendo al sistema di accedere a configurazioni di minore energia che sarebbero inaccessibili in un regime di MHD ideale. È naturale supporre che, quando si verifichino queste condizioni, la dinamica dei campi magnetici si svolga su tempi intermedi tra $\tau_d$ e $\tau_f$, come infatti verificheremo.

Prima di passare a discutere in qualche dettaglio il problema generale dei processi resistivi, è istruttivo analizzare brevemente il caso puramente diffusivo che si presenta quando $S \ll 1$. In questo caso la (5.23) si riduce a

$$\frac{\partial \boldsymbol{B}}{\partial t} = \eta \nabla^2 \boldsymbol{B}.$$

Supponiamo che $\eta$ sia costante e che il campo magnetico sia un campo unidirezionale del tipo $\boldsymbol{B} = B(x,t)\boldsymbol{e}_y$, con $B(-x,t) = -B(x,t)$. La densità di corrente avrà allora necessariamente la forma $\boldsymbol{J} = J(x,t)\boldsymbol{e}_z$. Supponiamo che al tempo $t = 0$ la corrente sia localizzata in una ristretta regione intorno a $x = 0$ e poniamo

$$J(x,0) = J_0 \mathrm{e}^{-x^2/a^2}.$$

L'equazione $\boldsymbol{\nabla} \times \boldsymbol{B} = (4\pi/c)\boldsymbol{J}$ nel nostro caso si riduce a

$$\frac{\partial B}{\partial x} = \frac{4\pi}{c} J, \tag{9.2}$$

cosicché

$$B(x,0) = \frac{4\pi J_0}{c}\int_0^x \mathrm{e}^{-x^2/a^2}\,\mathrm{d}x = \Big(\frac{2\pi^{3/2}J_0 a}{c}\Big)\,\mathrm{erf}(x/a) = B_0\,\mathrm{erf}(x/a),$$

dove

$$\mathrm{erf}(z) = \frac{2}{\sqrt{\pi}}\int_0^z \mathrm{e}^{-x^2}\,\mathrm{d}x$$

è la funzione degli errori e $B_0$ è il valore asintotico di $B$ quando $x \to \infty$.

L'equazione per l'evoluzione temporale di $J(x,t)$ si ottiene derivando la (9.2) ed è identica all'equazione per $B(x,t)$:

$$\frac{\partial J}{\partial t} = \eta\frac{\partial^2 J}{\partial x^2}.$$

Nel Capitolo 6 abbiamo visto che la soluzione della precedente equazione può essere trovata eseguendo una trasformata di Fourier. Ricordando la (5.24), scriviamo:

$$J(x,t) = \int \mathrm{d}k\,\mathrm{e}^{-\eta k^2 t}\,J(k)\,\mathrm{e}^{\mathrm{i}(k\,x)}, \tag{9.3}$$

dove $J(k)$ è la trasformata di Fourier della distribuzione di corrente al tempo $t = 0$, cioè

$$J(k) = \frac{J_0\,a}{2\sqrt{\pi}}\exp\Big(-\frac{a^2k^2}{4}\Big).$$

Utilizzando questa espressione ed eseguendo l'integrale nella (9.3) si ottiene

$$J(x,t) = J_0\,a\,(4\eta\,t + a^2)^{-1/2}\exp\Big(-\frac{x^2}{4\eta\,t + a^2}\Big).$$

Introducendo la variabili adimensionali $\xi = x/a$ e $\tau = 4\eta\,t/a^2$ la densità di corrente diviene:

$$J(\xi,\tau) = J_0\,\frac{\exp[-\xi^2/(1+\tau)]}{(1+\tau)^{1/2}},$$

e il campo magnetico,

$$B(\xi,\tau) = B_0\,\mathrm{erf}[\xi/(1+\tau)^{1/2}].$$

I profili di $J$ e $B$ in funzione di $\xi$ per diversi valori di $\tau$ sono riportati nelle Fig. 9.1 e 9.2.

Come si vede la distribuzione di corrente si allarga nel corso del tempo, mentre il valore di $B$ e del suo gradiente diminuiscono. L'energia magnetica per unità di unità di lunghezza nella direzione $y$ varia nel tempo come

$$\frac{\partial}{\partial t}\int_{-\infty}^{\infty}\frac{B^2}{8\pi}\mathrm{d}x = \frac{1}{4\pi}\int_{-\infty}^{\infty} B\frac{\partial B}{\partial t}\mathrm{d}x.$$

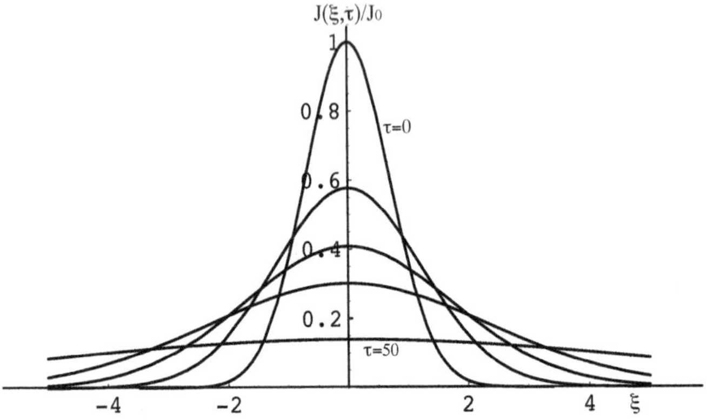


**Fig. 9.1** $J(\xi, \tau)$ in funzione di $\xi$, per $\tau$ = 0, 2, 10, 50

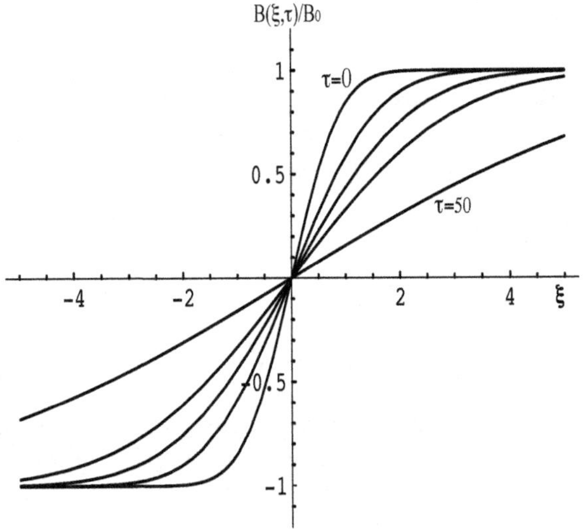


**Fig. 9.2** $B(\xi, \tau)$ in funzione di $\xi$, per $\tau$ = 0, 2, 10, 50

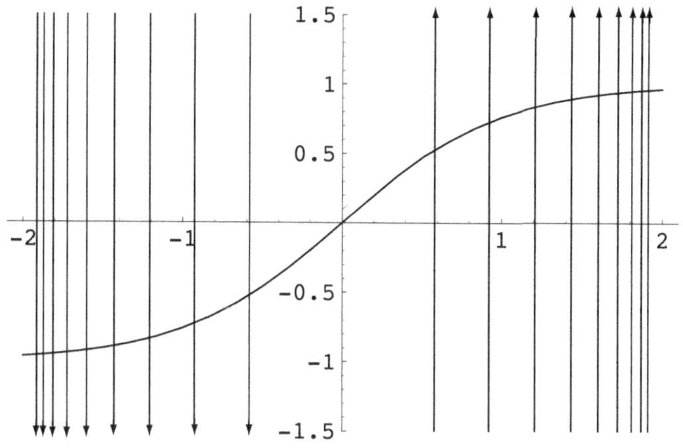


**Fig. 9.3** Strato neutro: linee di forza di $\boldsymbol{B}$. La linea continua rappresenta $B_y(x)$

Introducendo l'espressione di $\partial B/\partial t$ data dall'equazione dell'induzione nel precedente integrale ed eseguendo un'integrazione per parti, si ricava facilmente:

$$\frac{\partial}{\partial t}\int_{-\infty}^{\infty}\frac{B^2}{8\pi}\mathrm{d}x = \frac{\eta}{4\pi}\int_{-\infty}^{\infty}B\frac{\partial^2 B}{\partial x^2}\mathrm{d}x = -\frac{\eta}{4\pi}\int_{-\infty}^{\infty}\left(\frac{\partial B}{\partial x}\right)^2\mathrm{d}x = -\frac{1}{\sigma}\int_{-\infty}^{\infty}J^2\mathrm{d}x.$$

Come ci si aspettava, l'energia magnetica viene dissipata per effetto del valore finito della conducibilità elettrica e trasformata in calore.

Anche quando $S \gtrsim 1$, e comunque in presenza di flussi di plasma, la configurazione di base nella discussione dei processi resistivi è ancora quella che abbiamo già preso in esame, il cosiddetto *strato neutro*, rappresentato schematicamente nella Fig. 9.3.

Il campo magnetico ha un'unica componente $B_y \neq 0$, ma il suo valore dipende dalla coordinata $x$. Supponiamo che $B_y(x)$ sia una funzione dispari di $x$, ($B_y(0) = 0$) e che tenda a $\pm B_0$ quando $x \to \pm\infty$. Un campo di questo genere si può pensare come generato da uno strato di corrente diretto lungo $z$, omogeneo, infinitamente esteso nella direzione $y$ e concentrato nell'intorno di $x = 0$. La forza di Lorentz $\boldsymbol{j} \times \boldsymbol{B}$ spinge da entrambi i lati il plasma verso lo strato neutro. In assenza di resistività l'azione della forza di Lorentz è contrastata da quella di eventuali gradienti di pressione fino a raggiungere un equilibrio. La presenza di una resistività, comunque piccola, permette un disaccoppiamento delle linee di forza dal moto del plasma e lo stabilirsi di una configurazione come quella mostrata in Fig. 9.4.

In termini "pittorici" si può descrivere questa transizione come dovuta al "taglio" di due linee di forza e al successivo "ricongiungimento" o "riconnessione" con la linea di forza di polarità opposta, da cui il nome di *riconnessione magnetica* con cui

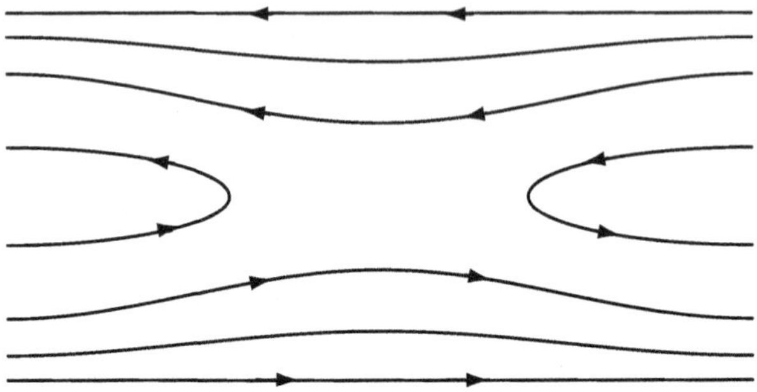

**Fig. 9.4** Le linee di forza di $\boldsymbol{B}$ dopo la riconnessione

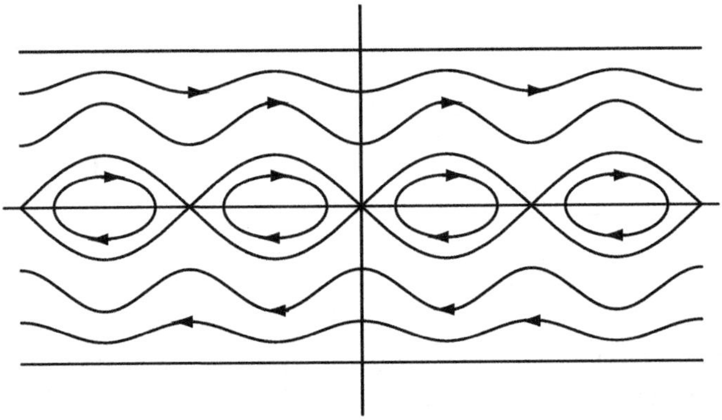

**Fig. 9.5** La formazione di isole magnetiche

viene abitualmente indicato questo processo. Se il processo avviene in diversi punti delle linee di forza, la configurazione finale è quella mostrata in Fig. 9.5.

Come si vede, il campo mostra due topologie distinte: linee di forza chiuse, le cosiddette *isole magnetiche*, e linee di forza aperte, separate da due curve limite dette *separatrici*. La *linea neutra* iniziale, cioè la linea corrispondente a $B_z = 0$, degenera in una successione discreta di punti, detti di *tipo - O* quando sono situati all'interno delle linee di forza chiuse e di *tipo-X* quando si trovano ai punti d'incrocio tra le separatrici. Per renderci conto intuitivamente delle cause che provocano la configurazione finale, possiamo pensare che lo strato di corrente iniziale sia costituito da un insieme continuo di fili percorsi da correnti parallele. Poiché correnti parallele si attraggono, un tale sistema risulta instabile e lo strato evolve verso una configurazione di correnti parallele distinte con linee di forza chiuse che le circondano. È anche possibile dimostrare che l'energia della configurazione finale è minore di quella iniziale.

Nella discussione dei processi resistivi è necessario distinguere due grandi categorie dette rispettivamente *riconnessione guidata* e *riconnessione spontanea*. Nel primo caso la riconnessione è guidata da opportuni flussi di plasma, mentre nel secondo la riconnessione avviene senza invocare la presenza di tali flussi.

## 9.1 Riconnessione guidata

Supponiamo che esistano dei moti di plasma, provocati ad esempio da forze legate alla pressione, che facciano convergere flussi di plasma provenienti da regioni con caratteristiche magnetiche differenti. Poiché la resistività non ha particolare effetto alle grandi scale spaziali, il plasma può essere considerato ideale e le linee di forza del campo sono trascinate dal moto del plasma. Se il campo magnetico è diretto in direzioni opposte nei due flussi che collidono, viene a formarsi uno strato di corrente, legato all'inversione della polarità di $\boldsymbol{B}$. All'interno di questo strato di dimensioni molto piccole, in cui $\boldsymbol{B} \approx 0$, la resistività gioca un ruolo fondamentale e permette la rottura e la riconnessione delle linee di forza magnetiche. Il rilascio delle tensioni magnetiche spinge il plasma fuori dalla regione resistiva riducendo la pressione locale e questo richiama il plasma esterno verso tale regione, permettendo lo stabilirsi di un regime stazionario se il flusso magnetico trasportato nella regione resistiva per unità di tempo uguaglia il tasso di diffusione e annichilazione del campo stesso. Si osservi tuttavia che mentre è possibile distruggere il campo magnetico non è possibile distruggere la materia che costituisce il plasma che quindi deve trovare il modo di defluire dalla regione resistiva. Questa situazione è ben illustrata da un modello dovuto a Parker (1973), che ora illustreremo.

Consideriamo il flusso stazionario bidimensionale di un plasma, che per semplicità considereremo incomprimibile, descritto dal sistema di equazioni (nel seguito di questo capitolo $\boldsymbol{v}$ indicherà la velocità del fluido),

$$\rho(\boldsymbol{v} \cdot \boldsymbol{\nabla})\boldsymbol{v} = -\boldsymbol{\nabla} P + \frac{1}{4\pi}\boldsymbol{J} \times \boldsymbol{B} = -\boldsymbol{\nabla}\Big(P + \frac{B^2}{8\pi}\Big) + (\boldsymbol{B} \cdot \boldsymbol{\nabla})\boldsymbol{B} \qquad (9.4)$$

$$\boldsymbol{E} + \frac{1}{c}\boldsymbol{v} \times \boldsymbol{B} = \frac{1}{\sigma}\boldsymbol{J} = \frac{\eta}{c}\boldsymbol{\nabla} \times \boldsymbol{B}, \qquad (9.5)$$

con

$$\boldsymbol{\nabla} \cdot \boldsymbol{B} = 0 \quad ; \quad \boldsymbol{\nabla} \cdot \boldsymbol{v} = 0.$$

Le condizioni sulle divergenze di $\boldsymbol{B}$ e $\boldsymbol{v}$ sono soddisfatte dalla seguente struttura per i campi per $-L \leq x, y \leq L$:

$$\boldsymbol{B} \equiv [0,\, B(x),\, 0] \quad , \quad \boldsymbol{v} \equiv [-v_0\frac{x}{a},\, v_0\frac{y}{a},\, 0],$$

con $v_0$ e $a$ costanti. Come si vede si tratta di un flusso di materia che ha un *punto di stagnazione* ($\boldsymbol{v} = 0$) in $x = 0$, $y = 0$.

L'Eq. (9.5) mostra che il campo elettrico è diretto lungo $z$ e poiché in una situazione stazionaria $\nabla \times \boldsymbol{E} = 0$, il campo elettrico sarà dato da $\boldsymbol{E} = E\boldsymbol{e}_z$ con $E = costante$.

Con questi campi la (9.5) diviene semplicemente

$$cE - v_0 \frac{x}{a} B = \eta \frac{\mathrm{d}B}{\mathrm{d}x}, \tag{9.6}$$

cioè un'equazione lineare del primo ordine per B. L'andamento della soluzione può essere intuito facilmente osservando che per grandi valori di $x$ ci possiamo aspettare che $\mathrm{d}B/\mathrm{d}x \to 0$ e quindi $B \approx E(c/v_0)(a/x)$, mentre per $x \to 0$ il secondo termine a primo membro sarà trascurabile e quindi $B \approx E(cx/\eta)$. Le due approssimazioni forniscono lo stesso valore di $B$ per $x = x_0 = (a\eta/v_0)^{1/2}$. Il fatto che il campo magnetico prodotto da una corrente che scorre in un filo in un punto *esterno* al filo a distanza $x$ dall'asse del filo è proporzionale a $1/x$, ci induce a considerare $x_0$ come una misura dello spessore dello strato di corrente.

Queste conclusioni sono confermate dalla soluzione analitica della (9.6). Infatti, applicando i metodi standard per la risoluzione di questo tipo di equazioni, si ottiene:

$$B = B_0 \mathrm{e}^{-(x/\sigma)^2} \int_0^{x/\sigma} \mathrm{e}^{u^2} \mathrm{d}u,$$

dove $B_0 = 2E\frac{c}{v_0}\frac{a}{\sigma}$ e $\sigma = (2\eta a/v_0)^{1/2} = \sqrt{2}\,x_0$.

Un grafico della soluzione esatta e delle sue rappresentazioni per piccoli e grandi valori di $x$ è riportato in Fig. 9.6

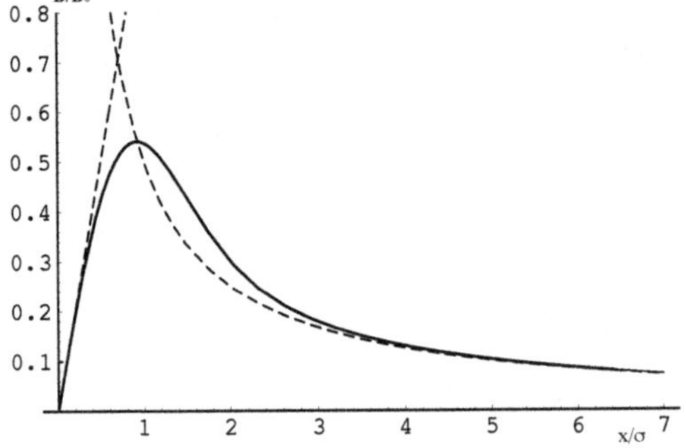


**Fig. 9.6** Profilo di $B/B_0$, le linee tratteggiate indicano le soluzioni approssimate per piccoli e grandi valori di $x$

### 9.1.1 *Il modello di Sweet e Parker*

Il modello di Sweet e Parker rappresenta in maniera schematica, estremamente semplice, gli aspetti salienti di una generica riconnessione stazionaria senza specificare la forma analitica di $\boldsymbol{B}$ e $\boldsymbol{v}$. Si tratta di un modello bidimensionale incomprimibile, analogo a quello precedentemente studiato: $\boldsymbol{B}$ e $\boldsymbol{v}$ hanno componenti non nulle solo nel piano $(x, y)$, mentre $\boldsymbol{E}$ è un vettore costante diretto lungo $z$. L'equazione che regola la dinamica del sistema è ancora la (9.5). Si suppone che la riconnessione abbia luogo in un sottile strato resistivo di lunghezza $2L$ e di spessore $2\ell$ che separa due regioni in cui il campo magnetico è diretto in direzioni opposte, come indicato in Fig. 9.7

Il campo magnetico si annulla al centro dello strato resistivo. All'esterno di tale strato il plasma può essere considerato ideale e quindi il campo magnetico, $B_i$, è congelato nel plasma e viene trasportato verso la regione diffusiva con la velocità $v_i$ del plasma. La condizione di stazionarietà è, di fatto, assai stringente: essa implica un perfetto adattamento della velocità d'ingresso a quella con cui il campo magnetico riesce a diffondere nella regione resistiva fino ad annichilarsi con quello proveniente dalla direzione opposta. Ci possiamo quindi aspettare che $v_i$ non possa essere fissato arbitrariamente. D'altra parte, la velocità di diffusione è controllata dal gradiente di $\boldsymbol{B} \approx [B_i - B(0)]/\ell = B_i/\ell$ e la condizione di stazionarietà porrà delle limitazioni anche allo spessore dello strato diffusivo, $\ell$. Il modello è definito da $v_i$ e $B_i$ e dalla corrispondente coppia di valori uscenti, $v_u$ e $B_u$, oltre che dalle dimensioni caratteristiche dello strato resistivo, $L$ e $\ell$ e dal valore di $\eta$. Se si suppone che quest'ultima quantità sia nota, le grandezze da determinare sono sei, mentre, come vedremo, le equazioni che le legano sono soltanto quattro. Dobbiamo dunque fissare il valore di due delle grandezze incognite: è conveniente scegliere $B_i$ e $L$.

Valutando la (9.5) al bordo della regione resistiva, dove $\boldsymbol{J} = 0$, si ha

$$E = \frac{v_i}{c} B_i,$$

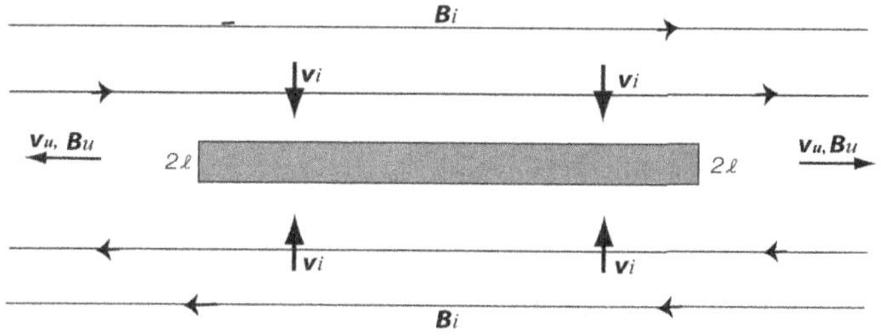


**Fig. 9.7** Schema del modello di Sweet e Parker

mentre al centro della regione resistiva, in cui $\boldsymbol{B} \simeq 0$,

$$E = \frac{J_c}{\sigma},$$

dove il pedice $c$ indica i valori al centro dello strato diffusivo. Poiché d'altra parte $\boldsymbol{J} = (c/4\pi)(\boldsymbol{\nabla} \times \boldsymbol{B}) \to J_c \simeq (c/4\pi)B_i/\ell$, eliminando $E$ e $J_c$ tra le precedenti equazioni si ottiene

$$v_i = \frac{\eta}{\ell}. \tag{9.7}$$

Scrivendo ora la legge di conservazione della massa, uguagliando cioè il flusso di massa entrante, $4L\rho v_i$, a quello uscente,$4\ell\rho v_u$ si ha

$$Lv_i = \ell v_u \quad \to \quad \ell = L\frac{v_i}{v_u}, \tag{9.8}$$

dove $v_u$ è la velocità del plasma uscente dallo strato diffusivo. La conservazione del flusso magnetico ci dice d'altra parte che

$$v_i B_i = v_u B_u \quad \to \quad B_u = B_i\frac{v_i}{v_u} = B_i\frac{\ell}{L}, \tag{9.9}$$

dove l'ultima uguaglianza è stata ottenuta utilizzando la (9.8), ma può essere ricavata anche da un'ananlisi dimensionale di $\boldsymbol{\nabla} \cdot \boldsymbol{B} = 0$. Le (9.7), (9.8) e (9.9) ci consentono di esprimere tutte le grandezze incognite in funzione della velocità di uscita, $v_u$. Per determinare quest'ultima quantità e chiudere così il sistema, consideriamo l'equazione di moto (9.4), valutando l'ordine di grandezza dei vari termini. Supponiamo per il momento che la pressione sia la stessa ovunque e trascuriamo di conseguenza il termie $\boldsymbol{\nabla}P$ nell'equazione di moto. Come abbiamo già visto, la densità di corrente vale approssimativamente $J_c \simeq (c/4\pi)B_i/\ell$ e la forza magnetica diretta lungo lo strato resistivo vale dunque $J_c B_u/c \simeq (1/4\pi)(B_i B_u/\ell)$. Questa forza accelera il plasma lungo lo strato resistivo, portandone la velocità dal valore zero al punto di stagnazione fino al valore finale $v_u$ all'uscita della regione diffusiva. La (9.4) ci dice dunque che

$$\rho\frac{v_u^2}{L} \simeq \frac{1}{4\pi}\frac{B_i B_u}{\ell}.$$

Utilizzando l'ultima uguaglianza della (9.9) otteniamo infine

$$v_u = \frac{B_i}{\sqrt{4\pi\rho}} \equiv c_{ai},$$

dove $c_{ai}$ è la velocità di Alfvén relativa al flusso entrante.

Il plasma dunque entra nello strato resistivo con velocità $v_i$ e ne viene espulso con velocità $c_{ai}$. Il rapporto di queste due velocità può essere considerato una misura adimensionale del *tasso di riconnessione* e lo indicheremo con $R_i$, dove il pedice $i$ è stato inserito per indicare che $R_i$ dipende solo dai parametri d'ingresso. $R_i$ può essere utilmente espresso in termini del numero di Lundquist, $S$, sfruttando le (9.7) e (9.8):

$$R_i \equiv \frac{v_i}{c_{ai}} = (\frac{\eta}{Lc_{ai}})^{1/2} = S^{-1/2}, \tag{9.10}$$

dove la lunghezza $L$ è stata identificata con la scala spaziale esterna. Avremo inoltre

$$\ell = L\, S^{-1/2} \quad \text{e} \quad B_u = B_i\, S^{-1/2}.$$

Poiché $S \gg 1$, si avrà $v_i \ll c_{ai}$, $\ell \ll L$ e $B_u \ll B_i$.

Osserviamo che la lunghezza $\ell$, che rappresenta la scala nella direzione ortogonale all'estensione dello strato resisitivo, è stata definita senza fare alcun riferimento alla scala caratteristica di variazione del campo magnetico in tale direzione. Sembra tuttavia naturale che tale legame esista e questo suggerisce di identificare la scala $\ell$ con lo spessore dello strato di corrente che genera il campo magnetico. Infatti, poiché la dissipazione è data da $\eta J^2$, la resistività agisce dove è presente una corrente. Queste considerazioni ci saranno utili in seguito.

Nella versione del modello di Sweet e Parker fin qui esposta, si è supposto, senza nessuna giustificazione, che la pressione del plasma fosse la stessa ovunque, anche per mettere in luce il fatto che l'accelerazione del plasma in uscita può aver luogo anche sotto la sola azione della tensione magnetica. L'aggiunta di un gradiente di pressione altera ovviamente il valore della velocità di efflusso e di conseguenza quello del tasso di riconnessione. Valutiamo ora gli effetti legati al gradiente di pressione. Nella configurazione studiata, cioè quella di uno strato resistivo lungo e sottile, l'accelerazione e la tensione magnetica possono essere trascurate e l'equazione di moto lungo $y$ si riduce a

$$\frac{\partial}{\partial y}\Big(\frac{B^2}{8\pi} + P\Big) = 0.$$

Integrando la precedente equazione tra 0 e $\ell$ si ottiene:

$$P_c = P_i + \frac{B_i^2}{8\pi}.$$

La pressione al centro dello strato resistivo è dunque maggiore di quella al bordo d'ingresso, contrariamente a quanto supposto in precedenza. Consideriamo ora l'equazione di moto (9.4) nella direzione $x$:

$$\rho v_v \frac{\partial v_x}{\partial x} = \tfrac{1}{2}\frac{\partial v_x^2}{\partial x} = \frac{1}{c} J\, B_y - \frac{\partial P}{\partial x}.$$

Tenendo conto che $J = (c/4\pi)(\partial B_x/\partial y) \approx (c/4\pi)(2B_i/2\ell)$ e integrando la precedente equazione tra 0 e $L$ si ha:

$$\rho\frac{v_u^2}{2} = \frac{1}{4\pi}\frac{B_i}{\ell}\int_0^L B_y \mathrm{d}x - (P_u - P_c).$$

Il valore dell'integrale può essere stimato supponendo che $B_y$ vari linearmente tra il valore 0 in $x = 0$ ed il valore $B_u$ in $x = L$, $B_y(x) = (B_u/L)\,x$. In tal modo si ottiene:

$$v_u^2 = \frac{B_u B_i}{4\pi\rho}\frac{L}{\ell} - \frac{2(P_u - P_c)}{\rho} = c_{ai}^2 \frac{B_u}{B_i}\frac{L}{\ell} - \frac{2(P_u - P_c)}{\rho} = c_{ai}^2 - \frac{2(P_u - P_c)}{\rho},$$

dove si è utilizzata la (9.9). Esprimendo ora la pressione $P_c$ in termini di $P_i$ si arriva all'espressione:

$$v_u^2 = 2c_{ai}^2 + \frac{2(P_i - P_u)}{\rho}. \tag{9.11}$$

Definendo ancora una volta il tasso di riconnessione come $v_i/v_u$ e utilizzando la (9.11) possiamo scrivere:

$$R_i \equiv \frac{v_i}{v_u} = \frac{c_{ai}}{v_u} S^{-1/2}.$$

Se la velocità di uscita è minore di $c_{ai}$, cioè se la pressione d'uscita è sufficientemente alta rispetto a quella d'entrata, e precisamente se $\Delta P = P_u - P_i > \rho c_{ai}^2 = B_i^2/4\pi$, il tasso di riconnessione risulta maggiore di quello del modello di Sweet e Parker che, come abbiamo visto, è pari a $S^{-1/2}$.

### 9.1.2 Cenni al modello di Petschek

Il principale difetto del modello di Sweet e Parker (e anche delle sue generalizzazioni) è, come si è detto, il modesto valore del tasso di riconnessione. Questo sembra precludere la possibilità di identificare la riconnessione magnetica come il meccanismo in grado di trasformare l'energia magnetica in altre forme di energia, quali l'energia termica e l'energia cinetica di particelle accelerate. D'altra parte, sia in laboratorio che, soprattutto, in astrofisica vengono osservati fenomeni che implicano necessariamente tali tipi di trasformazione. Un esempio caratteristico sono i brillamenti solari che si manifestano come un brusco aumento della emissività su tutto lo spettro elettromagnetico, localizzato nelle regioni sede di intensi campi magnetici, le cosiddette regioni attive. A questo fenomeno è associata anche la presenza di particelle accelerate e, talvolta, l'eiezione di materia. L'energetica globale di un grosso brillamento è stimata nell'ordine di $10^{32}$ $erg$, su tempi scala dell'ordine delle ore. Un'attenta analisi della configurazione magnetica prima e dopo il brillamento porta a identificare l'energia immagazzinata nel campo magnetico come l'unica sorgente in grado di fornire l'energia che viene liberata in varie forme durante il brillamento. Le osservazioni inoltre indicano che buona parte dell'energia è emessa nella fase iniziale del brillamento, con tempi scala dell'ordine dei minuti o meno, ciò che implica un'elevata potenza di conversione dell'energia magnetica. Il modello di Sweet e Parker ci insegna che, nella configurazione studiata, non è possibile aumentare arbitrariamente il flusso di campo magnetico entrante ed è quindi impossibile ottenere elevate potenze di conversione. È allora naturale chiedersi se la scarsa efficienza del processo non sia legata alla particolare configurazione geometrica imposta e se non esistano altre configurazioni con tassi di riconnessione più elevati.

Per cercare di rispondere a questa domanda, osserviamo innanzitutto che l'analisi di Sweet e Parker è un'analisi locale, nel senso che viene analizzata solo la configurazione nelle immediate vicinanze dello strato diffusivo, regione in generale di dimensioni piccole rispetto a quelle globali del sistema. D'altra parte è probabile che i valori d'ingresso della velocità e del campo magnetico, $v_i$ e $B_i$, siano determinate dalle condizioni prevalenti su scala molto maggiore di quella fin qui analizzata. Questo ci spinge a considerare una regione più vasta, in cui la scala spaziale e i valori caratteristici di $\boldsymbol{v}$ e $\boldsymbol{B}$ siano rispettivamente $L_e$, $v_e$ e $B_e$, dove il pedice $e$ indica appunto che si tratta di valori *esterni* alla regione di Sweet e Parker. Avremo di conseguenza un nuovo valore del numero di Lundquist $S_e = L_e c_{ae}/\eta$ e, in analogia alla definizione precedente, un tasso di riconnessione, $R_e = v_e/c_{ae}$. Il problema consiste nel determinare $v_i$ a partire da $v_e$ e nel valutare la dipendenza di $R_e$ da $S_e$.

Una prima relazione si ottiene immediatamente dalla conservazione del flusso magnetico, $v_e B_e = v_i B_i$, che può essere posta nella forma:

$$\frac{R_i}{R_e} = \frac{c_{ae}}{c_{ai}}\frac{v_i}{v_e} = \frac{B_e^2}{B_i^2}. \tag{9.12}$$

I rapporti tra le scale spaziali si ottengono facilmente utilizzando le (9.12), (9.10) e (9.8):

$$\frac{L_i}{L_e} = \frac{S_i}{c_{ai}}\frac{c_{ae}}{S_e} = \frac{S_i}{S_e}\frac{B_e}{B_i} = \frac{S_i}{S_e}\left(\frac{R_i}{R_e}\right)^{1/2} = \frac{1}{S_e}R_i^{-3/2}R_e^{-1/2} \tag{9.13}$$

e

$$\frac{\ell}{L_e} = \frac{\ell}{L_i}\frac{L_i}{L_e} = R_i\frac{1}{S_e}R_i^{-3/2}R_e^{-1/2} = \frac{1}{S_e}R_i^{-1/2}R_e^{-1/2}. \tag{9.14}$$

Se, partendo da una particolare configurazione, è possibile determinare il rapporto $B_i/B_e$, le (9.12), (9.13) e (9.14) permettono di ricavare le dimensioni della regione di diffusione in funzione di $R_e$ e $S_e$. Se inoltre il modello fornisce una ulteriore relazione tra alcune delle stesse grandezze, per esempio tra $B_e$, $B_i$ e $L_e/L_i$, è possibile stimare il valore di $R_e$ in termini della sola $S_e$, come nel caso del modello di Sweet e Parker. Il prototipo dei modelli di questo tipo è quello dovuto a Petschek (1964). Esso consiste essenzialmente nel realizzare una profonda analogia tra l'interazione di un gas supersonico con un ostacolo e quello di un plasma che incida sulla regione diffusiva con una velocità maggiore di una certa velocità caratteristica del sistema. In entrambi i casi si formano delle onde d'urto e questo fa sì che la dissipazione possa avvenire non solo nella regione diffusiva, ma anche negli shock stessi con un conseguente aumento dell'efficienza di conversione.

La trattazione del modello di Petschek esula dagli scopi di questo testo e quindi ne citiamo semplicemente i risultati salienti. La velocità caratteristica è quella di uno shock MHD "lento", pari a $B_n/\sqrt{4\pi\rho}$, dove $B_n$ è la componente del campo magnetico normale allo shock. Per una geometria analoga a quella del modello di Sweet e Parker, si forma un sistema di quattro shock stazionari che si dipartono dai vertici della regione diffusiva e la dissipazione avviene principalmente sui fronti d'urto. Per un valore del rapporto dei calori specifici $\gamma = 5/3$, i $2/5$ dell'energia magnetica incidente sono trasformati in calore e i $3/5$ in energia cinetica delle particelle accelerate. Il valore massimo del tasso di riconnessione risulta essere:

$$R_e(max) \propto (\ln S_e)^{-1},$$

molto maggiore di quello del modello di Sweet e Parker per la maggior parte dei plasmi. Poiché inoltre la dipendenza da $R_e$ da $S_e$ è solo logaritmica, il tasso di riconnessione varia poco anche per grandi variazioni di $S_e$.

Nonostante queste caratteristiche positive, il modello di Petschek non sembra descrivere correttamente le caratteristiche dei processi resistivi tranne che nel caso di resistività anomale localizzate in una piccola regione dello spazio, come mostrato da simulazioni numeriche. D'altra parte, la resistività è solo uno dei parametri che può portare al fallimento del teorema del flusso congelato: nell'equazione di Ohm generalizzata, oltre al termine resistivo collisionale, sono presenti almeno il termine di corrente di Hall e il termine di gradiente di pressione elettronica. Simulazioni numeriche hanno mostrato come l'effetto Hall consenta anch'esso l'instaurarsi di un regime di riconnessione più veloce rispetto al caso Sweet-Parker. Senza entrare nei dettagli, un modo per capire questa accelerazione consiste nel ricordare che il tasso di riconnessione dipende dal fatto che l'evacuazione del plasma riconnesso dallo strato di corrente di Sweet-Parker avviene grazie alla propagazione, alla velocità di Alfvén, dell'onda conseguente al rilassamento della tensione delle linee di campo riconnesse. D'altra parte se la resistività s̀ufficientemente piccola, lo strato di corrente puó raggiungere spessori confrontabili con il raggio di girazione degli ioni, che a quel punto si disaccoppiano dal moto degli elettroni ancora congelati al campo magnetico. A queste scale, come è stato mostrato al Capitolo 7, non è piú trascurabile il termine di Hall: l'effetto Hall introduce fra i modi possibili l'onda detta *whistler*, che obbedisce ad una relazione di dispersione quadratica nel vettore d'onda $k$ e che quindi può propagarsi a velocità superiori alla velocità di Alfvén. L'emissione di onde *whistler* da strati di corrente in simulazioni Hall-MHD in effetti mostra come queste onde siano responsabili di un tasso di riconnessione più veloce del caso Sweet-Parker.

Esistono altri modi per accelerare il processo di riconnessione magnetica, anche rimanendo in un regime di resistività collisionale classica? Questa domanda ha risvolti importanti che vanno al di là dello studio dello strato di corrente isolato e stazionario appena discussa. Negli ultimi anni infatti è andata aumentando l'evidenza in favore di una dinamica più complessa degli strati di corrente che si formano naturalmente o che vengono simulati numericamente: gli strati di corrente tendono a rompersi e a formare isole magnetiche multiple, o plasmoidi, che a loro volta possono o unirsi in isole più grandi o allontanarsi, formando strati di corrente sempre più sottili. Il punto di partenza per l'analisi dinamica è lo studio delle possibili instabilità di uno strato di corrente.

## 9.2 Riconnessione spontanea

I processi di riconnessione fin qui studiati presupponevano la presenza di opportuni flussi di materia che convogliavano il campo magnetico in una o più regioni dissipative. L'origine di tali flussi non veniva indicata e la possibilità che si instaurasse un regime stazionario era assunta a priori. Sorge quindi naturale la domanda se non sia possibile che un processo resistivo possa svilupparsi *spontaneamente* senza cioè la necessità di imporre dall'esterno un campo di velocità. Si parla in questo caso di *instabilità resistive*: la loro esistenza può avere notevole importanza sia nei plasmi di laboratorio che in quelli astrofisici, purché il tasso di riconnessione ad esse associato risulti sensibilmente maggiore di quello puramente diffusivo, che, come sappiamo, avviene su tempi scala dell'ordine di $\tau_d = L\, c_a/\eta = S\, \tau_a$, con $\tau_a = L/c_a$, tempo necessario a percorrere la distanza $L$ alla velocità di Alfvén. Poiché in pratica tutti i plasmi hanno $S \gg 1$ (vedi Tabella 5.1) i tempi diffusivi sono generalmente troppo lunghi per essere di un qualche interesse. Come vedremo, le instabilità resistive si sviluppano su tempi scala proporzionali a $\tau_d(\tau_a/\tau_d)^p = \tau_d\, S^{-p}$, con $0 < p < 1$, e quindi il tasso di crescita dell'instabilità $\gamma = \tau^{-1}$, può divenire sufficientemente elevato da essere interessante.

L'origine di queste instabilità va ricercata nella tendenza di strati di corrente omogenei a "sfilacciarsi", dando luogo a filamenti di corrente, che a loro volta diffondono con conseguente rilascio di energia magnetica. La cause dello sfilacciamento possono essere molteplici. Variazioni della densità o della resistività su piccole scale spaziali possono causare la formazione di strutture locali, ma hanno uno scarso effetto sul campo magnetico globale. Queste instabilità vengono indicate come *modo gravitazionale* e *modo corrugato* rispettivamente (*gravitational mode* e *rippling mode*, in inglese) e possono svolgere un qualche ruolo come sorgente locale di turbolenza. L'instabiltà più importante è quella detta in inglese *tearing mode*, che si potrebbe tradurre come *instabilità di strappo*, ma che comunemente viene indicata col nome inglese, come faremo anche noi. L'instabilità di tearing, come tutte le instabilità, è caratterizzata da una lunghezza d'onda $\lambda$ (o da un numero d'onda $k = 2\pi/\lambda$) e da un tempo di crescita $\tau$ (o da un tasso d crescita $\gamma = 1/\tau$). Si tratta di un'instabilità di *grande lunghezza d'onda* ($kL \ll 1$), in grado quindi di indurre importanti cambiamenti globali del campo magnetico, e con un tempo di crescita

$$\tau \simeq \tau_d \left(\frac{\tau_a}{\tau_d}\right)^{2/5} (kL)^{-2/5}.$$

L'instabilità di tearing si sviluppa anche in assenza di una linea neutra, in quanto la dinamica ad essa connessa rimane sostanzialmente immutata anche in presenza di una componente del campo parallela allo strato di corrente iniziale. Come vedremo, in questo caso l'instabilità corrispondente ad un valore $\boldsymbol{k}$ del numero d'onda si sviluppa nell'intorno dei punti in cui

$$\boldsymbol{k} \cdot \boldsymbol{B}_0 = 0.$$

L'analisi dell'instabilità di tearing è stata effettuata per la prima volta da Furth, Killeen e Rosenbluth in un fondamentale lavoro del 1963. Ne presenteremo ora i tratti salienti.

### 9.2.1 Instabilità tearing mode

Il modello che discuteremo ha le seguenti caratteristiche: nello stato imperturbato la velocità è nulla e il campo magnetico è dato da:

$$\boldsymbol{B}_0 = B_{0x}(y)\,\boldsymbol{e}_x + B_{0z}\,\boldsymbol{e}_z,$$

con $B_{0x}(0) = 0$, $B_{0x}(\pm\infty) = \pm\bar{B}$. La velocità di Alfvén è definita da:

$$c_a = \frac{\bar{B}^2}{4\pi\rho_0}.$$

Anche se non strettamente necessario, supporremo per semplicità che $B_{0z}$ sia costante e che il plasma sia incomprimibile, $\rho = \rho_0 = costante$. All'ordine zero l'equazione per l'induzione si riduce a

$$\boldsymbol{\nabla} \times (\eta \boldsymbol{\nabla} \times B_0) = 0.$$

Se facciamo l'ulteriore ipotesi che la resistività $\eta$ sia una costante, vediamo che la precedente equazione implica

$$\frac{\mathrm{d}^2 B_{0x}}{\mathrm{d}y^2} = 0,$$

condizione altamente limitativa della forma del campo di equilibrio. In realtà questo significa che lo stato imperturbato non sarà un equilibrio nel senso stretto del termine, ma evolverà si tempi scala dell'ordine di $\tau_d = L^2/\eta$, molto lunghi rispetto ai tempi di evoluzione dinamica dell'instabilità, che, come abbiamo detto si sviluppa su tempi scala intermedi tra $\tau_a$ e $\tau_d$. In altre parole, il regime che stiamo considerando è definito da

$$\tau_a \ll \tau \ll \tau_d \qquad \text{ovvero} \qquad \gamma\tau_a \ll 1 \ll \gamma\tau_d.$$

Nella configurazione scelta la densità di corrente è data da:

$$\boldsymbol{J}_0 = \frac{c}{4\pi}(\boldsymbol{\nabla} \times \boldsymbol{B}_0) = -\frac{c}{4\pi} B'_{0x}\,\boldsymbol{e}_z,$$

dove l'apice indica la derivazione rispetto a $y$.

Le equazioni di partenza sono le equazioni MHD resistive. Seguendo la procedura abituale, considereremo perturbazioni del campo magnetico e della velocità date da:

$$\boldsymbol{B}_1 = B_{1x}(x,y)\,\boldsymbol{e}_x + B_{1y}(x,y)\,\boldsymbol{e}_y \quad ; \quad \boldsymbol{v}_1 = v_{1x}(x,y)\boldsymbol{e}_x + v_{1y}(x,y)\boldsymbol{e}_y.$$

Linearizzando tutte le equazioni otterremo:

$$\begin{aligned} \nabla \cdot \boldsymbol{v}_1 &= 0 && \text{equazione di continuità,} \\ \rho_0 \frac{\partial \boldsymbol{v}_1}{\partial t} &= -\nabla P_1 + \frac{1}{c}(\boldsymbol{J}_0 \times \boldsymbol{B}_1 + \boldsymbol{J}_1 \times \boldsymbol{B}_0) && \text{equazione di moto,} \\ \frac{\partial \boldsymbol{B}_1}{\partial t} &= \nabla \times (\boldsymbol{v}_1 \times \boldsymbol{B}_0) + \eta \nabla^2 \boldsymbol{B}_1 && \text{equazione dell'induzione,} \end{aligned}$$

oltre alla condizione $\nabla \cdot \boldsymbol{B}_1 = 0$.

L'effetto dell'instabilità sarà quello di generare un campo magnetico con una componente $B_{1y} \neq 0$, assente nel campo di equilibrio, e dei moti di plasma nel piano $(x, y)$ in grado di convogliare il campo magnetico $\boldsymbol{B}_0$ verso la regione dissipativa, nell'intorno della linea $y = 0$, da entrambi i lati. Ne segue che la componente $y$ della velocità del plasma $v_{1y}$ è una funzione *dispari* di $y$ e tale che $v_{1y} < 0$ per $y > 0$. Questa osservazione ci tornerà utile in seguito.

Prendendo il rotore dell'equazione di moto per eliminare il termine di pressione, otteniamo il sistema:

$$\gamma \rho_0 (\nabla \times \boldsymbol{v}_1) = \frac{1}{c} \nabla \times (\boldsymbol{J}_0 \times \boldsymbol{B}_1 + \boldsymbol{J}_1 \times \boldsymbol{B}_0), \tag{9.15a}$$

$$\gamma \boldsymbol{B}_1 = \nabla \times (\boldsymbol{v}_1 \times \boldsymbol{B}_0) + \eta \nabla^2 \boldsymbol{B}_1, \tag{9.15b}$$

accoppiato con le equazioni $\nabla \cdot \boldsymbol{B}_1 = 0$ e $\nabla \cdot \boldsymbol{v}_1 = 0$. A questo punto è conveniente effettuare uno sviluppo di Fourier rispetto alle coordinate ignorabili $x$ e $t$. Siccome siamo interessati a conoscere il *tasso di crescita* dell'instabilità, sostituiremo $\gamma$ a $-\mathrm{i}\omega$ nella dipendenza temporale degli sviluppi di Fourier. Una generica quantità del primo ordine $f_1(x, y, t)$ sarà dunque rappresentata da:

$$f_1(x, y, t) = f(y) \mathrm{e}^{\mathrm{i}kx + \gamma t}.$$

$\gamma > 0$ corrisponde a una situazione di instabilità. Avremo dunque:

$$v_{1x} = v_x(y) \mathrm{e}^{\mathrm{i}kx + \gamma t} \quad ; \quad v_{1y} = v_y(y) \mathrm{e}^{\mathrm{i}kx + \gamma t},$$

e una rappresentazione analoga per le componenti di $\boldsymbol{B}_1$. Le due equazioni per la divergenza di $\boldsymbol{B}_1$ e $\boldsymbol{v}_1$ diventano:

$$\mathrm{i}kb_x(y) + b_y'(y) = 0 \quad \text{e} \quad \mathrm{i}kv_x(y) + v_y'(y) = 0,$$

ci consentono di eliminare $v_x$ e $b_x$ dal sistema.

Consideriamo ora la componente $z$ dell'Eq. (9.15a) e sostituiamo al secondo membro la definizione di $\boldsymbol{J}$ in termini di $\boldsymbol{B}$. Un calcolo lungo, ma senza difficoltà, ci permette di scrivere:

$$\gamma(v'' - k^2 v) = \frac{\mathrm{i}k}{4\pi\rho_0} \left[ B_{0x}(b'' - k^2 b) - B_{0x}'' b \right] \tag{9.16}$$

dove, per semplicità di notazione abbiamo sostituito $v_y$ e $b_y$ rispettivamente con $v$ e $b$.

Consideriamo infine la componente $y$ della (9.15b) che ci dà:

$$\gamma b = \mathrm{i}kB_{0x}v + \eta(b'' - k^2 b). \tag{9.17}$$

Il sistema differenziale del quart'ordine, formato dalle (9.16) e (9.17), che contengono come uniche incognite $b$ e $v$, costituisce la base per lo studio dell'instabilità di tearing.

Prima di discuterne la soluzione, osserviamo che l'effetto della resistività sarà confinato, come al solito, in un sottile strato nell'intorno di $y = 0$ dove si annulla la componente $x$ del campo magnetico imperturbato. Indicheremo con $\ell$ lo spessore dello stato resistivo. Si osservi che la componente $z$ del campo, $B_{oz}$, è scomparsa dal sistema e quindi non influenza lo sviluppo dell'instabilità. Il campo magnetico di equilibrio non si annulla in $y = 0$, dove infatti $\boldsymbol{B} = B_{oz}\boldsymbol{e}_z$, ma in quel punto (in realtà in quel piano) $\boldsymbol{k} \cdot \boldsymbol{B}_0 = 0$, come avevamo anticipato. L'Eq. (9.17) ci dice anche che nello strato resistivo $b''$ ($\approx \gamma\, b/\eta$) dovrà avere un valore molto grande a causa della piccolezza di $\eta$.

Se si esclude lo strato resistivo, il plasma si comporta come un plasma ideale e questo ci consente di porre $\eta = 0$ nella maggior parte dello spazio. Si potrebbe allora pensare di considerare il termine proporzionale a $\eta$ nella (9.17) come una perturbazione del sistema ideale. Ma un'analisi più approfondita ci fa capire che si tratta in realtà di una perturbazione *singolare*, nel senso che quando si passa dalla situazione $\eta = 0$ a quella $\eta \neq 0$, l'ordine del sistema differenziale cambia dal secondo al quarto e questo crea dei problemi con il numero di condizioni iniziali da imporre al sistema. La tecnica per risolvere questo tipo di problemi si basa sulla teoria dello *strato limite* e consiste essenzialmente nella separazione della regione d'integrazione in due regioni distinte: quella *esterna* allo strato limite, cioè quella in cui si può porre $\eta = 0$, e quella *interna* in cui bisogna tener conto della resistività. Indicheremo con $a$ la scala spaziale della regione esterna, cioè la scala macroscopica della variazione del campo magnetico in direzione *trasversa* all'estensione dello strato, che è legata allo spessore dello strato di corrente che genera $\boldsymbol{B}_0$. Le quantità $\tau_a$ e $\tau_d$ saranno ora definite da $\tau_a = a/c_a$ e $\tau_d = a^2/\eta$. Le considerazioni svolte nel paragrafo dedicato al modello di Sweet e Parker ci permettono di identificare $a$ con la quantità $\ell$ di tale paragrafo.

Ci aspettiamo che $a$ sia molto maggiore dello spessore dello strato limite, $\delta$, quantità che non è nota a priori, ma che verrà determinata dalla soluzione stessa del problema. Utilizzando la tecnica dello strato limite risolveremo dapprima il problema esterno e determineremo i valori delle funzioni incognite e delle loro derivate al bordo dello strato limite. Risolveremo poi il problema interno e raccorderemo le soluzioni esterna e interna al confine tra le due regioni. Come vedremo, le condizioni di raccordo determinano sia lo spessore dello strato resistivo $\delta$ che il valore del tasso di crescita dell'instabilità, $\gamma$. Questa tecnica si dimostra molto efficace perché nella regione esterna si deve risolvere solo un'equazione del secondo ordine, mentre nella regione interna la piccolezza della scala spaziale permette generalmente di introdurre delle semplificazioni. Questa procedura, fra l'altro, è essenziale nei casi in cui si cerchi di risolvere il problema per via numerica. Infatti, sarebbe impossibile risolvere il problema resistivo ovunque, a causa dell'enorme valore rapporto $a/\ell$ che costringerebbe a utilizzare una griglia estremamente fine per l'integrazione e quindi un numero proibitivo di nodi d'integrazione. La tecnica dello strato limite consente invece di limitare il numero di nodi sia nella regione esterna, dove la scala è grande, che nella regione interna, che è di modesta estensione.

La soluzione del sistema delle (9.16) e (9.17) richiede la conoscenza di un profilo specifico per $B_{0x}(y)$ e presenta notevoli difficoltà tecniche anche per profili relativamente semplici, come, ad esempio, per lo strato di corrente detto di Harris: $B_{0x} = \bar{B}\tanh(y/a)$. È tuttavia possibile trovare le espressioni corrette per $\ell$ e $\gamma$ con semplici considerazioni dimensionali e con ragionamenti di tipo euristico.

Lo strato diffusivo si estenderà in $y$ da $-\delta/2$ a $\delta/2$ e *al suo interno* il termine resistivo nella (9.17) sarà dominante rispetto a quello convettivo, mentre *all'esterno* sarà quest'ultimo a dominare. Questo suggerisce di definire $\delta/2$ come il punto in cui i due termini hanno lo stesso ordine di grandezza. Poiché, come già anticipato, il regime che ci interessa è quello di "grandi" lunghezze d'onda, $\lambda \gg a \gg \delta$, nella regione interna il termine $b'' \simeq b/\delta^2$ sarà molto maggiore di $k^2 b \simeq b/\lambda^2$, che, a sua volta sarà molto maggiore di $B''_{0x}b$ perché il campo di equilibrio varia poco sulla scala resisitiva. Analogamente, nella (9.16) il termine $v''_{1y}$ dominerà rispetto a $k^2 v$. La (9.16) si riduce quindi a

$$\gamma v'' = \frac{\mathrm{i}kB_{0x}}{4\pi\rho_0} b'' \quad \text{per} - \delta/2 < y < \delta/2 \tag{9.18}$$

e la (9.17) diviene semplicemente:

$$\gamma b = \mathrm{i}kB_{0x}v + \eta b'' \tag{9.19}$$

Le (9.18) e (9.19) rappresentano le equazioni per la regione interna.

Per determinare la soluzione esterna, facciamo tendere $\eta \to 0$ nella (9.17) ed eliminiamo $v$ tra questa e la (9.16). L'equazione risultante è

$$b'' - k^2 b - \frac{B''_{0x}}{B_{0x}} b - (\gamma\tau_a)^2 (ka)^{-2} \left(\frac{\bar{B}}{B_{0x}}\right)^2 \left(\frac{B'_{0x}}{B_{0x}}\right) \left(b' - \frac{B'_{0x}}{B_{0x}} b\right) = 0.$$

Scrivendo

$$\gamma\tau_a = \frac{\gamma\tau_d}{S},$$

e ricordando che $\gamma = 1/\tau$ rappresenta il tasso di crescita della nostra instabilità che avrà comunque un valore finito, anche per $S \gg 1$, si vede che i termini proporzionali a $\gamma\tau_a$ sono trascurabili e quindi l'equazione a cui il campo magnetico deve soddisfare nel caso ideale è

$$b'' - k^2 b - \frac{B''_{0x}}{B_{0x}} b = 0. \tag{9.20}$$

Se trascurassimo la resistività *ovunque*, cioè se la (9.20) fosse valida *per qualunque valore di* $y$, otterremmo una soluzione continua in $y = 0$, ma con una derivata discontinua in tale punto. Per renderci conto di questa proprietà generale delle soluzioni della (9.20), consideriamo il caso in cui $B''_{0x} = 0$, che, come già notato, sarebbe a rigore richiesto dalla condizione di equilibrio per $\eta$ costante. L'equazione ideale si riduce allora a

$$b'' - k^2 b = 0,$$

la cui soluzione, con le corrette proprietà di convergenza a $\pm\infty$, è:

$$b(y) = b(0)\mathrm{e}^{-|ky|},$$

che hanno la caratteristica prevista.

Il valore della discontinuità viene tradizionalmente quantificato dalla quantità adimensionale $\Delta'$ definita da.

$$\Delta' = a\,\frac{b'(\delta/2) - b'(-\delta/2)}{b(\delta/2)}.$$

Siccome richiediamo che $b(y)$ e la sua derivata prima siano continue in $y = \delta/2$, la quantità $\Delta'$ può essere calcolata *utilizzando la soluzione esterna*. In generale $\Delta'$ deve essere calcolato numericamente, ma può essere espresso in forma analitica per particolari scelte del profilo di $B_{0x}$. Un caso importante è quello dello strato di Harris definito prima, $B_{0x} = \bar{B}\tanh(y/a)$ per il quale si può dimostrare che

$$\Delta' = 2\frac{1 - (ka)^2}{ka}.$$

Per ottenere una soluzione continua insieme alla sua derivata prima, dovremo porre $\eta = 0$ solo nella regione $|y| > \delta/2$. Nella regione interna, in cui $\eta \neq 0$, la derivata seconda di $b$ dovrà essere sufficientemente grande da eliminare la discontinuità della derivata prima. In tale regione possiamo scrivere:

$$b''(y) = \lim_{\delta\to 0}\frac{b'(\delta/2) - b'(-\delta/2)}{\delta} \approx \frac{b'(\delta/2) - b'(-\delta/2)}{b(\delta/2)}\,\frac{b(\delta/2)}{\delta} = \frac{\Delta'\,b(\delta/2)}{a\,\delta}. \tag{9.21}$$

Valutiamo ora approssimativamente la (9.18) nel punto $y = \delta/2$, utilizzando la (9.21) e scrivendo

$$v''(\delta/2) \simeq -\frac{v(\delta/2)}{\delta^2}.$$

La presenza del segno meno nella precedente relazione è dovuta al fatto che $v$ è una funzione dispari di $y$ e $v(\delta/2) < 0$ mentre $v''(\delta/2) > 0$ (per rendersene conto basta pensare ad una funzione del tipo $\sin(y)$). Otteniamo così:

$$-\gamma\left(\frac{v}{\delta^2}\right) = \frac{\mathrm{i}kB_{0x}}{4\pi\rho_0}\,\frac{b}{a\delta}\,\Delta',$$

dove s'intende che tutte le funzioni sono valutate in $y = \delta/2$).

D'altra parte la (9.19) ci dà, sempre utilizzando la soluzione esterna,

$$\gamma b \simeq \mathrm{i}kB_{0x}\, v,$$

e quindi, combinando le ultime due equazioni,

$$\gamma^2 = \frac{(kB_{0x})^2}{4\pi\rho_0}\frac{\delta}{a}\,\Delta'.$$

Poiché $B_{0x}(\delta/2) \simeq B_{0x}(0) + (\delta/2)B'_{0x}(0) = (\delta/2)B'_{0x}(0)$ otteniamo infine

$$\gamma^2 \simeq \frac{1}{4}\frac{(kB'_{0x}(0))^2}{4\pi\rho_0}\frac{\delta^3}{a}\Delta' = A\Big(\frac{(ka)}{\tau_a}\Big)^2\Big(\frac{\delta}{a}\Big)^3\Delta', \tag{9.22}$$

con

$$A = \Big(\frac{aB'_{0x}(0)}{2\bar{B}}\Big)^2.$$

Questa equazione ci dice che per ottenere un valore di $\gamma$ reale ( e quindi un'instabilità), bisogna che sia $\Delta' > 0$.

Consideriamo ora l'equazione interna, che scriveremo, usando la (9.21),

$$\gamma b(\delta/2) \simeq \eta b'' \simeq \eta\frac{\Delta'}{a\delta}\, b(\delta/2)\,,$$

cioè

$$\gamma \simeq \eta\frac{\Delta'}{a\delta} \quad \text{cioè} \quad \frac{\delta}{a} \simeq \frac{\Delta'}{\gamma\tau_d}.$$

Eliminando $\delta/a$ tra quest'ultima equazione e la (9.22) otteniamo una stima per il tasso di crescita:

$$\gamma\,\tau_d \simeq A^{1/5}(ka)^{2/5}\, S^{2/5}(\Delta')^{4/5}. \tag{9.23}$$

Se invece eliminiamo $\gamma$ tra le stesse equazioni, otteniamo una stima dello spessore dello strato resistivo:

$$\frac{\delta}{a} \simeq A^{-1/5}(ka)^{-2/5}S^{-2/5}(\Delta')^{1/5}. \tag{9.24}$$

Sostituendo adesso i valori di $A$ e di $\Delta'$ trovati per il caso dello strato di corrente di Harris $B_{0x} = \tanh(y/a)$, e rinormalizzando i tempi non al tempo diffusivo ma al tempo di Alfvén, si trova la relazione di dispersione

$$\gamma\,\tau_a \simeq 2.3(ka)^{-2/5}\, S^{-3/5}(1 - k^2a^2)^{4/5}. \tag{9.25}$$

Un'analisi più dettagliata mostra che le approssimazioni svolte per arrivare al risultato ne limitano la validità a valori di lunghezze d'onda lungo lo strato che soddisfano $kaS^{1/4} \gg 1$, e che il tasso di crescita massimo, che si ottiene per $kaS^{1/4} \simeq 1$, scala come $\gamma\,\tau_a \simeq S^{-1/2}$.

### 9.2.2 Instabilità di plasmoide dello strato di corrente Sweet-Parker

L'analisi appena compiuta ha mostrato come gli strati di corrente siano instabili in condizioni abbastanza generali. Il tasso di crescita indica che l'evoluzione dello strato avviene su tempi $\tau/\tau_a \sim S^{1/2}$, cioè la stessa legge di scala ottenuta per il tempo di riconnessione (inverso del tasso di riconnessione) dello strato di corrente di Sweet-Parker [Eq. (9.10)]. Questo potrebbe indurre a pensare che i due processi siano in qualche modo collegati: in realtà questa coincidenza è solo apparente, come ora mostreremo. Se consideriamo l'espressione per lo spessore dello strato resistivo data dalla (9.24) e utilizziamo la relazione $ka \simeq S^{-1/4}$, già usata per ricavare $\tau \sim \tau_a S^{1/2}$, otteniamo $\delta/a \sim S^{-3/10}$. D'altra parte, se paragoniamo lo spessore dello strato resistivo del tearing non con $a$, ma con la *lunghezza* $L$ di tale strato, come nel caso del modello di Sweet e Parker, otteniamo

$$\frac{\delta}{L} = \left(\frac{\delta}{a}\right)\left(\frac{a}{L}\right) \sim \left(\frac{a}{L}\right) S^{-3/10}.$$

Quindi lo spessore dello strato resistivo del tearing risulta molto maggiore, se $a \sim L$, di quello di Sweet-Parker e questo, a sua volta, suggerisce la possibilità che anche la soluzione di riconnessione stazionaria di Sweet-Parker possa essere instabile per modi tearing su tempi caratteristici molto rapidi.

Per valutare meglio questa possibilità, è necessario anzitutto utilizzare le stesse normalizzazioni per il modello di Sweet-Parker e per l'instabilità di tearing, diversamente da come fatto finora. Infatti, mentre per Sweet-Parker abbiamo utilizzato come scala spaziale la lunghezza dello strato, $L$, nel caso del tearing abbiamo normalizzato le lunghezze rispetto ad $a$, cioè alla scala del campo magnetico di base. Di conseguenza, anche le definizioni di $\tau_a$, $\tau_d$ e $S = \tau_d/\tau_a$ sono diverse. Indicando con un asterisco le grandezze riferite al tearing e senza asterisco quelle riferite a Sweet-Parker, avremo

$$\tau^* = \tau_a^*(S^*)^{1/2} = \frac{a}{c_a}\left(\frac{ac_a}{\eta}\right)^{1/2} = \frac{L}{c_a}\left(\frac{Lc_a}{\eta}\right)^{1/2}\left(\frac{a}{L}\right)^{3/2}.$$

Ricordando che il rapporto d'aspetto dello strato di Sweet-Parker è $a/L \sim S^{-1/2}$, troviamo per il tempo di crescita del modo tearing

$$\tau^* \sim \tau_a S^{1/2} S^{-3/4} = \tau S^{-1/4}. \tag{9.26}$$

L'ipotetico modo di tearing veloce dello strato di corrente di Sweet-Parker si svilupperebbe quindi su una scala di tempo che diventerebbe una frazione infinitesima del tempo di Alfvén quando il numero di Lundquist $S \to \infty$. Discuteremo questo risultato, apparentemente paradossale, dopo aver mostrato, seguendo Loureiro et al. (2007) [16], che la soluzione di riconnessione stazionaria di Sweet-Parker è davvero instabile.

Per valutare in modo un pó più rigoroso l'instabilità dello strato stazionario di Sweet-Parker dobbiamo linearizzare le equazioni di continuità, del moto, e dell'induzione includendo il moto d'insieme del plasma che confluisce nello strato di corrente, procedendo in modo analogo a quello che ha portato alle equazioni (9.16), (9.17). Tenendo conto del moto di equilibrio, le equazioni linearizzate prendono la forma

$$\rho_0(\boldsymbol{\nabla}\times[\frac{\partial \boldsymbol{v}_1}{\partial t}+\boldsymbol{v}_1\cdot\boldsymbol{\nabla}\boldsymbol{v}_0+\boldsymbol{v}_0\cdot\boldsymbol{\nabla}\boldsymbol{v}_1]=\frac{1}{c}\boldsymbol{\nabla}\times\left(\boldsymbol{J}_0\times\boldsymbol{B}_1+\boldsymbol{J}_1\times\boldsymbol{B}_0\right), \quad (9.27a)$$

$$\frac{\partial \boldsymbol{B}_1}{\partial t}=\boldsymbol{\nabla}\times\left(\boldsymbol{v}_1\times\boldsymbol{B}_0\right)+\boldsymbol{\nabla}\times\left(\boldsymbol{v}_0\times\boldsymbol{B}_1\right)+\eta\nabla^2\boldsymbol{B}_1, \quad (9.27b)$$

dove $\boldsymbol{v}_0$ rappresenta la velocità del moto di base del modello di Sweet-Parker, ovvero $\boldsymbol{v}_0 \equiv [v_0x/l,\, -v_0y/l,\, 0]$. Procedendo poi come nel caso statico, prendendo cioè la componente $z$ delle equazioni (9.27a) e (9.27b), si deve però fare attenzione alle variazioni spaziali del campo di velocità $\boldsymbol{v}_0$. Derivando l'equazione del moto ancora una volta lungo la direzione $x$, e utilizzando l'incomprimibilità del moto perturbato, si trova dopo qualche passaggio algebrico

$$\rho_0\left(\frac{\partial}{\partial t}+\boldsymbol{v}_0\cdot\nabla\right)\nabla_\perp^2 v_{1y}+\rho_0\frac{v_0}{l}\nabla_\perp^2 v_{1y}=\frac{B_{0x}}{4\pi}\frac{\partial}{\partial x}\nabla_\perp^2 b_{1y}-\frac{1}{4\pi}\frac{\partial b_{1y}}{\partial x}\frac{\partial^2 B_{0x}}{\partial y^2} \quad (9.28a)$$

$$\frac{\partial b_{1y}}{\partial t}+\boldsymbol{v}_0\cdot\nabla b_{1y}=B_{0x}\frac{\partial b_{1y}}{\partial y}-\frac{v_0}{l}b_{1y}+\eta\nabla^2 b_{1y}, \quad (9.28b)$$

dove abbiamo definito $\nabla_\perp^2 = \partial^2/\partial x^2 + \partial^2/\partial y^2$ e non abbiamo ancora supposto nulla riguardo alla dipendenza spaziale e temporale delle perturbazioni. In effetti, le equazioni così come scritte, dipendono esplicitamente sia dalle coordinate $y$, come nel paragrafo precedente, che da $x$, attraverso il campo di velocità medio. Tuttavia è possibile eliminare completamente questa dipendenza supponendo ancora che $v_{1y} = v(y,t)\mathrm{e}^{\mathrm{i}kx}$ (e analogamente per $B_{1y}$) a patto di ammettere che $k = k(t)$. In effetti il moto d'insieme, in accelerazione lungo la strato di corrente, ha come conseguenza uno stiramento della lunghezza d'onda in direzione $x$, da cui deriva che $k(t) = k_0\exp(-v_0t/a)$. In questo modo le equazioni per $v, b$ tornano a non avere alcuna dipendenza esplicita dalla variabile $x$ (la dimostrazione è lasciata come esercizio). Se si suppone adesso che esista una instabilità che cresce in modo esponenziale come $v(y,t) = v(y)\mathrm{e}^{\gamma t}$, con $\gamma >> v_0/a$, si possono trascurare i termini proporzionali a $v_0/a$ nelle equazioni linearizzate, nel qual caso si torna alle equazioni (9.16), (9.17).

In questo modo si rende rigoroso il percorso accennato all'inizio di questo paragrafo: infatti, adesso, la scala dell'equilibrio è proprio lo spessore della dimensione dello strato di corrente di Sweet - Parker $x_0 = (a\eta/v_0)^{1/2}$, per cui, a patto che il $\Delta'$ sia positivo, lo strato di corrente risulta essere instabile, con il tempo scala veloce definito sopra (9.26). Non mostriamo il calcolo del $\Delta'$ per l'equilibrio di Sweet-Parker, ma il risultato mostra in effetti che l'equilibrio è instabile per questo modo di *super-tearing*. Questa instabilità è detta anche *instabilità di plasmoidi*, per la sua evoluzione veloce, che porta allo riconnessione e alla formazione dinamica di isole magnetiche nello strato, come visto anche in simulazioni numeriche, un esempio delle quali riportato in Fig. 9.8.

La presenza di una instabilità con un tasso di crescita che dipenda da una potenza positiva del numero di Lundquist, pone un problema sull'esistenza stessa degli strati di corrente di Sweet-Parker ed al fenomeno della riconnessione stazionaria ad alti numeri di Lundquist. Infatti, un tasso che tende all'infinito quando il plasma diventa ideale sembra indicare che ci debba essere una sorta di transizione a uno stato dinamico una volta superato un valore critico del numero di Lundquist. La presenza di questo genere di instabilità, in fluidodinamica ordinaria, è sintomatica della transizione alla turbolenza. Abbiamo quindi delle forti indicazioni che anche nel caso della magnetoidrodinamica, la formazione di strati di corrente e la dissipazione del campo magnetico debbano essere associate a fenomeni dinamici nonlineari, ovvero debbano esserci dei regimi propri di turbolenza magnetoidrodinamica, che tratteremo nel capitolo successivo.

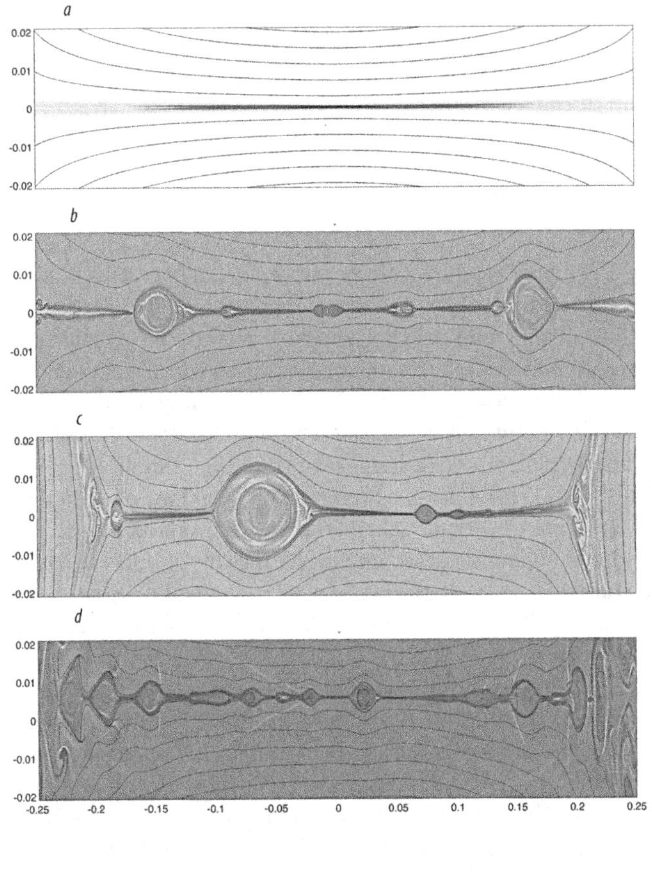


**Fig. 9.8** La formazione di isole nell'instabilità dello strato di Sweet-Parker con un numero di Lundquist $S \simeq 10^5$ ai tempi 3,6,9,12 in unità di tempi di Alfvén macroscopico

## Esercizi e problemi

**9.1.** Si cerchino i valori di densità, temperatura e campo magnetico corrispondenti ai plasmi indicati in in tabella 5.1, calcolando poi i valori di resistività e verificando quindi i corrispondenti numeri di Lundquist.

**9.2.** Si dimostri che per lo strato di corrente di Harris $B_{0x} = \bar{B}\tanh(y/a)$ il $\Delta'$ assume il valore

$$\Delta' = 2\left(\frac{1}{ka} - ka\right).$$

*Suggerimento.* Si mostri che l'Eq. (9.20) prende la forma

$$b'' - k^2 b + \frac{2}{a^2} sech^2(y/a) b = 0.$$

Il $\Delta'$ si puo' calcolare utilizzando le soluzioni di questa equazione per $y > 0$ e $y < 0$ che ammettono una discontinuità nella derivata prima nell'origine:

$$\Delta' = \frac{b'(0^+) - b'(0^-)}{b(0)}.$$

Si cerchi una soluzione della forma

$$b = b_0 \mathrm{e}^{\mp ky}\left(1 \pm \frac{\tanh(y/a)}{ka}\right)$$

per $y > 0$, $y < 0$ rispettivamente.

# 10

# Turbolenza magnetoidrodinamica

Abbiamo visto nei capitoli precedenti come nei plasmi astrofisici sia comune la situazione in cui i coefficienti dissipativi resistivi e viscosi sono estremamente piccoli, ovvero i numeri di Reynolds o di Lundquist assumono valori estremamente grandi. È noto dalla idrodinamica che in questi casi possono instaurarsi regimi in cui il moto del fluido assume un carattere vorticoso e i cui dettagli sono sostanzialmente imprevedibili. Nel regime in cui si hanno moti temporalmente caotici associati a vortici su una vasta gamma di scale spaziali, si parla di *turbolenza sviluppata*. La caratteristica saliente di questi regimi è il trasporto di energia dalle scale più grandi a scale sufficientemente piccole perché possa esserci dissipazione. Consideriamo l'equazione di moto per un fluido viscoso, cioè l'equazione di Navier - Stokes

$$\frac{\partial \boldsymbol{U}}{\partial t} + (\boldsymbol{U} \cdot \boldsymbol{\nabla})\boldsymbol{U} = -\frac{1}{\rho}\boldsymbol{\nabla} P + \nu \nabla^2 \boldsymbol{U}, \tag{10.1}$$

dove si è supposto che il fluido sia incomprimibile , $\boldsymbol{\nabla} \cdot \boldsymbol{U} = 0$, e $\nu$ è la cosiddetta *viscosità cinematica*. Osserviamo che il termine convettivo non lineare, cioè il termine $(\boldsymbol{U} \cdot \boldsymbol{\nabla})\boldsymbol{U}$, cresce, al diminuire della scala $l$, al più come $1/l$, mentre il termine viscoso $\nu \nabla^2 \boldsymbol{U}$, cresce come $1/l^2$, per cui a scale sufficientemente piccole domina sempre. Detta $L$ la scala della sorgente di energia, i termini non lineari delle equazioni redistribuiscono l'energia fino a una scala $l_d$ dove gli effetti resistivi e viscosi non si possono trascurare. Si parla di turbolenza completamente sviluppata quando le scale $L$ ed $l_d$ sono separate da molti ordini di grandezza $L >> l_d$, come avviene generalmente nei plasmi astrofisici.

Così come per le onde sonore normali la derivata convettiva porta alla formazione di fronti sempre più ripidi, che implicano scale spaziali sempre più piccole, anche nel caso incomprimibile questo termine è la causa di generazione di armoniche e piccole scale. Tuttavia in questo caso non si formano fronti ripidi, quanto piuttosto strutture vorticose.

Nel caso dei plasmi naturali in presenza di sorgenti di energia legate al moto d'insieme, oppure come conseguenza dell'instaurarsi di instabilità a partire da situazioni di equilibrio di campi magnetici non potenziali, possono nascere situazioni

Chiuderi C., Velli M.: Fisica del Plasma. Fondamenti e applicazioni astrofisiche.
DOI 10.1007/978-88-470-1848-8_10, © Springer-Verlag Italia 2012

in cui la dinamica del plasma diventa caotica ed imprevedibile. Alle scale in cui il plasma può essere descritto dalle equazioni della magnetoidrodinamica, si parla di turbolenza magnetoidrodinamica o MHD.

La turbolenza magnetoidrodinamica svolge un ruolo fondamentale nella dinamica dei plasmi astrofisici in ambienti molto diversi e su una vastissima gamma di scale, dal kilometro fino al kiloparsec ed oltre. Negli strati superiori delle stelle convettive come il Sole, nel riscaldamento della corona e nell'accelerazione del vento solare, nella dinamica delle nubi molecolari e delle stelle in formazione, dove lo sviluppo di turbolenza crea la viscosità necessaria a rimuovere il momento angolare, capire la turbolenza generata dalla dinamica non lineare di plasmi e campi magnetici è parte essenziale del problema in questione.

In questo capitolo ci occuperemo di alcuni dei risultati salienti della moderna teoria della turbolenza magnetoidrodinamica, con una trattazione fenomenologica basata sui principi di invarianza e sull'analisi dimensionale delle equazioni. Partiremo per semplicità dai risultati fondamentali di Kolmogorov sulla turbolenza idrodinamica omogenea ed isotropa, per includere poi gli effetti legati alla presenza del campo magnetico. Sebbene ci siano molte analogie fra l'idrodinamica e la magnetoidrodinamica, lo sviluppo di turbolenza in presenza di campi magnetici differisce in modo importante dal caso idrodinamico per l'anisotropia intrinseca creata dal campo magnetico e la conseguente presenza di onde di Alfvén che si possono propagare lungo il campo. Ci limiteremo inoltre al caso della turbolenza in un plasma incomprimibile, sebbene nelle situazioni di interesse astrofisico non esistano in realtà mezzi incomprimibili. L'analisi va quindi intesa come un modello per l'evoluzione delle fluttuazioni per piccoli numeri di Mach (come visto nella sezione onde).

Tratteremo poi il caso specifico della corona e del vento solare. In quest'ultimo l'ambiente, la turbolenza magnetoidrodinamica è stata osservata e studiata in grande dettaglio negli ultimi cinquant'anni, grazie alle numerose sonde spaziali che si sono inoltrate nello spazio interplanetario dall'inizio dell'era spaziale.

## 10.1 Turbolenza idrodinamica omogenea ed isotropa

La forma degli spettri delle fluttuazioni di velocità, campo magnetico, e densità, misurate indirettamente in ambienti astrofisici distanti, come il mezzo interstellare, o direttamente, *in situ*, nel vento solare, suggerisce fortemente che sia operativa una dinamica che distribuisce l'energia dalle scale macroscopiche o di iniezione, alle fluttuazioni dei campi su tutte le scale fino ad arrivare scale così ridotte che, per quanto piccoli possano essere i coefficienti viscosi e resistivi, i termini dissipativi diventano confrontabili agli altri. La sorgente di energia libera alla scala di iniezione può derivare, ad esempio, dall'energia cinetica associata alla differenza di velocità di due getti, nell'instabilità di Kelvin Helmholtz, oppure dalla differenza di energia termica fra due strati di fluido, nel caso della convezione, o dall'energia libera nel campo magnetico, nel caso dell'instabilità di tearing. Come conseguenza dei termini non lineari delle equazioni, l'energia viene redistribuita su scale diverse, in un modo che non corrisponde ad un regime di equipartizione fra le varie scale, ma piuttosto a una distribuzione di energia con una legge di potenza, con un indice spettrale osservato sperimentalmente che si aggira intorno a 1.67.

Seguendo la teoria originalmente proposta nel 1941 da Kolmogorov, due proprietà caratterizzano la turbolenza completamente sviluppata: in primo luogo la dissipazione nel fluido non dipende dal valore esatto della viscosità, cioè non tende a zero quando la viscosità tende a zero. In secondo luogo, il traferimento di energia dalle scale di iniezione a quelle dissipative non avviene direttamente, ma attraverso una cascata non lineare che trasferisce l'energia da scale più grandi a quelle più piccole con interazioni fra modi che, ad ogni passaggio, hanno scale confrontabili tra di loro. A scale già un poco più piccole delle scale di iniezione, le interazioni non lineari che provocano la cascata non ricordano le anisotropie macroscopiche, e quindi la turbolenza assume un carattere statisticamente omogeneo ed isotropo. Per rendere queste considerazioni più quantitative riprendiamo l' equazione di Navier-Stokes (10.1)

$$\frac{\partial \boldsymbol{U}}{\partial t} + \boldsymbol{U} \cdot \boldsymbol{\nabla} \boldsymbol{U} = \frac{1}{\rho} \boldsymbol{\nabla} P + \nu \nabla^2 \boldsymbol{U}.$$

Poiché si è supposto che la densità sia costante, prendendo il rotore della precedente equazione e definendo la *vorticità* come $\boldsymbol{\omega} = \boldsymbol{\nabla} \times \boldsymbol{U}$, si ottiene:

$$\frac{\partial \boldsymbol{\omega}}{\partial t} = \boldsymbol{\nabla} \times (\boldsymbol{U} \times \boldsymbol{\omega}) + \nu \nabla^2 \boldsymbol{\omega}. \tag{10.2}$$

Si noti che la (10.2) è apparentemente identica alla (5.23) con la vorticità $\boldsymbol{\omega}$ al posto di $\boldsymbol{B}$ e la viscosità al posto della diffusività magnetica $\eta$. In realtà l'analogia non è completa, perchè la (10.2) di fatto dipende dal solo campo vettoriale $\boldsymbol{U}$, visto che $\boldsymbol{\omega}$ è definita in termini di $\boldsymbol{U}$, mentre nella (5.23) compaiono due campi vettoriali indipendenti, $\boldsymbol{U}$ e $\boldsymbol{B}$. Il numero di Reynolds, che misura l'ordine di grandezza del rapporto tra il termine convettivo e quello viscoso al secondo membro della (10.2), è definito da $R = \mathcal{U}L/\nu$, dove $\mathcal{U}$ e $L$ sono rispettivamente un valore indicativo della velocità del fluido e $L$ la scala di variazione della velocità. E' chiaro quindi che se domina il termine viscoso, $R \ll 1$, avremo dei moti *laminari*, mentre nel limite opposto, $R \gg 1$, saremo in presenza di moti *turbolenti*, caratterizzati da una variazione estremamente irregolare della velocità in ciascun punto del fluido. Potremo quindi identificare $\mathcal{U}$ come la media, su tempi molto lunghi, della effettiva velocità in ciascun punto del fluido. In altre parole, scriveremo la velocità della singola particella fluida nella forma $\boldsymbol{U} = \boldsymbol{U}_0 + \boldsymbol{w}$, dove con $\boldsymbol{w}$ si è indicata la parte fluttuante della velocità mentre $|\boldsymbol{U}_0| \simeq \mathcal{U}$. Il moto nel suo insieme può essere descritto in maniera intuitiva come la sovrapposizione di *vortici turbolenti* di differente dimensione, o *scala*, quest'ultima quantità essendo definita come l'ordine di grandezza della distanza che separa due punti in cui le velocità $\Delta u \simeq |\boldsymbol{w}|$ sono sensibilmente diverse. Indicando con $\ell$ tale scala, e con $w_\ell$ la corrispondente variazione di velocità, possiamo associare ad essa un numero di Reynolds $R_\ell = w_\ell \ell/\nu$.

Nonostante la complessità e la caoticità dei moti turbolenti, molte informazioni circa le caratteristiche di tali moti possono essere dedotte in maniera semplice mediante l'utilizzo di considerazioni dimensionali come mostrato da Kolmogorov e Obukhov e come ora andremo ad illustrare.

Lo stabilirsi di un moto turbolento è caratterizzato dall'apparire di vortici di grande dimensione che successivamente si trasformano in vortici di dimensione via via più piccola. Nei vortici di grande dimensione, $\ell$ può essere identificata con $L$, e su questa scala $\Delta u \simeq \mathcal{U}$ e di conseguenza $R_L \simeq R$. In questi vortici, la viscosità non è importante e di conseguenza in essi non si ha dissipazione di energia, ma il successivo decrescere della scala $\ell$ fa si che ad un certo punto gli effetti della viscosità non siano più trascurabili e che la dissipazione possa aver luogo . Questo avviene alla scala $\ell_d$, detta scala *dissipativa*, corrispondente ad un valore $R_{\ell_d} \simeq 1$. L'energia, in forma di energia cinetica, viene iniettata alla scala L e viene trasferita inalterata alle scale minori fin quando viene raggiunta la scala dissipativa, dove essa viene trasformata in calore. Che il trasferimento di energia da una scala all'altra avvenga in modo conservativo discende dalle proprietà dei termini nonlineari dell'equazione di Navier-Stokes, ovverosia la derivata convettiva ed il gradiente di pressione. Dall'incomprimibilità del fluido, $\nabla \cdot \boldsymbol{U} = 0$, si ricava che la pressione deve obbedire un'equazione di Poisson, ottenuta prendendo la divergenza dell'equazione di Navier-Stokes:

$$\nabla^2 \frac{P}{\rho} = -\nabla \cdot (\boldsymbol{U} \cdot \nabla \boldsymbol{U}), \tag{10.3}$$

cioè il campo di pressione necessario a mantenere l'incomprimibilità del fluido è funzione (non lineare) della derivata convettiva. Definendo poi la trasformata di Fourier della velocità in tre dimensioni spaziali,

$$\boldsymbol{U}(\boldsymbol{x}, t) = \int d^3\boldsymbol{k}\, \boldsymbol{U}_{\mathbf{k}}(t) e^{-i\boldsymbol{k}\cdot\boldsymbol{x}}, \tag{10.4}$$

si può procedere ad applicare la trasformata di Fourier sia all'equazione di Navier Stokes che all'equ.(10.3). Eliminando la pressione da entrambe, si ricava

$$\frac{\partial U_{i\mathbf{k}}}{\partial t} = \int_{\mathbf{p}+\mathbf{q}=\mathbf{k}} A_{ilm}\, U_{l\mathbf{p}} U_{m\mathbf{q}} \mathrm{d}^3\mathrm{q} - \nu k^2 U_{i\mathbf{k}}, \tag{10.5}$$

dove il tensore $A_{ilm}$ è dato da

$$A_{ilm} = -ik_m \left( \delta_{il} - \frac{k_i k_l}{k^2} \right).$$

L'energia del fluido viene conservata nelle interazioni non lineari fra modi a diverso numero d'onda: per una qualsiasi terna $\mathbf{k}$, $\mathbf{p}$, $\mathbf{q}$ con $\mathbf{p} + \mathbf{q} = \mathbf{k}$, definita l'energia $E_{\mathbf{k}} = |\boldsymbol{U}_{\mathbf{k}}|^2/2$, vale la relazione

$$\partial E_{\mathbf{k}}/\partial t + \partial E_{\mathbf{p}}/\partial t + \partial E_{\mathbf{q}}/\partial t = 0.$$

Poichè la dissipazione viscosa avviene solo alla scala $\ell_d$, nessuna quantità che caratterizzi il fluido a scale $\ell > \ell_d$ può dipendere dalla viscosità, in particolare l'energia per unità di massa trasferita da una scala a quella successiva nell'unità di tempo, che indicheremo con $\varepsilon$. Le dimensioni di $\varepsilon$ sono quindi $[l^2\, t^{-3}]$. In una situazione stazionaria, $\varepsilon$ può essere stimata sia alla scala dell'iniezione che a quello della dissipazione. Ma all'iniezione $\varepsilon$ può dipendere solo dalla densità $\rho$, dalla velocità macroscopica $|U_0| \simeq \mathcal{U}$ e dalla sua scala $L$. Un semplice calcolo dimensionale dimostra che $\varepsilon$ può essere espressa come

$$\varepsilon \simeq \frac{\mathcal{U}^3}{L}. \tag{10.6}$$

Analogamente, alla scala dissipativa potremo scrivere

$$\varepsilon \simeq \frac{w_d^3}{\ell_d},$$

da cui:

$$\left(\frac{\mathcal{U}}{w_d}\right)^3 \simeq \frac{L}{\ell_d}. \tag{10.7}$$

La (10.6) ci consente di introdurre il concetto di *viscosità turbolenta*. Infatti, partendo dall'equazione dell'energia per un fluido viscoso si può dimostrare che (si veda ad esempio Landau e Lifschitz [7]) il tasso di dissipazione dell'energia per unità di massa, cioè $\varepsilon$, può essere scritto come

$$\varepsilon \propto -\frac{\tilde{\nu}}{V}\int\left(\frac{\partial U_i}{\partial x_j}+\frac{\partial U_j}{\partial x_i}\right)^2 \mathrm{d}V,$$

dove $V$ è il volume e $\tilde{\nu}$ è il valore della viscosità appropriato al caso in esame. Una valutazione dimensionale della precedente espressione ci dice che $[\varepsilon] = [\tilde{\nu}]\,[(\mathcal{U}/L)^2]$ e il confronto con la (10.6) ci dice che

$$\tilde{\nu} \simeq \mathcal{U}\, L = \nu\, R. \tag{10.8}$$

La viscosità turbolenta è quindi pari alla viscosità cinematica moltiplicata per $R \gg 1$ e quindi molto più elevata di quest'ultima. La condizione $R_{\ell_d} \simeq 1$ ci consente ora di stimare il rapporto tra la scala dissipativa $\ell_d$ e la scala di iniezione $L$. Infatti, combinando questa condizione con la (10.7) otteniamo:

$$\ell_d = \frac{\nu}{w_d} = \frac{\nu}{\mathcal{U}}\left(\frac{L}{\ell_d}\right)^{1/3} \qquad \rightarrow \qquad \ell_d^{4/3} = \frac{\nu}{\mathcal{U}} L^{1/3} = \frac{L^{4/3}}{R},$$

e finalmente

$$\frac{\ell_d}{L} = R^{-4/3}.$$

Da quanto precede è chiaro che la scala $\ell_d$ è assai più piccola della scala di iniezione $L$. Le scale intermedie, $L \gg \ell \gg \ell_d$, costituiscono il cosiddetto *range inerziale* dove si ha un puro trasferimento di energia da una scala all'altra. In questo intervallo è facile valutare l'ordine di grandezza della velocità turbolenta associata ad una specifica scala $\ell$. Infatti, scrivendo a ogni scala $\ell$, $\varepsilon \propto \tilde{\nu}(w_\ell/\ell)^2$ e utilizzando la (10.8) otteniamo

$$\varepsilon \propto w_\ell^3/\ell \qquad \rightarrow \qquad w_\ell \propto (\varepsilon\ell)^{1/3},$$

detta *legge di Kolmogorov e Obukhov*. Queste relazioni possono essere utilizzate per definire il tempo di trasferimento dell'energia da una scala all'altra, $\tau^*$, che in questo caso coincide con il cosiddetto tempo di *turnover* $\tau^* = \tau_{nl} \equiv \ell/w_\ell$.

I risultati precedenti possono essere espressi diversamente, introducendo la densità spettrale di energia (per unità di masssa), $E(k)$, dove si è indicato con $k$ il numero d'onda associato alla scala $\ell$, $k \simeq 1/\ell$. Scrivendo l'energia totale per unità di massa come

$$E/m \propto \int E(k)\mathrm{d}k,$$

ciò che implica che le dimensioni di $E(k)$ siano $[l^3\, t^{-2}]$, e osservando che nel range inerziale $E(k)$ può dipendere solo da $\varepsilon$ e $k$, si trova immediatamente che

$$E(k) \propto \varepsilon^{2/3}\, k^{-5/3}, \tag{10.9}$$

che è il famoso *spettro di Kolmogorov*. In realtà Kolmogorov dimostrò un risultato molto più rigoroso, la legge dei 4/5. Per poterla definire, occorre dare ancora qualche definizione. I concetti di isotropia e omogeneità si riassumono nelle proprietà statistiche della differenza di velocità fra due punti nel fluido separati dallo spostamento $\boldsymbol{r}$:

$$\delta \boldsymbol{U}(\boldsymbol{r}) = \boldsymbol{U}(\boldsymbol{x}+\boldsymbol{r}) - \boldsymbol{U}(\boldsymbol{x}) = \delta \boldsymbol{U}(r) \tag{10.10}$$

che dipende solo dalla distanza fra i due punti $r$ e non dal punto di origine $\boldsymbol{x}$ (omogeneità) o dalla direzione del vettore $\boldsymbol{r}$ (isotropia). La media statistica (che puo' essere una media sia temporale, nel caso stazionario, che spaziale sulla regione dove la turbolenza si può considerare omogenea) della potenza *n-esima* di una componente di $\delta\boldsymbol{U}$ si chiama funzione di struttura di ordine $n$

$$S_i^n(r) = \langle \delta \boldsymbol{U}_i^n \rangle, \tag{10.11}$$

ed è la grandezza che sperimentalmente viene utilizzata maggiormente nello studio delle proprietà della turbolenza, sia nei laboratori sulla Terra che nelle misure *in-situ* nello spazio. La legge di Kolmogorov esprime l'andamento con la scala della cosiddetta funzione di struttura del terzo ordine, e dice che nelle ipotesi di omogeneità, isotropia, e viscosità che tende a zero, la componente longitudinale (lungo $\boldsymbol{r}$) della funzione di struttura di ordine 3 è proporzionale all'energia dissipata nel fluido e alla scala $l$

$$S_l^3(l) = -\frac{4}{5}\epsilon l. \tag{10.12}$$

Per una discussione più approfondita della turbolenza in idrodinamica, rimandiamo ai testi di Landau & Lifschitz [7], e Frisch [9].

## 10.2 Turbolenza magnetoidrodinamica

Consideriamo adesso il caso di un plasma descritto dalle equazioni della magnetoidrodinamica, immerso in un campo magnetico uniforme $\boldsymbol{B}_0$, e supponiamo che nel plasma siano presenti fluttuazioni di campo magnetico, $\boldsymbol{b}$, e di velocità, $vecw$, incomprimibili, sotto forma di onde di Alfvén di ampiezza qualsiasi. La prima cosa da ricordare, come si è visto nel capitolo sulle onde, è che in questo caso le onde di Alfvén che si propagano in una singola direzione costituiscono una soluzione esatta, non lineare, delle equazioni della MHD. Scrivendo $\boldsymbol{B} = \boldsymbol{B}_0 + \boldsymbol{b}$, e definendo le variabili di Elsasser (si veda l'Esercizio 5.2), riferite alla sola parte fluttuante, $\boldsymbol{z}^{\pm} = \boldsymbol{w} \pm \boldsymbol{b}/\sqrt{4\pi\rho}$, le equazioni della MHD incomprimibile si possono scrivere:

$$\frac{\partial \mathbf{z}^{\pm}}{\partial t} \mp \mathbf{c}_a \cdot \nabla \mathbf{z}^{\pm} = -\frac{1}{\rho}\nabla p^T - \left(\mathbf{z}^{\mp} \cdot \nabla \mathbf{z}^{\pm}\right), \tag{10.13}$$

dove $\boldsymbol{c}_a = \boldsymbol{B}_0/\sqrt{4\pi\rho}$ è la velocità di Alfvén. $p^T = P + |\boldsymbol{B}_0 + \boldsymbol{b}|^2/8\pi$, è la pressione totale che soddisfa una relazione analoga a quella del caso idrodinamico,

$$\nabla^2 \frac{p^T}{\rho} = -\nabla \cdot \left(\mathbf{z}^{\mp} \cdot \nabla \mathbf{z}^{\pm}\right) \tag{10.14}$$

per garantire l'incomprimibilità di $\mathbf{z}^{\pm}$, come si vede prendendo la divergenza dell'Eq. (10.13).

Passando alla trasformata di Fourier, l'Eq. (10.5) si generalizza in

$$\left(\frac{\partial \mathbf{z}_{\mathbf{k}}^{\pm}}{\partial t} \mp i\mathbf{k}\cdot\mathbf{c}_a \mathbf{z}_{\mathbf{k}}^{\pm}\right) = -i\mathbf{P}(\mathbf{k}) \int_{\mathbf{p}+\mathbf{q}=\mathbf{k}} \mathbf{z}_{\mathbf{p}}^{\mp}\, \mathbf{z}_{\mathbf{q}}^{\pm}\, \mathrm{d}^3\mathbf{q} \tag{10.15}$$

$$\mathbf{P}(\mathrm{k})_{ilm} = k_m\left(\delta_{il} - \frac{k_i k_l}{k^2}\right). \tag{10.16}$$

La differenza con l'idrodinamica si presenta adesso in modo chiaro: le interazioni nonlineari accoppiano due campi diversi, $\mathbf{z}^{\pm}$, che altro non sono che onde di Alfvén che si propagano in versi opposti lungo il campo magnetico medio $\boldsymbol{B}_0$. Se immaginiamo dei pacchetti d'onda localizzati lungo la direzione del campo, le interazioni fra queste onde potranno aver luogo soltanto durante il tempo effettivo di attraversamento dei pacchetti, e questo, in generale, rallenterà la cascata non lineare. Un modo diverso per vedere questo rallentamento è quello di passare a una rappresentazione di interazione, incorporando l'oscillazione di Alfvén nella definizione del campo stesso,

$$\hat{\mathbf{z}^{\pm}}_{\mathbf{k}}(t) \equiv \mathbf{z}_{\mathbf{k}}^{\pm}(t)\exp(\mp i\mathbf{k}\cdot\mathbf{c}_a t),$$

per cui l'Eq. (10.15) diventa,

$$\frac{\partial \hat{\mathbf{z}^{\pm}}_{\mathbf{k}}}{\partial t} = -i\mathbf{P}(\mathbf{k}) \int_{\mathbf{p}+\mathbf{q}=\mathbf{k}} \hat{\mathbf{z}^{\mp}}_{\mathbf{p}}\, \hat{\mathbf{z}^{\pm}}_{\mathbf{q}} \exp\left(\mp 2i\, \mathbf{p}\cdot\mathbf{c}_a\, t\right) \mathrm{d}^3\mathbf{q}. \tag{10.17}$$

Nel caso idrodinamico entrambi i campi $\mathbf{z}$ si riducono alle fluttuazioni di velocità $\mathbf{u}$, e il nucleo dell'integrale di convoluzione non oscilla (in altre parole, i vortici in idrodinamica sono risonanti). Nel caso della MHD invece il nucleo oscilla (diminuendo l'intensità degli effetti nonlineari) e non si hanno modi risonanti tranne nel caso in cui i vettori $\mathbf{p}$ e $\mathbf{c}_a$ siano ortogonali. Questo introduce una anisotropia direzionale nella cascata non lineare dovuta alla presenza del campo medio di cui dovremo tenere conto nel generalizzare la legge di Kolmogorov. Il campo magnetico tende quindi sia a rallentare la cascata, che a renderla, almeno in presenza di un campo medio, anisotropa.

L'effetto di rallentamento della cascata, introdotto da Iroshnikov e Kraichnan nei primi anni sessanta, permane anche in assenza di un campo medio. Infatti, a una qualsiasi scala del dominio inerziale, i campi di Elsasser alle scale leggermente maggiori simulano l'effetto di un campo medio stocastico $c_a^s$ dovuto alla durata maggiore di questi modi. Gli effetti di propagazione in questo campo allungano il tempo necessario ai pacchetti di Alfvén interagenti per decadere in pacchetti a lunghezze d'onda minori, anche se questo non influisce sull'isotropia spaziale (in senso statistico). Il nuovo tempo scala $\tau_a \simeq l/c_a^s$ interviene quindi nella definizione del tempo di trasferimento $\tau^*$, che non sarà più uguale al tempo di *turnover* precedentemente definito

$$\tau_{nl} = \ell/w(\ell) \simeq \ell\sqrt{4\pi\rho}/b(\ell) \simeq \ell/z^+(\ell) \simeq \ell/z^-(\ell),$$

dove, generalizzando il caso idrodinamico, abbiamo introdotto i valori quadratici medi delle fluttuazioni magnetiche, $b(\ell)$ e supposto che ci sia equipartizione fra velocità, campo magnetico e i due modi di Elsasser.

La collisione fra pacchetti di Alfvén alla scala $\ell$ è limitata al tempo $\tau_a$, che non dipende da $\ell$. Possiamo quindi stimare la variazione di ampiezza in un singolo urto fra pacchetti alla scala $l$ come $dz(\ell) \simeq \tau_a z(\ell)/\tau_{nl}$. Se le collisioni sono eventi stocastici indipendenti, dopo N di questi urti si otterrà una variazione di ampiezza complessiva $\Delta z \simeq dz\sqrt{N}$. Per calcolare $\tau_*$ si richiede un numero di urti tale che che $\Delta z \simeq z$, ovvero $N \simeq \tau_{nl}^2/\tau_a^2$, e il tempo effettivo di trasferimento risulta quindi più grande di un fattore

$$\tau^* \simeq \tau_a N \simeq \tau_{nl}\frac{\tau_{nl}}{\tau_a}.$$

Utilizzando questo valore per stimare il flusso di energia per unità di massa troviamo

$$\varepsilon \sim \frac{z(\ell)^2}{\tau^*} \simeq \frac{z(\ell)^4}{\ell c_a^s} \tag{10.18}$$

da cui, seguendo la procedura usata per lo spettro di Kolmogorov, si ricava lo spettro $E_k \simeq (\varepsilon c_a^s)^{1/2}k^{-3/2}$ che è detto spettro di Iroshnikov-Kraichnan. Nelle precedenti considerazioni abbiamo supposto che le ampiezze dei campi $z^\pm$ fossero circa uguali. Dalle equazioni MHD eq.(10.13) si vede che il tempo di *turnover* del campo $z^\pm$ dipende dall'ampiezza dell'altro campo $z^\mp$:

$$\tau_{nl}^\pm = \ell/z^\mp. \tag{10.19}$$

Nel caso magnetoidrodinamico le interazioni nonlineari conservano separatamente le energie per unità di massa $E^{\pm} = 1/2|\mathbf{z}^{\pm}|^2$ dei campi di Elsasser. Si può dimostrare che ciò corrisponde alla conservazione sia dell'energia totale che dell'elicità mista o incrociata $H_m =< \boldsymbol{w} \cdot \boldsymbol{b} >$. Possono quindi realizzarsi cascate con flussi indipendenti $\varepsilon^{+}$ e $\varepsilon^{-}$. Se però ripetiamo il ragionamento fenomenologico di Iroshnikov-Kraichnan separatemente sui campi $z^{+}$ e $z^{-}$ troviamo il risultato interessante che i due flussi $\varepsilon^{+}$ e $\varepsilon^{-}$ sono identici:

$$\varepsilon^{+} = \varepsilon^{-} = k^3 E_k^{+} E_k^{-} / c_a^s, \tag{10.20}$$

e, nel caso di ampiezze uguali, ciò porta di nuovo allo spettro di Iroshnikov-Kraichnan per entrambi i campi. Se invece le ampiezze dei due campi fossero inizialmente diverse, l'Eq.(10.20) permette di giungere ad una nuova conclusione : poichè il flusso di energia, e quindi il tasso si dissipazione, dei due campi ha lo stesso valore, a tempi lunghi il campo minoritario tenderà a scomparire rispetto al campo dominante, e la turbolenza tenderà ad estinguersi lasciando un'onda di Alfvén non lineare, con uno spettro ben sviluppato, soluzione esatta della MHD.

In presenza di un campio medio, per quanto piccolo, quest'onda si propagherà lungo il campo. L' evoluzione verso una soluzione in cui domina un unico campo di Elsasser viene chiamata allineamento dinamico, in quanto coincide con un aumento della correlazione fra le fluttuazioni di velocità e del campo magnetico nel tempo. Simulazioni numeriche hanno mostrato che in effetti l'allineamento dinamico avviene, mentre osservazioni della turbolenza nello spazio, nel vento solare, mostrano un andamento opposto. In effetti nel vento solare sono presenti spettri di onde di Alfvén di grande ampiezza che si propagano allontanandosi dal Sole, ma con l'aumentare della distanza dal Sole si osserva una tendenza alla scomparsa di queste onde, in favore di uno stato turbolento in cui i campi $\mathbf{z}^{\pm}$ si equivalgono.

Torniamo adesso al problema dell'isotropia della cascata.In presenza di un campo medio, abbiamo visto che i flussi non lineari dipendono dall'angolo fra il vettore d'onda e il campo medio. In effetti, se prendiamo dei pacchetti d'onda a forma di sigari di dimensione ristretta ortogonalmente al campo medio ma allungati in direzione del campo, e quindi con vettori d'onda con componente parallela estremamente piccola, $\mathbf{k}{\cdot}\mathbf{c}_a \simeq 0$ gli effetti di propagazione diventano trascurabili e dovremmo poterci ricondurre al caso idrodinamico o di Kolmogorov (a patto di avere comunque equipartizione fra i modi $\mathbf{z}^{\pm}$).

Nel caso di un campo magnetico di equilibrio forte $B_0 >> |\mathbf{z}^{\pm}|$, e per sistemi in cui la lunghezza caratteristica lungo il campo medio è molto maggiore del campo nella direzione trasversa (che corrisponde quindi al caso di vettori d'onda per le fluttuazioni fortemente inclinati rispetto al campo medio), l'effetto di riduzione delle nonlinearità nella direzione parallela è talmente forte da impedire del tutto la cascata, e si può ricavare una approssimazione della magnetoidrodinamica detta magnetoidrodinamica ridotta, o RMHD. Tali equazioni descrivono campi $\boldsymbol{w}$ e $\boldsymbol{b}$ bidimensionali nel piano ortogonale al campo medio e che interagiscono solo in questo piano. La dipendenza dalla coordinata lungo il campo ammette solo il termine di propagazione lungo $\boldsymbol{B}_0$. La RMHD si sviluppa quindi in una serie di piani, in cui vale la MHD a due dimensioni, accoppiati dalla propagazione di onde di Alfvén lungo $\boldsymbol{B}_0$.

In questo caso è possibile calcolare con precisione l'anisotropia spettrale che si può sviluppare. Nei singoli piani in cui valgono le equazioni MHD bidimensionali, ci si aspetta una cascata del tutto analoga quella idrodinamica, e quindi con spettri alla Kolmogorov. Tuttavia, l'evoluzione fra due piani separati da una distanza $\ell_{||}$ lungo il campo potrà essere indipendente solo a patto il tempo di propagazione fra i due piani, $\tau_a = \ell_{||}/c_a$, sia più grande del tempo $\tau^*(\ell_\perp)$. Ci sarà quindi una anisotropia delimitata dalla relazione $\tau_a = \tau_{nl}(\ell_\perp)$. Se prendiamo il valore di Kolmogorov $\tau^* = \tau_{nl}$, questa regione sarà definita dall'uguaglianza:

$$\frac{\ell_{||}}{c_a} \simeq \frac{\ell_\perp}{w(\ell_\perp)} \simeq \frac{L}{\mathcal{U}}\left(\frac{\ell_\perp}{L}\right)^{2/3}, \tag{10.21}$$

dove abbiamo indicato con $L$ la grande scala in direzione ortogonale al campo magnetico. In termini di $k_{||}, k_\perp$ l'uguaglianza si può scrivere

$$k_{||}^c L = \frac{\mathcal{U}}{c_a}(k_\perp L)^{2/3}$$

detta anche relazione del bilancio critico fra $k_\perp$ e $k_{||}$. Lo spettro si svilupperà nella direzione parallela solo per $k_{||} \leq k_{||}^c$.

La ricerca sulle proprietà della turbolenza magnetoidrodinamica in regimi più generali è tuttora oggetto di ricerca approfondita, e le applicazioni astrofisiche sono vaste: possiamo citare la convezione all'interno delle stelle (dove il campo magnetico ha un ruolo secondario ma essenziale nella generazione della dinamo), il mezzo interstellare e le nubi molecolari, i dischi di accrescimento, e il riscaldamento delle corone e l'accelerazione dei venti stellari. Nel prossimo paragrafo descriveremo brevemente come si applicano le considerazioni fatte fin qui al caso della corona solare.

## 10.3 Turbolenza e riscaldamento della corona solare

La corona solare è costituita da un plasma caldo e tenue con una temperatura intorno a $10^6$ K. Tutte le stelle, con la possibile eccezione delle stelle di tipo spettrale A e B, hanno zone esterne della loro atmosfera dove la temperatura è molto più alta del valore fotosferico. L'interfaccia fotosfera - corona è estremamente complessa e dinamica, e si sviluppa su qualche migliaia di chilometri attraverso la cromosfera, dove la temperatura sale lentamente, attraverso la regione di transizione dove, percorrendo solo qualche centinaio di chilometri, la temperatura salta da circa $10^4$ K a $10^6$ K. La cromosfera, regione di transizione e corona sono caratterizzate da una notevole perdita di energia: dalla cromosfera e regione di transizione a causa dell'irraggiamento, dalla corona per irraggiamento, per conduzione verso il basso e, nelle zone di campo aperte, per il flusso di energia trasportato del vento solare.

Per impedire che questi strati più caldi si raffreddino alla temperatura fotosferica deve essere presente una sorgente di energia meccanica, in quanto in condizioni di equilibrio termodinamico locale, per il secondo principio, non è possibile che il calore fluisca da una regione più fredda ad un'altra a temperatura più elevata. Occorre allora un meccanismo che non solo sia in grado di trasportare energia tra parti distanti dell'atmosfera, ma che consenta anche il rilascio di questa energia nelle regioni di temperatura più elevata. Questo sicuramente coinvolge il trasferimento dell'abbondante energia libera presente nei moti turbolenti a livello fotosferico più in alto, per poi dissiparla entro 1 o 2 raggi solari.

Immagini, soprattutto nella regione ultravioletta dello spettro, della corona mostrano inequivocabilmente come le strutture pi luminose, fatte di finissimi archi e pennacchi sovrastanti le regioni fotosferiche dove il campo magnetico è più intenso, cioè le regioni attive e macchie solari, siano indissolubilmente legate proprio alla presenza del campo magnetic solare. Tuttavia anche le regioni più oscure, dette buchi coronali, mostrano temperature estremamente elevate. La loro minore luminosità è dovuta al fatto che il campo magnetico non è chiuso, ma si apre verso lo spazio interplanetario. I buchi coronali sono le regioni sorgente del vento solare, ed essendo aperte magneticamente hanno densità molto inferiori a quelle della corona chiusa, da cui la loro relativa oscurità. Una stima del flusso necessario per bilanciare le perdite coronali è di $\epsilon \simeq 10^7$ erg/cm$^2$/s per le regioni attive coronali, $\epsilon \simeq 8\ 10^5 - 10^6$ erg/cm$^2$/s per il sole quieto e di $\epsilon = 5\ 10^5 - 8\ 10^5$ erg/cm$^2$/s, per il buco coronale.

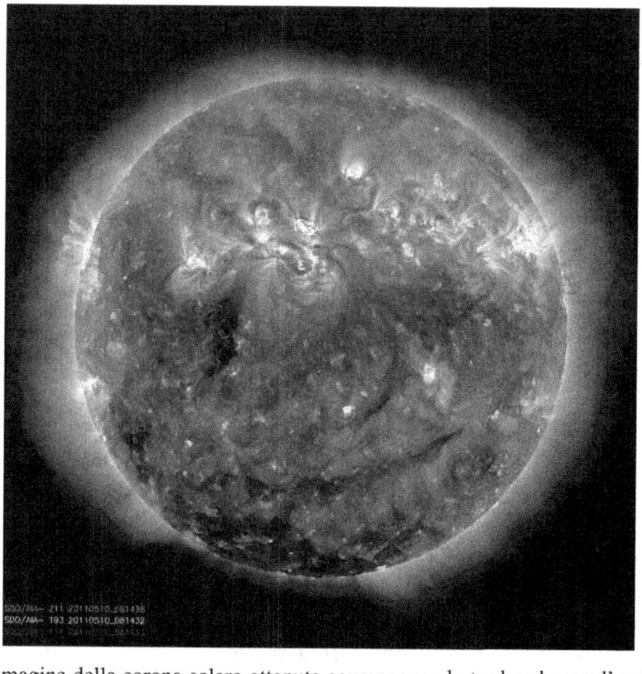

**Fig. 10.1** Immagine della corona solare ottenuta sovrapponendo tre lunghezze d'onda nell'ultravioletto, corrispondenti a temperature diverse: $6 \times 10^5\ K$, $1,3 \times 10^6\ K$, $2 \times 10^6\ K$ (Foto SDO-NASA)

È naturale immaginare che il campo magnetico svolga un ruolo essenziale sia nel trasferimento dell'energia dalla fotosfera agli strati superiori, cromosfera e corona, che nella successiva dissipazione dell'energia stessa. I moti fotosferici spostano e scuotono di continuo le linee di campo magnetico che si estendono verso la corona, generando in questo modo un flusso di onde, di tipo magnetocustico lento, veloce e di Alfvén, con uno spettro temporale esteso,che va dalle molte ore delle durata di vita delle celle di granulazione fino ai 5 minuti delle oscillazioni solari. Il numero di Lundquist calcolato per la corona solare è immenso, intorno a $10^{12}$, per cui l'unico modo perché questo flusso di energia possa dissipare in corona è che l'evoluzione dinamica porti alla formazione di piccole scale, dove gli effetti dissipativi non sono trascurabili. Fra le molte teorie sviluppate per il riscaldamento della corona, l'idea che ci possa essere una cascata nonlineare spiega in modo naturale la formazione di piccole scale. Ma per applicare alla corona ed al vento solare la teoria della turbolenza MHD, si dovrà tenere conto delle specificità del problema, che riguardano le condizioni al contorno, ovvero l'interazione fra i moti fotosferici e gli strati superiori, la topologia globale del campo magnetico, ovvero se il campo magnetico coronale è chiuso o aperto, e infine la disomogenità, legata alla stratificazione gravitazionale ed alla strutturazione magnetica della corona. Per semplicità consideriamo l'interfaccia fotosfera - corona, trascurando completamente i dettagli della dinamica cromosferica, come una frontiera che separa due plasmi ideali. Nella fotosfera l'inerzia è talmente grande da poter trascurare la reazione del campo magnetico sul plasma, per cui si può supporre che il campo di velocità sia una grandezza assegnata, legata ai moti convettivi fotosferici. In corona invece il campo magnetico dè dominante, nel senso che il parametro $\beta$ del plasma diventa $\beta << 1$. Indicando con $\boldsymbol{n}$ il vettore normale alla fotosfera, il flusso di energia meccanica che penetra la corona è dominato dal flusso dovuto al vettore di Poynting,

$$\boldsymbol{S} = \frac{c}{4\pi}(\boldsymbol{E} \times \boldsymbol{B}), \tag{10.22}$$

dove $\boldsymbol{E}$ è il campo elettrico, ovvero, usando la legge di Ohm ideale,

$$\boldsymbol{S} \cdot \boldsymbol{n} = (b_{\perp}^2(\boldsymbol{u}_f \cdot \boldsymbol{n}) - B_0(\boldsymbol{b}_{\perp f} \cdot \boldsymbol{u}_f))/4\pi, \tag{10.23}$$

dove abbiamo identificato indicato il campo di velocità fotosferico con $\boldsymbol{U} = \boldsymbol{u}_f$ ed il campo magnetico al confine fotosfera - corona con $\boldsymbol{B} = B_0\boldsymbol{n} + \boldsymbol{b}_{\perp f}$ ($\perp f$ indica la componente dei campi fotosferici paralleli alla fotosfera stessa). Nell'identificare questo flusso col flusso di energia abbiamo trascurato componenti di energia legate alle fluttuazioni di densità di massa, presenti nei modi magnetoacustici, o la possibilità che getti di plasma dalla fotosfera alla corona possano contribuire in maniera significativa al bilancio energetico. Nel seguito non discuteremo l'evoluzione della componente comprimibile del flusso energetico, perché è possibile mostrare che le onde magnetoacustiche lente, nel limite $\beta << 1$, si riducono ad onde sonore che si propagano lungo il campo magnetico medio, e che di conseguenza dopo poche migliaia di chilometri dissipano sotto forma di onde d'urto, prima di potere arrivare in corona.

L'Eq. (10.23) mostra che il flusso di energia in corona è composto da due termini. Il primo termine è il flusso di energia del campo magnetico subfotosferico trasportato in corona, (o, alternativamente, del campo coronale che gli stessi moti costringono a sommergersi in fotosfera), dai campi di velocità radiali, mentre il secondo, proporzionale al campo magnetico radiale e al prodotto scalare fra il campo di velocità ed il campo magnetico tangenziali alla fotosfera, descrive il flusso di energia dovuta al trascinamento del campo radiale da parte dei moti fotosferici. Osservativamente non è chiara l'importanza relativa del primo contributo rispetto al secondo, ma ci limiteremo nella discussione che segue al caso del trascinamento del campo magnetico di equilibrio da parte dei moti fotosferici orizzontali.

La risposta coronale alle sollecitazioni della fotosfera dipende molto dalla frequenza e dalla configurazione del campo magnetico, chiuso o aperto. Consideriamo qui il caso del campo magnetico chiuso (le linee di campo aperte confluiscono nel vento solare). Prendiamo quindi un modello di arco coronale, di lunghezza $L$, e di sezione trasversale $l$, dove per gli archi visibili in corona si ha $l/L << 1$. È possibile allora approssimare l'arco in geometria cartesiana, come una struttura magnetica assiale delimitata da due piani fotosferici, come mostrato in Fig. 10.2. Le oscillazioni trasverse, incomprimibili, dovute al forzaggio fotosferico sono allora oscillazioni di tipo onda di Alfvén che obbediscono, nel caso lineare, alle equazioni

$$\rho \frac{\partial \boldsymbol{u}_\perp}{\partial t} = \frac{B_0}{4\pi} \frac{\partial \boldsymbol{b}_\perp}{\partial z}, \tag{10.24}$$

$$\frac{\partial \boldsymbol{b}_\perp}{\partial t} = B_0 \frac{\partial \boldsymbol{u}_\perp}{\partial z}, \tag{10.25}$$

dove abbiamo indicato con $B_0$ la componente assiale del campo magnetico, uniforme e $\boldsymbol{u}_\perp, \boldsymbol{b}_\perp$ sono le fluttuazioni trasverse di campo velocità e campo magnetico. Abbiamo trascurato i gradienti di densità lungo la direzione dell'arco $z$, poiché l'altezza scala alla temperatura di $10^6$ K è confrontabile alla lunghezza $L$ dell'arco stesso. Queste equazioni vanno risolte assegnando il valore $\boldsymbol{u}_\perp = \boldsymbol{u}_f$ della velocità del fluido in $z = 0, L$, e supponendo che al tempo $t = 0$ il campo magnetico trasverso sia ovunque nullo. Semplifichiamo ancora il problema, supponendo quindi che la velocità alla fotosfera da un lato dell'arco sia nulla, $\boldsymbol{u}_\perp(z = 0) = 0$, mentre

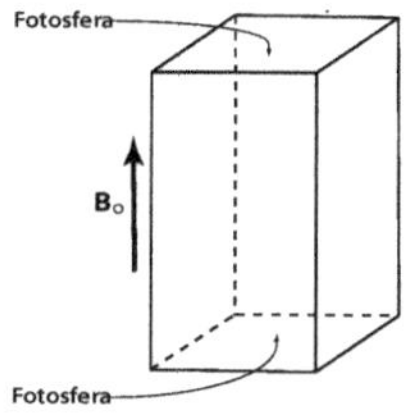


**Fig. 10.2** Approssimazione cartesiana di un arco coronale

abbia il valore $\boldsymbol{u}_\perp = \boldsymbol{u}_f^0(x,y)\cos(\omega_f t)$ in $z = L$. $\omega_f = 2\pi/T_f$ è una frequenza tipica associata ai moti fotosferici, di periodi $T \geq 3$m e solitamente molto più lunghi del tempo di attraversamento di un arco coronale da parte delle onde di Alfvén, dell'ordine della decina di secondi o meno.

Una soluzione delle equazioni (10.24),(10.25) con le condizioni iniziali e al contorno assegnate è allora data da

$$\boldsymbol{u}_\perp = \boldsymbol{u}_f^0(x,y)\cos(\omega_f t)\frac{\sin(\omega_f z/c_{a0})}{\sin(\omega_f L/c_{a0})}, \tag{10.26}$$

$$\frac{\boldsymbol{b}_\perp}{\sqrt{4\pi\rho}} = \boldsymbol{u}_f^0(x,y)\sin(\omega_f t)\frac{\cos(\omega_f z/c_{a0})}{\sin(\omega_f L/c_{a0})}, \tag{10.27}$$

dove $c_{a0} = B_0/\sqrt{4\pi\rho_c}$ è la velocità di Alfvén nella corona. Questa soluzione vale solo a patto che la frequenza delle oscillazioni fotosferiche sia tale che $\sin(\omega_f L/c_{a0}) \neq j\pi$, con $j$ un numero intero relativo, come si vede dai denominatori delle equazioni (10.26), (10.27). Diversamente il moto fotosferico entra in risonanza con le oscillazioni di Alfvén all'interno dell'arco, nel qual caso le soluzioni, nel limite ideale, crescono linearmente nel tempo. In altre parole, alle risonanze un arco coronale può immagazzinare una quantità di energia che verrà limitata soltanto da fenomeni dissipativi: ecco che torna spontanea l'idea di un regime di turbolenza MHD per spiegare il riscaldamento della corona chiusa. Abbiamo infatti trovato un processo che porta l'energia a crescere secolarmente nel tempo, e con le ampiezze dei campi $\boldsymbol{u}_\perp$, $\boldsymbol{b}_\perp$ crescenti senza limite; se non intervenissero processi nonlineari, la saturazione resistiva e viscosa *laminare* porterebbe a valori dei campi di velocità e magnetico coronali molto più alti di quelli osservati indirettamente in corona. Sarà quindi la cascata nonlineare a limitare tale crescita, e portare al riscaldamento dell'arco coronale.

Come accennato sopra Il tempo caratteristico di propagazione lungo l'arco è tipicamente, dell'ordine dei secondi o delle decine di secondi, molto più piccolo dei tempi associati ai moti fotosferici, dell'ordine di qualche minuto o più lunghi ancora. È importante distinguere allora le risonanze con $j > 0$ dalla risonanza a frequenza nulla $j = 0$, che corrisponde a moti fotosferici sostanzialmente stazionari rispetto ai tempi caratteristici di attraversamento coronale. Questo caso, con $\omega_f t \to 0$, lo si può esaminare prendendo il limite corrispondente delle equazioni (10.26), (10.28): troviamo $\sin(\omega_f L/c_{a0}) \simeq \omega_f L/c_{a0}$, $\sin(\omega_f z/c_{a0}) \simeq \omega_f z/c_{a0}$, da cui risulta, per le velocità,

$$\boldsymbol{u}_\perp = \boldsymbol{u}_f^0(x,y)z/L, \tag{10.28}$$

mentre per il campo magnetico,

$$\frac{\boldsymbol{b}_\perp}{\sqrt{4\pi\rho}} = \boldsymbol{u}_f^0(x,y)\frac{c_{a0}}{L}t. \tag{10.29}$$

Quindi, considerando moti fotosferici stazionari, il campo di velocità coronale resta limitato nel tempo, mentre cresce secolarmente il campo magnetico. Un altro modo per capire la situazione è quella di immaginare le linee di campo come dei veri e propri fili, legati da una parte, e trascinati dal moto fotosferico all'altro capo. È chiaro che in questo caso, la componente trasversale del campo magnetico cresce senza limite. Fu Parker [17] il primo a capire che questa sorta di dinamo magnetica coronale poteva essere la causa prima del riscaldamento della corona chiusa. Considerando che i moti fotosferici, seppur stazionari, non sono omogenei nel piano della fotosfera, il campo magnetico perturbato coronale che si crea non sarà tale da mantenere l'equilibrio idrostatico del plasma, ma il sistema cercherà di avvicinarsi a stati di equilibrio attraverso la forza di Lorentz. Poiché il $\beta$ del plasma coronale è piccolo, lo stato a cui il sistema tende dovrebbe essere *force-free*, ma Parker ipotizzò che, assegnato il moto fotosferico, non ci sarebbero stati stati di equilibrio semplici raggiungibili mantenendo la topologia del campo. Ipotizzò quindi, per usare il linguaggio della turbolenza, che i termini nonlineari avrebbero portato alla formazione di strati di corrente singolari, ovvero infinitamente sottili. La distruzione mediante riconnessione di questi strati avrebbe portato quindi al riscaldamento della corona.

Il flusso di energia netto entrante in corona che risulta dal trascinamento stazionario delle linee di campo cresce nel tempo, come si vede calcolando il flusso di Poynting utilizzando le espressioni (10.28),(10.29): $S = c_{a0}\rho|\boldsymbol{u}_f^0|^2(c_{a0}/L)t$.

Parker stimò il tempo necessario affinché tale flusso raggiungesse il valore richiesto a bilanciare le perdite coronali, $S = \epsilon$, e da qui ricavò le ampiezze dei campi e le caratteristiche degli strati di corrente necessarie. Considerando una regione attiva tipica, Parker trovò che il tempo necessario per arrivare a un flusso di $10^7$ ergs/cm$^2$/s, utilizzando le velocità tipiche della supergranulazione solare, $u_f \simeq 0.5$ km/s, un campo magnetico assiale $B_0 \simeq 100$ Gauss, un arco di dimensioni $L \simeq 10^5$ km, era di $t = 5.0\ 10^4$ s, compatibile col tempo di correlazione della supergranulazione stessa.

Simulazioni numeriche di questo modello di riscaldamento coronale in effetti mostrano come il volume coronale sviluppi un regime di turbolenza magnetoidrodinamica, in cui l'energia contenuta nel campo magnetico quadratico medio è molto più ampio dell'energia cinetica, e in cui la dissipazione avviene in strati di corrente turbolenti tali che la dissipazione non dipende dal numero di Lundquist. Gli spettri energetici della turbolenza tuttavia risultano anomali rispetto ai casi di Kraichnan o di Kolmogorov descritti, e le caratteristiche dettagliate dello stato turbolento sono ancora oggetto di ricerca attiva.

## Esercizi e problemi

**10.1.** Si ricavi l'Eq. (10.5), moltiplicando l'equazione di Navier Stokes (10.1) e per la pressione (10.3) per $e^{-i\boldsymbol{k}\cdot\boldsymbol{x}}$, utilizzando la definizione del campo di velocità trasformato Eq. (10.4). Si ricordi che

$$\int d^3\boldsymbol{x} e^{-i(\boldsymbol{k}-\boldsymbol{q})\cdot\boldsymbol{x}} = (2\pi)^3\delta^3(\boldsymbol{k}-\boldsymbol{p})$$

dove $\delta$ indica la distribuzione di Dirac.

**10.2.** Si verifichi che le equazioni (10.26),(10.27) sono soluzione delle equazioni (10.24),(10.25).

**10.3.** Si verifichi che la soluzione del sistema (10.24), (10.25) nel caso in cui $\sin(\omega_f L/B_0) = j\pi$ con $j$ intero relativo è data, per la velocità, da

$$\boldsymbol{u}_\perp = (-1)^j \boldsymbol{u}_f^0(x,y)\big(\frac{z}{L}\cos(\omega_f t) - \frac{c_{a0}t}{L}\sin(\omega_f t)\sin(\frac{\omega_f z}{c_{a0}})\big). \tag{10.30}$$

Si trovi la corrispondente soluzione per il campo magnetico, che soddisfi la condizione iniziale $\boldsymbol{b}_\perp = 0$ ovunque. Questo mostra che per le risonanze a frequenza non nulla sia la velocità che il campo magnetico crescono senza limite.

*Soluzioni*

**10.3.** Per la verifica, occorre eliminare il campo magnetico dal sistema (10.24), (10.25), derivando l'Eq. (10.24) rispetto al tempo e la (10.25) rispetto a $z$. L'espressione per il campo magnetico si ottiene risolvendo poi l'Eq. (10.25) con la soluzione assegnata per $\boldsymbol{u}_\perp$ :

$$\boldsymbol{b}_\perp = (-1)^j \boldsymbol{u}_f^0(x,y)\left[\frac{B_0}{\omega_f L}\sin(\omega_f t)\big(1-\cos(\frac{\omega_f z}{c_{a0}})\big) + \frac{B_0 t}{L}\cos(\frac{\omega_f z}{c_{a0}})\cos(\omega_f t)\right]. \tag{10.31}$$

# Letture consigliate

*La breve lista che segue indica alcuni trattati che possono essere consultati per approfondimenti. Vengono poi citati alcuni lavori originali che riguardano applicazioni astrofisiche descritte nel testo.*

## Riferimenti bibliografici


1. Boyd, T.J.M., Sanderson, J.J., 2003, *The Physics of Plasmas*, Cambridge University Press, Cambridge, UK.
2. Goedbloed, H., Poedts, S., 2004, *Principles of Magnetohydrodynamics*, Cambridge University Press, Cambridge, UK.
3. Gurnett, D.A., Battacharjee, A., 2005, *Introduction to Plasma Physics*, Cambridge University Press, Cambridge, UK.
4. Spitzer, L., 1962, *Physics of Fully Ionized Gases*, Interscience, New York, USA.
5. Kulsrud, R.M., 2004, *Plasma Physics for Astrophysics*, Princeton University Press, Princeton, USA.
6. Celnikier, L.M., 1989, *Basics of Cosmic Structures*, Ed. Frontières, Gif-sur-Yvette, France.
7. Landau, L.D., Lifshitz, E.M., 1987, *A Course in Theoretical Physics, Vol. 6: Fluid Mechanics*, Pergamon Press, Oxford, UK.
8. Lifshitz, E.M., Pitaevskii, L.P., 2002, *A Course in Theoretical Physics, Vol. 10: Physical Kinetics*, Pergamon Press, Oxford, UK.
9. Frisch, U., 1995, *Turbulence: The Legacy of A. N. Kolmogorov*, Cambridge University Press, Cambridge, UK.

*Lavori Originali*

10. Chew, G.F., Goldberger, M. L., Low, F.E., 1956, *The Boltzmann Equation and the One-Fluid Hydromagnetic Equations in the Absence of Particle Collsions*, Proc. Roy. Soc. London, **A236**, 112.
11. Parker, E.N., 1966, *The Dynamical State of the Interstellar Gas and Field*, Astrophysical Journal, **145**, 811, IoP Publishing Ltd., Philadelphia, USA.
12. Balbus, S.A., Hawley, J.F., 1991, *A Powerful Local Shear Instability in Weakly Magnetized Disks*, Astrophysical Journal, **376**, 214, IoP Publishing Ltd., Philadelphia, USA.
13. Furth, H.P., Killeen, J., Rosenbluth, M.N., 1963, *Finite-Resistivity Instabilities of a Sheet Pinch*, Physics of Fluids, **6**, 459, American Institute of Physics, Melville, USA.

14. Chiuderi, C., Giachetti, R., Van Hoven G., 1977, *The Structure of Coronal Magnetic Loops. I - Equilibrium Theory*, Solar Physics, **54**, 107, D. Reidel Publishing Co., Dordrecht, Holland.
15. Giachetti, R., Van Hoven G., Chiuderi, C., 1977, *The Structure of Coronal Magnetic Loops. II - MHF Stability Theory*, Solar Physics, **55**, 371, D. Reidel Publishing Co., Dordrecht, Holland.
16. Loureiro, N.F., Schekochihin, A.A., Cowley, S.C., 2007, *Instability of Current Sheets and Formation of Plasmoid Chains*, Physics of Plasmas **14**, 100703, American Institute of Physics, USA.
17. Parker, E.N., 1972, *Topological Dissipation and the Small-Scale Fields in Turbulent Gases*, Astrophysical Journal, **174**, 499, IoP Publishing Ltd., Philadelphia, USA.

# Indice analitico

# UNITEXT – Collana di Fisica e Astronomia



**Atomi, Molecole e Solidi**
Esercizi Risolti
Adalberto Balzarotti, Michele Cini, Massimo Fanfoni
2004, VIII, 304 pp, ISBN 978-88-470-0270-8

**Elaborazione dei dati sperimentali**
Maurizio Dapor, Monica Ropele
2005, X, 170 pp., ISBN 978-88470-0271-5

**An Introduction to Relativistic Processes and the Standard Model of Electroweak Interactions**
Carlo M. Becchi, Giovanni Ridolfi
2006, VIII, 139 pp., ISBN 978-88-470-0420-7

**Elementi di Fisica Teorica**
Michele Cini
2005, ristampa corretta 2006, XIV, 260 pp., ISBN 978-88-470-0424-5

**Esercizi di Fisica: Meccanica e Termodinamica**
Giuseppe Dalba, Paolo Fornasini
2006, ristampa 2011, X, 361 pp., ISBN 978-88-470-0404-7

**Structure of Matter**
An Introductory Corse with Problems and Solutions
Attilio Rigamonti, Pietro Carretta
2nd ed. 2009, XVII, 490 pp., ISBN 978-88-470-1128-1

**Introduction to the Basic Concepts of Modern Physics**
Special Relativity, Quantum and Statistical Physics
Carlo M. Becchi, Massimo D’Elia
2007, 2nd ed. 2010, X, 190 pp., ISBN 978-88-470-1615-6

**Introduzione alla Teoria della elasticità**
Meccanica dei solidi continui in regime lineare elastico
Luciano Colombo, Stefano Giordano
2007, XII, 292 pp., ISBN 978-88-470-0697-3

**Fisica Solare**
Egidio Landi Degl'Innocenti
2008, X, 294 pp., ISBN 978-88-470-0677-5

**Meccanica quantistica: problemi scelti**
100 problemi risolti di meccanica quantistica
Leonardo Angelini
2008, X, 134 pp., ISBN 978-88-470-0744-4

**Fenomeni radioattivi**
Dai nuclei alle stelle
Giorgio Bendiscioli
2008, XVI, 464 pp., ISBN 978-88-470-0803-8

**Problemi di Fisica**
Michelangelo Fazio
2008, XII, 212 pp., ISBN 978-88-470-0795-6

**Metodi matematici della Fisica**
Giampaolo Cicogna
2008, ristampa 2009, X, 242 pp., ISBN 978-88-470-0833-5

**Spettroscopia atomica e processi radiativi**
Egidio Landi Degl'Innocenti
2009, XII, 496 pp., ISBN 978-88-470-1158-8

**Particelle e interazioni fondamentali**
Il mondo delle particelle
Sylvie Braibant, Giorgio Giacomelli, Maurizio Spurio
2009, ristampa 2010, XIV, 504 pp., ISBN 978-88-470-1160-1

**I capricci del caso**
Introduzione alla statistica, al calcolo della probabilità e alla teoria degli errori
Roberto Piazza
2009, XII, 254 pp., ISBN 978-88-470-1115-1

**Relatività Generale e Teoria della Gravitazione**
Maurizio Gasperini
2010, XVIII, 294 pp., ISBN 978-88-470-1420-6

**Manuale di Relatività Ristretta**
Maurizio Gasperini
2010, XVI, 158 pp., ISBN 978-88-470-1604-0

**Metodi matematici per la teoria dell'evoluzione**
Armando Bazzani, Marcello Buiatti, Paolo Freguglia
2011, X, 192 pp., ISBN 978-88-470-0857-1

**Esercizi di metodi matematici della fisica**
Con complementi di teoria
G. G. N. Angilella
2011, XII, 294 pp., ISBN 978-88-470-1952-2

**Il rumore elettrico**
Dalla fisica alla progettazione
Giovanni Vittorio Pallottino
2011, XII, 148 pp., ISBN 978-88-470-1985-0

**Note di fisica statistica**
(con qualche accordo)
Roberto Piazza
2011, XII, 306 pp., ISBN 978-88-470-1964-5

**Stelle, galassie e universo**
Fondamenti di astrofisica
Attilio Ferrari
2011, XVIII, 558 pp., ISBN 978-88-470-1832-7

**Introduzione ai frattali in fisica**
Sergio Peppino Ratti
2011, XIV, 306 pp., ISBN 978-88-470-1961-4

**From Special Relativity to Feynman Diagrams**
A Course of Theoretical Particle Physics for Beginners
Riccardo D'Auria, Mario Trigiante
2011, X, 562 pp., ISBN 978-88-470-1503-6

**Problems in Quantum Mechanics with solutions**
Emilio d'Emilio, Luigi E. Picasso
2011, X, 354 pp., ISBN 978-88-470-2305-5

**Fisica del plasma**
Fondamenti e applicazioni astrofisiche
Claudio Chiuderi, Marco Velli
2011, VIII, 222 pp., ISBN 978-88-470-1847-1